CHINESISCHE HEILMASSAGE

Einfache Übungen zur Linderung von Schmerzen

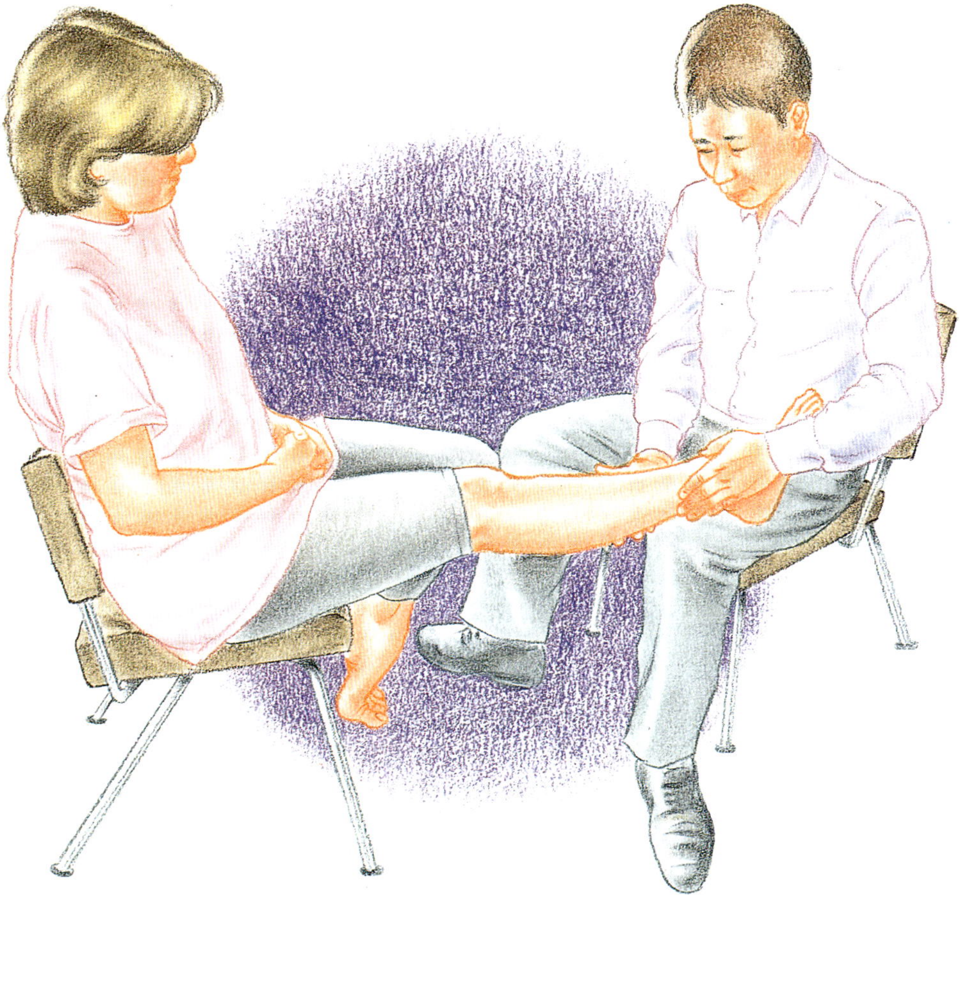

CHINESISCHE HEILMASSAGE

Einfache Übungen zur Linderung von Schmerzen

Peijian Shen

Bechtermünz Verlag

Danksagung:
All denen, die zum Gelingen dieses Buches beigetragen haben, ist der Verlag zu besonderem Dank verpflichtet:
Helena Petre, Eleanor Lines und Charlie Ryrie für die Unterstützung der Redaktion; Mary Warren für die Erstellung des Stichwortregisters; Helena Petre, Jenny Banfield, Helen Conway-Jones, Owen Elias, Sam Bloomfield, Gilda und Katherine Pate, die sich als Modelle für die Anfertigung der Zeichnungen zur Verfügung gestellt haben.

Aus dem Englischen übertragen von:
Marianne Brosche, Veronika Maasburg,
Helga Schenk

Medizinische Fachredaktion:
Dr. Katja H. Barth, München

Bearbeitung der deutschen Ausgabe:
Maasburg GmbH, München

Genehmigte Lizenzausgabe für
Bechtermünz Verlag im
Weltbild Verlag, Augsburg 1996

Erstveröffentlichung 1996 in Großbritannien durch Gaia Books Ltd,
66 Charlotte St., London W17

Illustrationen: Aziz Khan, Tim Monk,
Helen Ward
Umschlagmotiv: John Hÿtch
Druck und Bindung: MRM Graphics, Singapur

ISBN 3-86047-368-9

INHALTSVERZEICHNIS

Vorbemerkung des Autors

Als Kind bekam ich aufgrund meiner eigenen, poliobedingten Behinderung häufig chinesische Massage und Akupunktur. Schon früh verstand ich, wie Menschen aufgrund von Krankheit und Schmerzen leiden müssen und was diese Behandlungen für solche Menschen bedeuten. Später lernte ich selbst unter Aufsicht eines Verwandten, wie man chinesische Heilmassage anwendet. Daneben setzte ich meine Studien an der Medizinischen Fakultät fort, wo ich mit den Meistern der chinesischen Massage zusammenarbeitete. Die Methode, die im vorliegenden Buch beschrieben wird, beruht auf eigener Erfahrung und auf der Erfahrung der traditionellen chinesischen Masseure.

Die Übungen zur Linderung von Schmerzen basieren auf der chinesischen Heilmassage. Ich habe dieses Buch für alle geschrieben, die sich für diese Therapieform interessieren, unabhängig davon, wieviel Erfahrung und Wissen sie bereits mitbringen. Die Übungen zielen darauf ab, durch Einwirkung auf die Meridiane, die wichtigsten Akupunkte und die Schmerzlinderungspunkte blockierte Meridiane zu öffnen und den Energiefluß im Körper zu regulieren. Sie stellen eine einfache und wirksame Methode zur Beeinflussung von Funktionsstörungen verschiedenen Ursprungs ohne jegliche Nebenwirkungen dar. Darüber hinaus können sie im Rehabilitationsprozeß nach Verletzungen und Operationen äußerst hilfreiche Dienste leisten. Die chinesiche Heilmassage hilft Müdigkeit überwinden, Entspannung herbeizuführen und die Gesundheit und das Wohlbefinden der Menschen zu fördern. Ganz generell wirkt sie sich günstig auf Kreislauf, Nerven, Atmung, Verdauung, die Harnwege, Fortpflanzungsorgane und das Immunsystem sowie auf den Hormonhaushalt und die Motorik aus. Sie können diese Methode alleine oder in Kombination mit anderen Therapieformen anwenden.

Zur Arbeit mit diesem Buch

Dieses Buch besteht aus einer Einführung, vier Kapiteln und einem Anhang. In der Einführung werden die Grundbegriffe der chinesischen Medizin erklärt. Im ersten Kapitel wird ein einfaches, leicht anwendbares Selbstmassage-Programm vorgestellt, das Sie täglich zur Erhaltung und Verbesserung Ihrer Gesundheit und Ihres Wohlbefindens anwenden sollten. Das zweite Kapitel beschreibt die verschiedenen Massagetechniken sowie einige grundsätzliche Anwendungsregeln. Im dritten Kapitel steht das Öffnen der Meridiane in den verschiedenen Körperbereichen im Vordergrund, eine Methode, die in den Kreisen der Alternativmediziner der westlichen Hemisphäre immer noch relativ unbekannt ist. Im vierten Kapitel wird dann die Anwendung der bisher gelernten Massagetechniken zur Linderung einer Vielzahl von Beschwerden beschrieben. Sie können diese Behandlungsformen auch als Ausgangsinformation zur Linderung von Schmerzen benutzen, die auf andere, ähnlich geartete Krankheiten oder Beschwerden zurückgehen. Im Anhang wird schließlich ausführlich auf den Verlauf der einzelnen Meridiane und die für sie typischen Krankheitssymptome eingegangen. Darüber hinaus enthält der Anhang detaillierte Hinweise zur Lage und Funktion der verschiedenen Akupunkte, die in diesem Buch behandelt werden.

Wenn Sie sich zum ersten Mal mit chinesischer Massage beschäftigen und am Anfang Schwierigkeiten mit diesem Buch haben, sollten Sie Ihre Fragen erst einmal beiseite lassen, einfach weiterlesen und die Methode ausprobieren. Mit wachsender Erfahrung und besserem Verständnis werden Sie bald herausfinden, daß die „Schwierigkeiten" gar nicht so groß sind, wie Sie am Anfang gemeint haben. Die Aufmachung dieses Buches, das Ihnen die Schmerzlinderungsmassage Schritt für Schritt näherbringt, macht Ihnen durch die vielen Abbildungen das Lernen leicht. Denken Sie immer: Übung macht den Meister - der Erfolg wird mit der Zeit von alleine kommen.

Ich möchte an dieser Stelle den vielen Menschen danken, die mir bei der Erstellung dieses Buches geholfen haben. Insbesondere geht mein Dank an Jenny Crichton, Jen Beales, C. Kerr-Dineen und Stephen Garton für ihre Hilfe bei der Überarbeitung des Buches. Außerdem möchte ich natürlich auch meinem Freund Shigeo Ushimaru und meiner Schwester Shen Yanzhi danken, denn ohne ihre Zeichnungen für die Abbildungen hätte dieses Manuskript nie vollendet werden können.

Peijian Shen - 1995

EINFÜHRUNG

Wie die Akupunktur und die Pflanzenheilkunde wird die chinesische Massage seit über 2000 Jahren in China erfolgreich zur Behandlung von Krankheiten eingesetzt. Die Schmerzlinderungsmassage ist eine Form der chinesischen Massage – eine natürliche und körperorientierte Behandlungsform, bei der die Meridiane, Akupunkte und Schmerzlinderungspunkte sowie die betroffenen Körperteile mit verschiedenen Techniken massiert werden, um die Schmerzen zu lindern und die Krankheit zu heilen. Ein Grundsatz der chinesischen Medizin besagt: „Um eine Krankheit zu heilen, mußt du ihre Wurzel heilen.“ Wer die Wirkungsweise der Schmerzlinderungsmassage begreifen will, muß zuerst einige Grundprinzipien chinesischer Medizin verstehen.

Yin und Yang

Die traditionelle chinesische Medizin löst die uralten Fragen der Menschheit, wie „Was ist Leben?“ oder „Wie ist Leben entstanden?“ auf einzigartige und elegante Weise. Sie geht von der Annahme aus, Leben sei die Verbindung von Yin und Yang. Yin und Yang lassen Leben entstehen, wenn sie miteinander in Berührung kommen: Sie sind die Ausgangsbasis allen Lebens.

Yin und Yang sind die entgegengesetzten Aspekte der Materie und Naturerscheinungen, gleichzeitig ergänzen sie sich jedoch und sind voneinander abhängig. Das Prinzip von Yin und Yang ist die Grundlage der Theorie und Praxis der traditionellen chinesischen Medizin. Alles im Universum hat Yin- und Yang-Charakter. So lassen sich zum Beispiel alle Aspekte des menschlichen Körpers in Yin und Yang aufteilen, und wenn ein Mensch ganz gesund ist, heißt das, daß diese beiden Kräfte vollkommen im Gleichgewicht sind.

Qi und Blut

Zwei Grundsubstanzen – Qi und Blut – sind nötig, um das Leben in Gang zu halten. Mit Qi im engeren Sinne ist die Lebenskraft gemeint – die Urantriebskraft in allen Aktivitäten des Lebens. Das Qi hat zwei Hauptfunktionen: den Körper zu ernähren und ihn vor Schäden von außen zu bewahren. Meist ist Blut sein Begleiter. Das Qi und das Blut unterstützen und ergänzen sich gegenseitig: Das Blut braucht das Qi, um fließen zu können, und das Qi braucht das Blut, um erzeugt zu werden. Der chinesischen Medizin zufolge ist „Qi der Führer des Bluts und das Blut die Mutter des Qi“. Qi und Blut fließen zusammen durch die Meridiane als „Qi-Blut-Fluß“. Unter normalen, gesunden Bedingungen müßten das Qi und das Blut eigentlich ungehindert fließen. Wird der Fluß jedoch durch irgend etwas behindert, stauen sich Qi und Blut in den Meridianen und blockieren sie, was manchmal Schmerzen verursacht.

Was verursacht Stauungen des Qi-Blut-Flusses?

Die traditionelle chinesische Medizin geht davon aus, daß es „sechs Übel" oder äußere pathogene Faktoren, gibt, die unseren Qi-Blut-Fluß stören können: Wind, Kälte, Hitze, Feuchtigkeit, Trockenheit und Feuer.

Normalerweise kann sich unser Körper kleinen Veränderungen dieser Faktoren anpassen. Ist jedoch von einem oder mehreren dieser Faktoren zu viel oder zu wenig vorhanden, wird das Qi gestört, und es kann zu einer Stauung kommen.

Auch innere pathogene Faktoren bewirken manchmal Stauungen – wie etwa unregelmäßiger Lebensstil, Erschöpfung und ein Übermaß der „sieben extremen Gefühle": Übererregtheit, Angst, Wut, Sorge, Trauer, Furcht und Schock. Ein Zuviel eines dieser Gefühle kann die Funktion der inneren Organe beeinträchtigen und das Yin-Yang-Gleichgewicht sowie den Qi-Blut-Fluß stören.

Die inneren Organe

Die traditionelle chinesische Medizin faßt unter dem Begriff „innere Organe" drei Organgruppen zusammen (siehe rechts): die Zang-Organe, die Yin sind; die Fu-Organe, die Yang sind, und die außerordentlichen Organe. Sie alle sind durch das Meridiansystem miteinander verknüpft (siehe S.10-11).

In der chinesischen Medizin haben die Organe eine weiter gefaßte Bedeutung als in der westlichen Vorstellung. So steht z.B. in der chinesischen Medizin die Niere nicht nur für den Wasserhaushalt, sondern verbindet auch die Energie- und Wachstumsquellen, wie Knochen und Gehirn. Der chinesische Begriff „Niere" reicht über die rein anatomische Bezeichnung hinaus. Dies sollte man bei der Lektüre dieses Buches stets bedenken.

Die Organgruppen

Die inneren Organe umfassen drei Organgruppen (siehe unten).

☆ Das Perikard wird manchmal den Zang-Organen zugeordnet. Als Organ unterstützt es nur die Funktion des Herzens, besitzt jedoch einen eigenen Meridian.

★ Der Drei-Erwärmer ist kein eigentliches Organ, sondern die Durchgangsstation für das Qi und die Flüssigkeiten im Bauchraum. Er ist in drei Abschnitte unterteilt: Oberer, Mittlerer und Unterer Erwärmer.

Zang-Organe

Herz
Leber
Milz
Lungen
Nieren
☆ Perikard

Fu-Organe

Dünndarm
Gallenblase
Magen
Dickdarm
Blase
★ Drei-Erwärmer

Außerordentliche Organe

Gehirn
Knochenmark
Knochen
Blutgefäße
Gebärmutter
Gallenblase

Das Meridiansystem

Vor mehr als 2000 Jahren wurde im ersten chinesischen Medizinbuch *Nei Jing* (Kanon der Medizin) in allen Einzelheiten ein System von Meridianen beschrieben, durch die das Qi und das Blut fließen. Das System besteht aus 12 regulären Meridianen, 8 Spezialmeridianen und verschiedenen Seitenästen. Im vorliegenden Buch werden die am häufigsten zur Behandlung herangezogenen Meridiane beschrieben: die regulären Meridiane und zwei der Spezialmeridiane – der Lenkergefäß-Meridian und der Konzeptionsgefäß-Meridian.

Die regulären Meridiane verlaufen spiegelbildlich auf beiden Körperseiten. Sie sind miteinander verbunden und bilden so einen kontinuierlichen Energiekreislauf. Jeder reguläre Meridian steht außerdem mit einem der inneren Organe in Verbindung (siehe S. 9). Die Aufgabe des Meridiansystems besteht in der Vernetzung der Organe, Gliedmaßen und aller anderen Körperteile, wie Knochen, Muskeln, Sehnen und Haut, zu einem Ganzen. Außerdem sorgen die Meridiane für ein ausgewogenes Gleichgewicht zwischen den Yin- und Yang-Kräften der Organe.

Wird der Körper von einem der „sechs Übel“ oder der „sieben extremen Gefühle“ überschwemmt, oder gibt es ein Problem mit einem der Organe, treten Störungen im Verlauf der Meridiane auf, und der Qi-Blut-Fluß wird unterbrochen. Man spricht dann von Meridian-Blockade oder Qi-Blut-Stauung. In den Meridianen und den Organen kann dadurch das Yin-Yang-Gleichgewicht verlorengehen. Störungen des Energieflußes entlang der Meridiane können sich in verschiedenen Körperteilen als äußerlich auftretende Krankheitszeichen und -symptome, wie etwa Schmerzen, bemerkbar machen.

Yin-Meridiane der Hand	**Yang-Meridiane der Hand**
Lungen-Meridian Hand-*Taiyin*	Dickdarm-Meridian Hand-*Yangming*
Perikard-Meridian Hand-*Jueyin*	Drei-Erwärmer-Meridian Hand-*Shoyang*
Herz-Meridian Hand-*Shaoyin*	Dünndarm-Meridian Hand-*Taiyang*
Yang-Meridiane des Fußes	**Yin-Meridiane des Fußes**
Magen-Meridian Fuß-*Yangming*	Milz-Pankreas-Meridian Fuß-*Taiyin*
Gallenblasen-Meridian Fuß-*Shoyang*	Leber-Meridian Fuß-*Jueyin*
Blasen-Meridian Fuß-*Taiyang*	Nieren-Meridian Fuß-*Shaoyin*

Bezeichnungen der regulären Meridiane

Jeder der 12 regulären Meridiane ist mit einem inneren Organ verbunden, verläuft dem Arm oder dem Bein entlang und wird Yin oder Yang zugeordnet. Die vollständige chinesische Bezeichnung jedes Meridians setzt sich aus diesen drei Komponenten zusammen (siehe Kasten links). Der Einfachheit halber werden jedoch im folgenden die Meridiane immer nur mit ihren Organnamen bezeichnet.

Der Qi-Blut-Fluß

In dieser Abbildung wird das Strömen von Qi und Blut durch die Meridiane dargestellt. Das Qi und das Blut beginnen ihren Kreislauf im Lungen-Meridian und durchfließen nacheinander alle anderen Meridiane in einer festgelegten Yin-Yang-Reihenfolge. Schließlich kehren Qi und Blut zu ihrem Ausgangspunkt, dem Lungen-Meridian, zurück, wo der Kreislauf von neuem beginnt. Den genauen Verlauf jedes einzelnen Meridians finden Sie im Anhang (s. S. 122-127).

Die Yin-Meridiane laufen im Bauch zusammen und die Yang-Meridiane im Kopf. Jeder Meridian trifft an der Hand oder am Fuß auf seinen entsprechenden Yin- oder Yang-Partner.

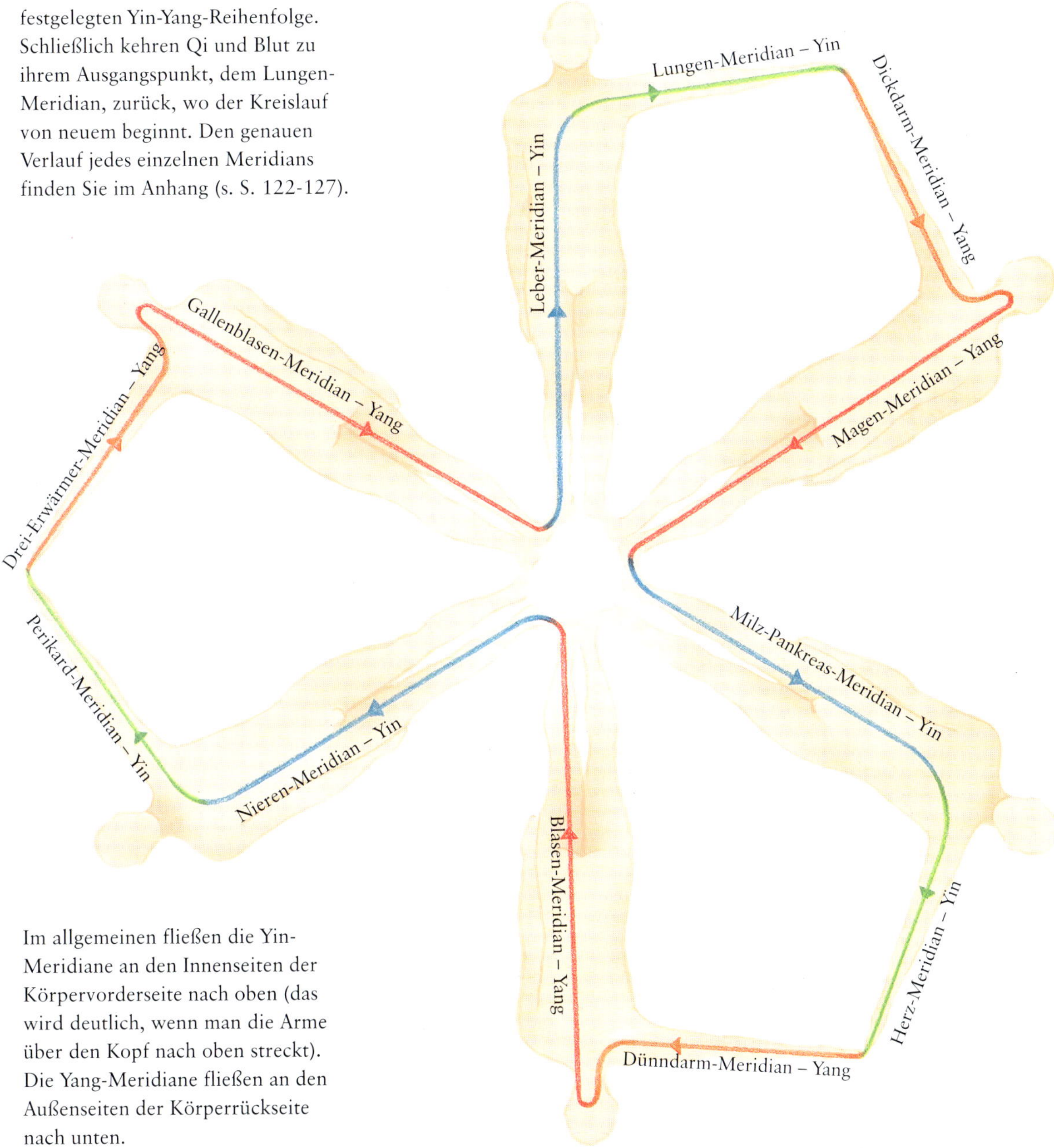

Im allgemeinen fließen die Yin-Meridiane an den Innenseiten der Körpervorderseite nach oben (das wird deutlich, wenn man die Arme über den Kopf nach oben streckt). Die Yang-Meridiane fließen an den Außenseiten der Körperrückseite nach unten.

Die Schmerzlinderungsmassage

Der genaue Ort eines Krankheitssymptoms gibt an, welcher Meridian gestört und welches Organ von der Krankheit betroffen ist. Schmerzen im Rippenbereich beispielsweise deuten häufig auf Erkrankungen der Leber oder der Gallenblase hin und Schmerzen im Schlüsselbeinbereich sehr wahrscheinlich auf eine Lungenaffektion. Die am häufigsten im Zusammenhang mit den jeweiligen Meridianen auftretenden Krankheitssymptome sind im Anhang aufgeführt (siehe S. 122-127).

Die Ausgangsbasis für die Behandlung mit Hilfe der Schmerzlinderungsmassage bildet das Herstellen einer Verbindung zwischen den Krankheitssymptomen und den Meridianstörungen. Durch Massage der betroffenen Meridiane, Akupunkte und der sorgfältig ausgewählten Schmerzlinderungspunkte werden die Schmerzen verringert. Die Schmerzlinderungsmassage erreicht dies durch Beseitigung der Stauung des Qi-Blut-Flußes, Öffnen der Meridiane und Wiederherstellung des Yin-Yang-Gleichgewichts. Durch die Schmerzlinderungsmassage können nicht nur Schmerzen an der Körperoberfläche, sondern auch in den inneren Organen gelindert werden, da das Meridiannetz das Äußere und Innere des Körpers miteinander verknüpft. Eine Massage von Punkten an der Körperoberfläche wirkt demnach auch auf die inneren Organe.

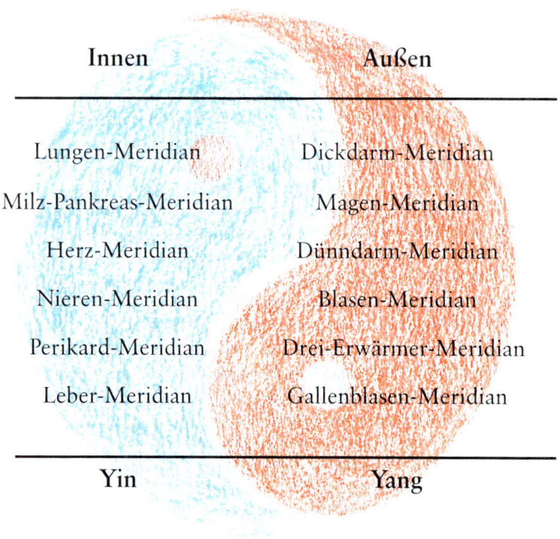

Meridian-Paare
Die 12 regulären Meridiane lassen sich zu sechs Paaren zusammenfassen. Ein Paar besteht jeweils aus einem Yang- und einem Yin-Partner, die zusammen eine Außen-Innen-Beziehung herstellen. Jeder Meridian trifft am Ende einer Gliedmaße auf seinen jeweiligen Partner (siehe S.11), und die Meridiane jeden Paares verlaufen spiegelbildlich zueinander auf der Innen- und Außenseite des jeweiligen Glieds. Auch die Organe, denen die Meridiane zugeordnet sind, stehen in einer Außen-Innen-Beziehung zueinander.

Akupunkte

Das Wort „Akupunkt" im Chinesischen bedeutet „kleine Öffnung für das Qi". Auf den Meridianen liegen Hunderte von Akupunkten, die helfen, das Qi und das Blut durch die Meridiane fließen zu lassen. Sie stehen in einer engen Verbindung mit den inneren Organen und allen Körperteilen und spiegeln physiologische und pathologische Veränderungen im Körper wider. Die Akupunkte werden massiert, um den Qi-Blut-Fluß und die Funktion der inneren Organe zu regulieren.

Es gibt zwei Arten von Akupunkten: die normalen Akupunkte, die auf den regulären Meridianen bzw. auf dem Konzeptionsgefäß- und Lenkergefäß-Meridian liegen, und die Spezialakupunkte (PaM), die außerhalb der Meridiane liegen. Darüber hinaus gibt es einige Punkte, die Schmerzlinderungspunkte genannt werden und sich in normale Akupunkte und Spezialakupunkte einteilen lassen. Wie der Name schon sagt, besteht die besondere Funktion der Schmerzlinderungspunkte in der Linderung von Schmerzen in bestimmten Körperteilen. Der zentrale Punkt eines schmerzenden Bereichs, auch Schmerzdruckpunkt genannt, ist auch eine Art Schmerzlinderungspunkt.

In diesem Buch benützen wir zur Bezeichnung der Akupunkte einen chinesischen Namen und ein Kürzel. Der chinesische Name erklärt oft die Funktion des Akupunkts. So bedeutet *Feishu* wörtlich „Punkt, der mit der Lunge verbunden ist". Doch im Westen wird meist die Kurzbezeichnung vorgezogen. Das Kürzel setzt sich aus der Abkürzung für den Meridiannamen und einer Zahl zusammen, die die Lage des Akupunkts auf dem jeweiligen Meridian angibt. So bezeichnet beispielsweise Bl13 (das Kürzel für *Feishu*) den 13. Punkt auf dem Blasen-Meridian. Im Anhang finden Sie alle Abkürzungen für die Meridiane (siehe S. 128) sowie ausführliche Beschreibungen zur Lage und Funktion aller Akupunkte, die in diesem Buch behandelt werden (siehe S. 128-139).

Allgemeine Vorsichtsmaßregeln

Massage ist eine sichere und verläßliche Methode zur Linderung von Schmerzen. Sie sollte jedoch nicht als Allheilmittel angesehen werden, da sie nicht unter allen Umständen anwendbar ist. So sollten beispielsweise keine schwangeren Frauen massiert werden oder niemand, der sehr schwach oder nervös ist. Weiterhin empfiehlt es sich, den unteren Rücken- und Hüftbereich von Frauen während der Menstruation nicht zu massieren und niemand, der gerade eine Akupunkturbehandlung hinter sich hat oder mit heißen Kompressen behandelt wurde.

Unter folgenden Umständen sollte keine Massage verabreicht werden:

- bei Knochenbrüchen oder Verrenkungen
- bei Infektionskrankheiten
- in der kritischen oder akuten Phase einer Krankheit – z.B. bei Patienten mit hohem Fieber
- bei extrem hohem Blutdruck oder Herzinfarkt
- bei Hautproblemen, wie schwerer Dermatitis und Abszessen
- bei bösartigen Tumoren und Skrofulose
- bei inneren Blutungen

ERSTER TEIL

GRUNDLAGEN

Erstes Kapitel

Selbstmassage

Ein bekanntes chinesisches Sprichwort lautet: „Ein mittelmässiger Arzt heilt eine Krankheit, eine guter Arzt beugt ihr vor.“ Damit wird ein Grundprinzip der chinesischen Medizin ausgedrückt, bei der eher Vorbeugung als Heilung im Vordergrund steht.

Massage ist eine Art, Unwohlsein und Krankheit vorzubeugen. Im allgemeinen lässt sich eine Person von einer anderen massieren, aber Sie können sich auch selbst massieren. Die Selbstmassage ist eine einfache und wirksame Technik, die nahezu jeder bei sich anwenden kann (Ausnahmen siehe S. 13).

Wie Sie dabei vorgehen müssen, wird Ihnen im folgenden anhand einer Reihe von Abbildungen und Anleitungen dargelegt. Sie können entweder die gesamte Massageabfolge einmal von vorne bis hinten durchgehen, um Ihren Gesamtgesundheitszustand und Ihr Wohlbefinden zu verbessern, oder sich auf bestimmte Übungen beschränken, um ein spezielles Problem zu lösen. Wenn Sie Schmerzen haben, sollten Sie sich im Idealfall zuerst Schmerzlinderungsmassage (siehe S. 66-121) geben lassen und anschliessend auf Selbstmassage übergehen , um eine weitere Verbesserung herbeizuführen. Aber Selbstmassage hilft auch für sich alleine angewandt. Einzelheiten der in diesem Kapitel beschriebenen Massagetechniken finden Sie im zweiten Kapitel (siehe S. 28-45).

Nehmen Sie sich vor, jeden Tag zur Förderung Ihres allgemeinen körperlichen und emotionalen Wohlbefindens eine viertelstündige Selbstmassage durchzuführen.

SELBSTMASSAGE AM KOPF UND IM GESICHT

Drücken des Kopfes mit kreisenden Bewegungen

Legen Sie den Ballen der rechten Hand auf den Kopf, etwa in die Mitte zwischen beiden Ohren. Damit bedecken Sie den Akupunkt LG20 (*Baihui*). Massieren Sie nun diese Zone langsam mit mäßigem Druck in je 10 kreisenden Bewegungen, zuerst im Uhrzeigersinn und dann gegen den Uhrzeigersinn.

In der chinesischen Medizin wird das Gehirn der „Speicher des Knochenmarks" genannt. LG20 (siehe S. 128) ist der Schlüsselakupunkt, der den Qi-Fluß durch diesen Speicher kontrolliert. Die Massage wirkt sich also günstig auf das Gehirn aus. Sie steigert die Merkfähigkeit und wirkt Bluthochdruck entgegen.

Drücken der Schläfen mit kreisenden Bewegungen

Legen Sie beide Daumen rechts und links vom Gesicht etwa eine Daumenbreite hinter dem äußeren Augenwinkel in Höhe der Ohren an die Schläfen. An dieser Stelle befindet sich der Akupunkt *Taiyang*, der außerhalb der Meridiane liegt. Drücken Sie beide Punkte mit kreisenden Bewegungen im Uhrzeigersinn langsam und mit mäßigem Druck circa 30mal.

Taiyang (siehe S. 129) ist ein sehr wirksamer Akupunkt zur Behandlung einer Vielzahl von Beschwerden im Kopfbereich. Diese Übung hilft vorbeugend gegen Kopfschmerzen, Schlafstörungen und Augenschwächen wie z.B. Kurzsichtigkeit. Außerdem entspannt sie das Gehirn.

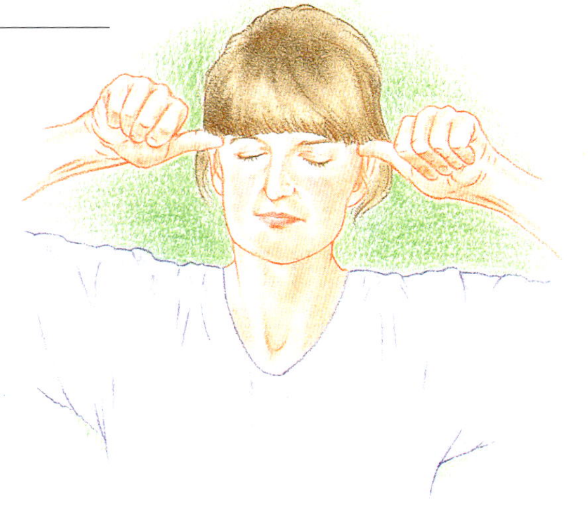

Kämmen des Kopfes

Biegen Sie Ihre Finger ganz natürlich nach innen ab. Benutzen Sie jetzt Ihre Fingerspitzen als Kamm, und kämmen Sie Ihren Kopf mit mäßigem Druck vom Haaransatz an der Stirn bis in den Nacken. Wiederholen Sie diese Bewegung 20mal.

Alle Yang-Kanäle laufen im Kopf zusammen, der in der chinesischen Medizin der „Treffpunkt allen Yangs" genannt wird. Diese Massage entspannt das Gehirn, verbessert das Gedächtnis und beugt Neurosen vor.

Schieben der Augenbrauen

Legen Sie die die Spitze Ihrer Mittelfinger an die Innenseite der Augenbrauen. Schieben Sie nun mit sanftem Druck den Augenbrauen entlang nach außen. Wiederholen Sie das Ganze 10mal.

Diese einfache Massage stimuliert drei Akupunkte auf den Augenbrauen. Sie entspannt die Augen und beugt Augenerkrankungen und Kopfschmerzen vor.

Augenrollen

Schließen Sie Ihre Augen und lassen Sie Ihre Augäpfel langsam dreimal im Uhrzeigersinn und dreimal gegen den Uhrzeigersinn rollen. Wiederholen Sie diese Übung dreimal, öffnen Sie dann die Augen, und schauen Sie zum Abschluß geradeaus. Wiederholen Sie die ganze Abfolge dreimal.

In der chinesischen Medizin werden die Augen die „Tore des Lebens" genannt. Diese Übung entspannt die Augen und hält sie gesund.

Gesichtwischen

Reiben Sie Ihre Handflächen aneinander, bis sie warm sind. Bedecken Sie dann mit Ihren Handflächen das Gesicht, und lassen Sie sie in einer geschmeidigen, wischenden Bewegung von der Nase über die Wangen zu den Ohren hin gleiten. Massieren Sie Ihr Gesicht 10mal auf diese Weise.

Diese sanfte Massage regt den Blutkreislauf im Gesicht an. Sie verbessert außerdem die Elastizität der Haut und hilft Falten vorbeugen.

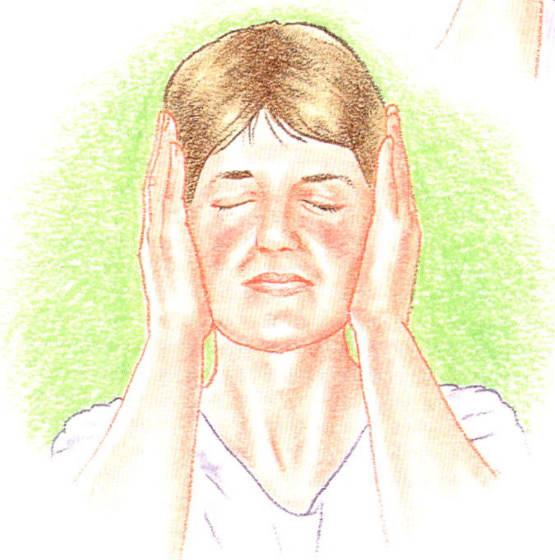

VORSICHT
WENDEN SIE DIESE MASSAGE NICHT AN, WENN SIE UNTER AKNE ODER PICKELN LEIDEN.

Massieren der Nase

Legen Sie Ihre beiden Zeigefinger in Höhe der Augenbrauen an den Nasenrücken. Schieben Sie nun mit mäßigem Druck und mäßiger Geschwindigkeit an den Nasenflügeln entlang nach unten. Wiederholen Sie diese Bewegung 20mal.

Diese Massage, die im Chinesischen „Anstoß zu einem längeren Leben“ genannt wird, stimuliert verschiedene Akupunkte, u.a. Di29 (*Yingxiang*) (siehe S.129). Wenden Sie diese Übung zur Vorbeugung von Erkrankungen der Atmungsorgane an.

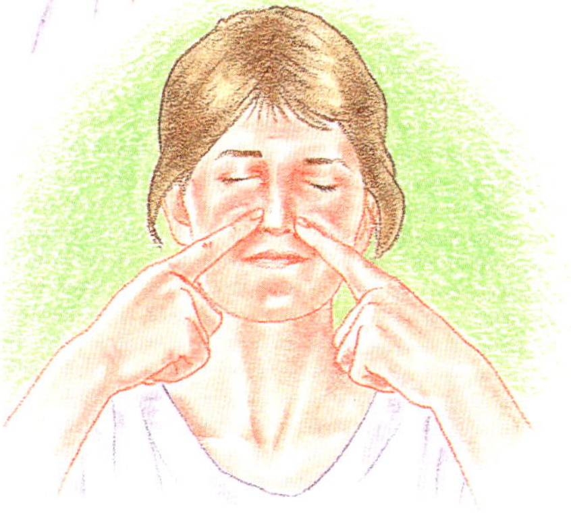

Zwicken der Ohren

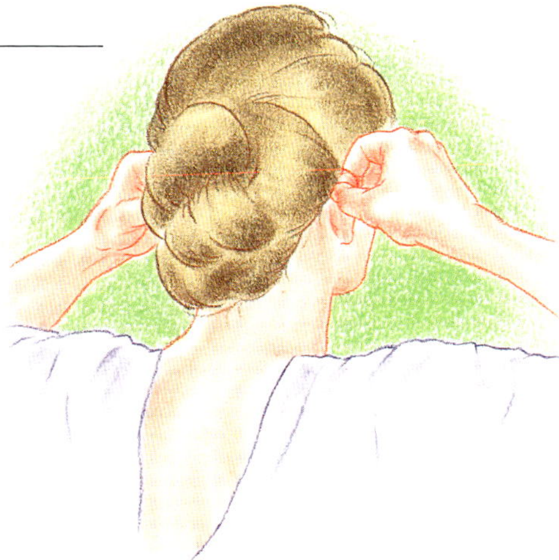

Entfernen Sie vor Beginn der Massage Ohrringe oder ähnliches. Zwicken Sie dann mit Daumen und Zeigefinger mit mäßigem Druck in Ihre Ohren. Fangen Sie oben an den Ohren an und arbeiten Sie sich zu den Ohrläppchen hinunter. Wiederholen Sie das Ganze 10mal.

Auf den Ohren liegen viele Akupunkte, die mit allen anderen Organen und Körperteilen verbunden sind. Diese Übung, bei der Ihr ganzes Ohr stimuliert wird, fördert das allgemeine Wohlbefinden. Insbesondere dient sie jedoch zur Vorbeugung von Bluthochdruck.

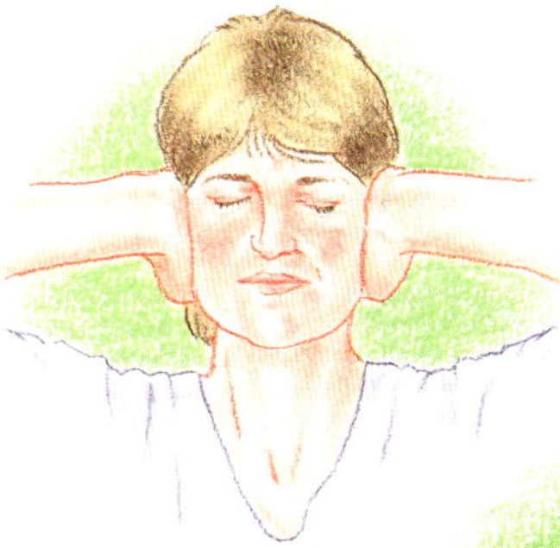

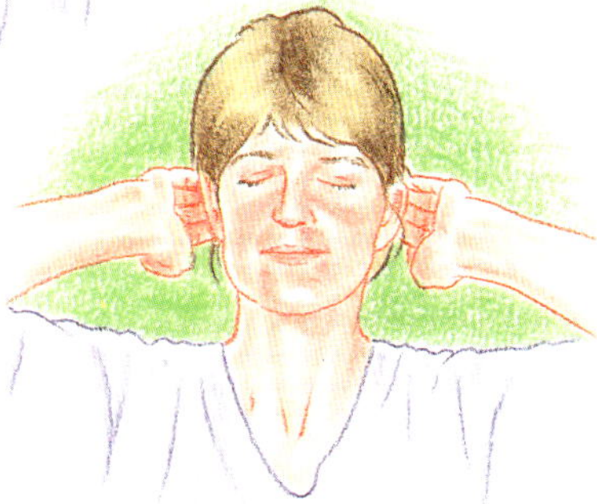

Drücken der Ohren

Legen Sie Ihre Hände mit zum Hinterkopf zeigenden Fingern auf die Ohren. Drücken Sie mit den Handflächen fest dagegen und lassen Sie dann schnell los. Beim Loslassen hören Sie vielleicht ein Geräusch, das wie ein Trommelschlag klingt. Wiederholen Sie die Übung 10mal.

Mit dieser Übung können Sie Ihr Gehör verbessern und verschiedenen Ohrenkrankheiten, besonders Ohrensausen, vorbeugen.

Reiben des Nackens

Legen Sie Ihre Handflächen hinter die Ohren auf den Nacken. Dadurch wird der Akupunkt Gb20 (*Fengchi*) auf beiden Seiten des Kopfes zugedeckt (siehe S. 129). Reiben Sie nun mit Ihren Handflächen 30mal über die Akupunkte vor und zurück. Durch das Reiben kann Ihr Nacken warm werden.

Mit dieser Massage läßt sich eine im Anzug befindliche Erkältung abwenden.

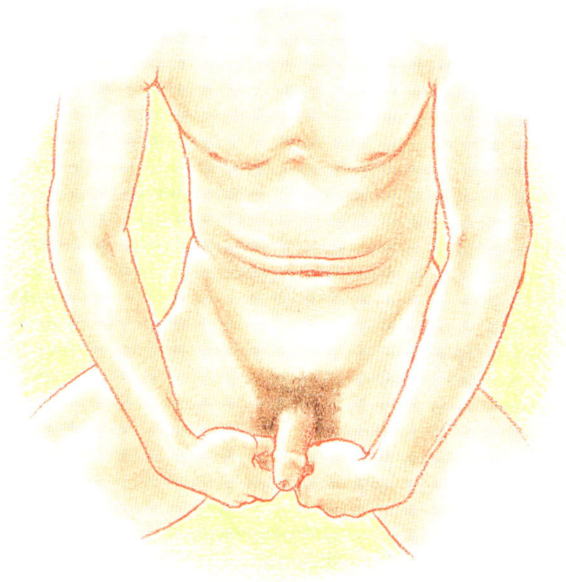

Kneifen des Hodensacks

Nehmen Sie Ihren Hodensack in die Hände, drücken Sie ihn sanft zusammen, und lassen Sie dann wieder los. Wiederholen Sie das abwechselnde Drücken und Loslassen 50mal. Sie können diese Massage auch durch lose sitzende Unterwäsche, wie Boxer-Shorts, machen, wenn Ihnen das lieber ist.

Diese Übung erhöht die Ausschüttung männlicher Hormone und sorgt für die Aufrechterhaltung und Förderung der gesunden Funktion der männlichen Geschlechtsorgane. Außerdem ist sie gut für das Gehirn.

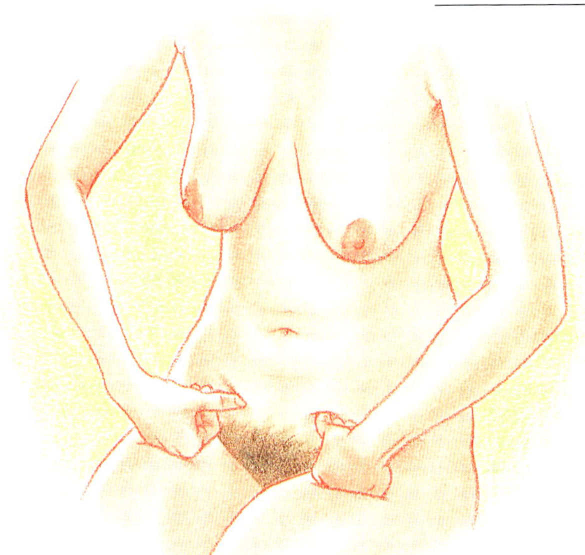

Kreisendes Drücken von Ma29 – Guilai

Diese Massage ist nur für Frauen geeignet. Mit den Daumen massieren sie die 4 Cun (siehe S. 32-33) unter dem Nabel und jeweils 2 Cun rechts und links von der Bauchmittellinie gelegenen Akupunkte Ma29 (*Guilai*; siehe S. 131). Üben Sie mäßigen Druck aus, und vollführen Sie dabei 50 kleine kreisende Bewegungen. Diese Übung steigert die weibliche Hormonproduktion, fördert die gesunde Funktion der weiblichen Fortpflanzungsorgane und hat günstige Auswirkungen auf das Gehirn.

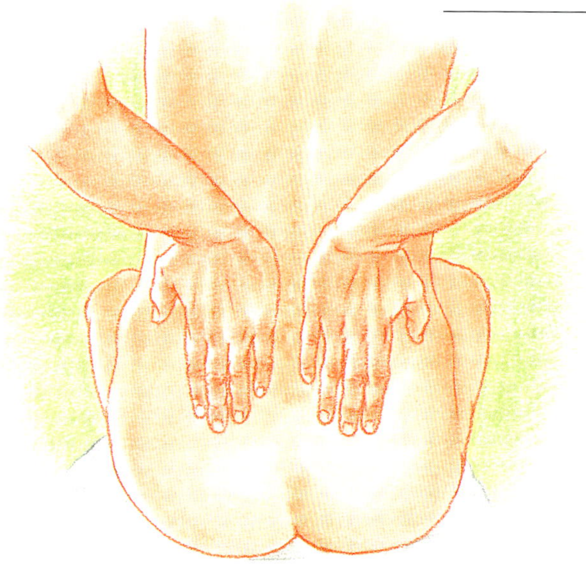

Rückenreiben

Reiben Sie Ihre Hände aneinander und legen Sie sie, wenn sie warm geworden sind, jeweils 1,5 Cun (siehe S. 32-33) neben der Wirbelsäule in Höhe des Nabels auf den unteren Rückenbereich. Dort befindet sich der Akupunkt Bl23 (*Shenshu*). Reiben Sie mit 50 bis 100 ziemlich kräftigen Auf- und Abwärtsbewegungen über diesen Bereich.

In der chinesischen Medizin werden die Nieren als äußerst wichtige Organe angesehen, und Bl23 (siehe S. 132) ist der Schlüsselakupunkt für die Nieren. Mit dieser Massageübung wird eine gesunde Nierenfunktion aufrechterhalten und der ganze Körper mit Energie erfüllt. Außerdem ist sie gut bei Schlafstörungen, Ohrensausen, Rückenschmerzen und Erkrankungen des Urogenitaltrakts.

VORSICHT
WENDEN SIE DIESE MASSAGE NICHT AN, WENN SIE SCHWANGER SIND ODER IHRE PERIODE HABEN.

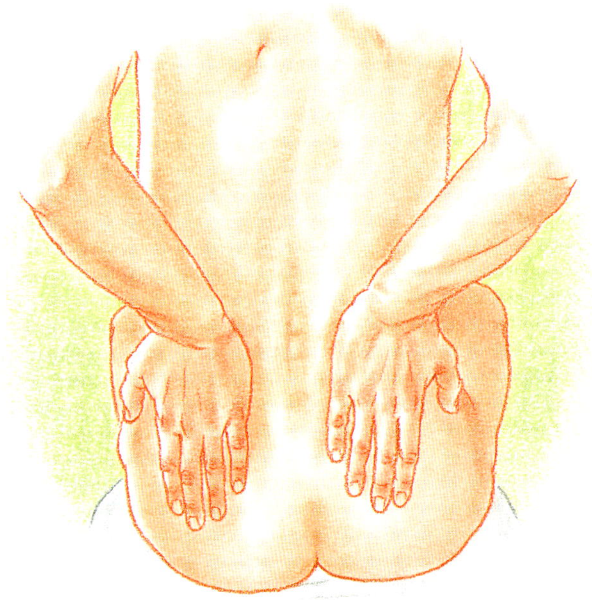

Reiben des Lendenbereichs

Wärmen Sie Ihre Hände an, indem Sie sie aneinanderreiben. Legen Sie sie dann jeweils 4 Cun (siehe S. 32-33) rechts und links von der Wirbelsäule in Höhe des vierten Lendenwirbels auf den Rücken. An dieser Stelle befinden sich die Akupunkte *Yaoyan* (siehe S. 132). Reiben Sie nun mit Ihren Handflächen ziemlich kräftig etwa 50- bis 100mal rauf und runter.

Mit dieser Massage können Rückenschmerzen gelindert und Erkrankungen der Nieren sowie des Urogenitaltrakts verhütet werden.

SELBSTMASSAGE DER GLIEDMASSEN

Reiben der Hände

Legen Sie Ihre Handflächen mit nach oben zeigenden Fingerspitzen aneinander. Lassen Sie Ihre Schultern entspannt hängen, und reiben Sie nun Ihre Hände 30mal kräftig aneinander.

In der Hand laufen die drei Yin-Meridiane und die drei Yang-Meridiane der Hand zusammen (siehe S. 10). Diese einfache Handmassage fördert die Beweglichkeit der Finger und hat darüber hinaus günstige Auswirkungen auf Herz und Gehirn.

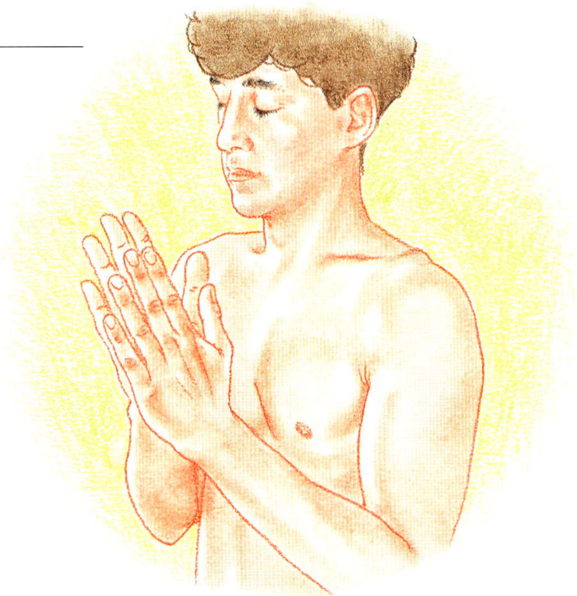

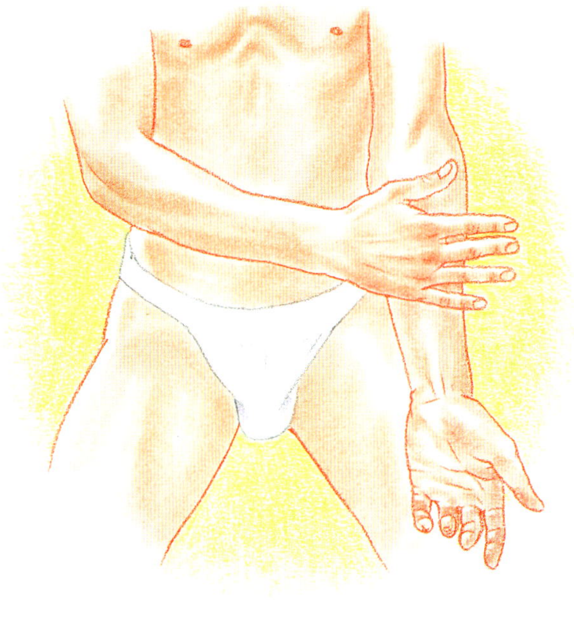

Reiben der Arme

Strecken Sie ihren linken Arm nach vorne, und drehen Sie die Handfläche nach oben. Reiben Sie nun mit der rechten Hand mit einer einzigen, geschmeidigen Bewegung den linken Arm vom Handgelenk bis kurz unter die Schulter nach oben. Drehen Sie nun den ausgestreckten Arm um, so daß die Handfläche nach unten zeigt. Reiben Sie nun zum Abschluß der Massageabfolge den Arm von der Schulter zum Handgelenk nach unten. Wiederholen Sie diesen Vorgang 20mal am linken und 20mal am rechten Arm.

Diese Übung fördert den Qi-Blut-Fluß in den Armen. Außerdem lindert sie Schmerzen in den Armen und beugt Verdauungsbeschwerden vor.

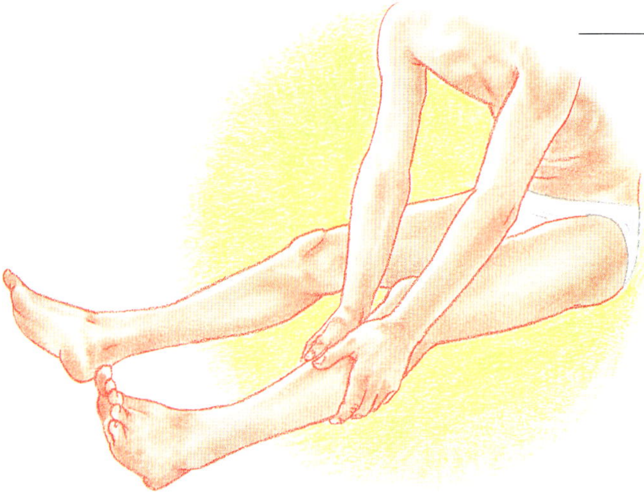

Reiben der Beine

Setzen Sie sich mit nach vorne gestreckten Beinen auf den Boden. Umfassen Sie nun Ihren linken Oberschenkel mit beiden Händen, reiben Sie mit etwas Druck das Bein zum Knöchel hinunter und wieder hoch. Wiederholen Sie dieselbe Massageabfolge 20mal. Massieren Sie anschließend das rechte Bein ebenfalls 20mal auf dieselbe Weise.

Durch das Bein verlaufen die sechs Meridiane des Fußes. Diese Massageübung entspannt die Beinmuskeln, fördert die Durchblutung in den Beinen und verbessert ihre Beweglichkeit.

Drücken der Oberschenkel

Um den richten Punkt zum Drücken zu finden, stellen Sie sich mit seitlich herabhängenden Armen aufrecht hin. Der Punkt, den Sie mit der Spitze des Mittelfingers auf der Außenseite des Oberschenkels berühren, ist der Akupunkt Gb31 (*Fengshi*) (siehe S. 137). Setzen Sie sich anschließend mit nach vorne gestreckten Beinen auf den Boden und drücken sie Gb31 an beiden Oberschenkeln 30mal mit den Daumen.

Diese Übung kann zur Linderung von Schmerzen in den Beinen eingesetzt werden.

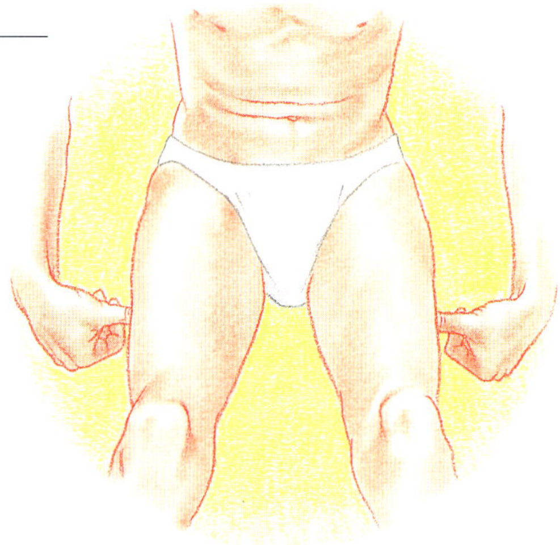

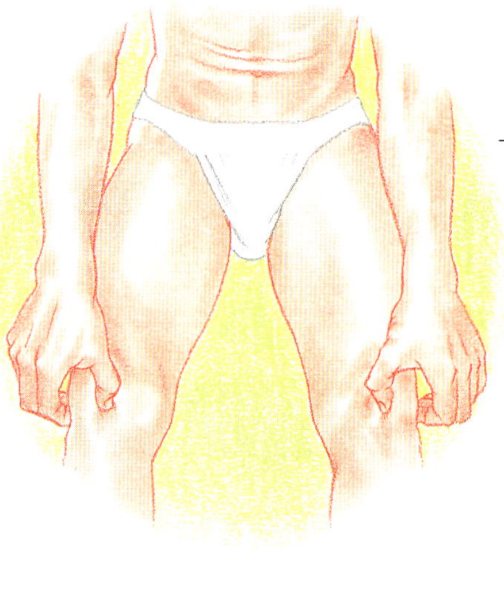

Drücken der Knie mit kreisenden Bewegungen

Setzen Sie sich mit nach vorne gestreckten Beinen auf den Boden. Suchen Sie an jedem Knie die zwei Vertiefungen direkt unterhalb der Kniescheibe. Das sind die beiden Akupunkte *Xiyan*, die nicht auf einem Meridian liegen. Massieren Sie diese Punkte an beiden Knien mit festem Druck und kreisenden Bewegungen 30mal.

Mit dieser Massage der *Xiyan*-Akupunkte (siehe S. 136) können Sie die Beweglichkeit der Beine verbessern und dem Auftreten von Arthritis vorbeugen.

Drücken von Ma36 – Zusanli

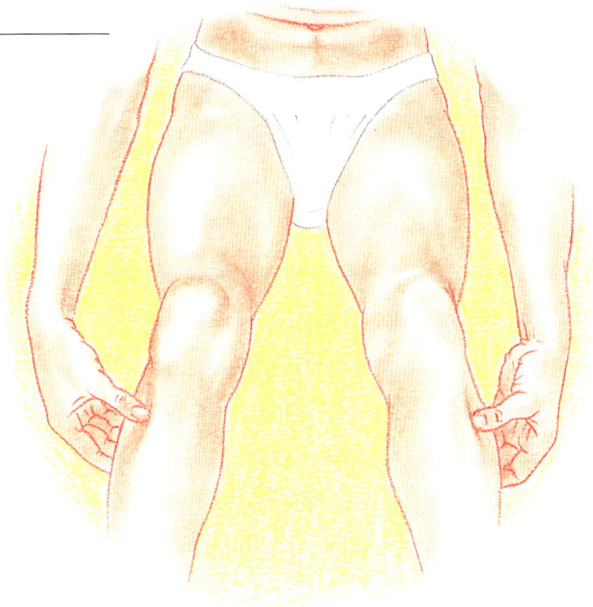

Setzen Sie sich mit nach vorne gestreckten Beinen auf den Boden. Suchen Sie die beiden Akupunkte Ma36 (*Zusanli*), die etwa 3 Cun (siehe S. 32-33) unterhalb der Kniescheibe an der Außenseite des Schienbeins liegen. Drücken Sie den Akupunkt Ma36 an jedem Bein 30mal.

Ma36 ist einer der energiespendenden Akupunkte (siehe auch S. 136). Diese Massage fördert die Durchblutung der Beine und ihre Motorik. Außerdem steigert sie die Vitalität und beugt Krankheiten des Verdauungsapparats vor.

VORSICHT
WENDEN SIE DIESE MASSAGE NICHT AN, WENN SIE SCHWANGER SIND.

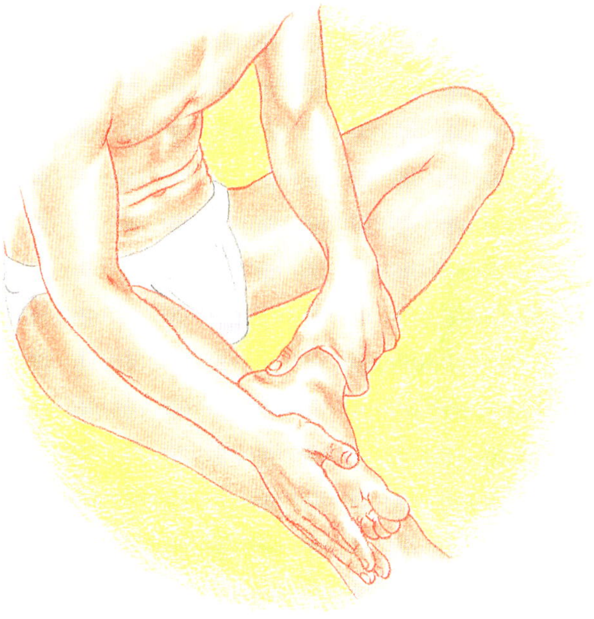

Reiben der Fußsohle

Setzen Sie sich auf den Boden, und winkeln Sie Ihr linkes Bein an. Reiben Sie Ihre Handflächen solange aneinander, bis sie warm geworden sind, und legen Sie dann die rechte Handfläche auf die linke Fußsohle. Reiben Sie 30mal vor und zurück über die Fußsohle. Wiederholen Sie dieselbe Massageübung am rechten Fuß.

Das Reiben der Fußsohle verbessert den Kreislauf und beugt Bluthochdruck, Anämie und Schlafstörungen vor. Außerdem hat es günstige Auswirkungen auf das Gehirn und die Augen.

ZWEITES KAPITEL

DAS ERLERNEN DER TECHNIKEN

Die chinesische Schmerzlinderungsmassage beseitigt Schmerzen durch Beeinflussung besonderer Akupunkte, Schmerzlinderungspunkte, Meridiane und der betroffenen Körperteile mit Hilfe von Massage zur Behebung von Stauungen des Qi-Blut-Flusses, Öffnung der Meridiane und Wiederherstellung des Yin-Yang-Gleichgewichts (siehe auch S. 8-13).

Alles, was Sie dazu brauchen, sind Sorgfalt und Einfühlungsvermögen, ein bisschen Zeit und Energie, ein Paar willige Hände und eine Grundausbildung in den wichtigsten Massagegriffen. In diesem Kapitel wollen wir uns mit den Grundbegriffen der Schmerzlinderungsmassage, den Richtlinien für die allgemein anerkannten Behandlungsformen und den eingehenden Beschreibungen und Abbildungen zu den am häufigsten verwendeten Massagegriffen und -techniken beschäftigen. Sehen Sie dieses Kapitel einfach als hilfreichen Begleittext zur Grundausbildung in den Massagetechniken und als Quelle zum Nachschlagen an, wenn Sie den Behandlungsanleitungen in den darauffolgenden Kapiteln folgen.

Denken Sie immer daran, dass die Wirksamkeit der Schmerzlinderungsmassage davon abhängt, wie präzise die Massagegriffe angewandt werden. Lassen Sie sich als Anfänger nicht davon einschüchtern, wie viel es zu lernen gibt. Wenn Sie beharrlich üben, werden Sie die Techniken bald beherrschen und erfolgreich anwenden können.

Behandlungsformen

Die Schmerzlinderungmassage wird im allgemeinen in zwei gängige Behandlungsformen unterschieden. Die Wirkungen dieser beiden Methoden sind ziemlich verschieden.
Die erste Technik ist die sogenannte Zentrifugal-Massage, bei der in Richtung der Fliehkraft vom Herzen weg massiert wird. Die Zentrifugal-Massage fördert einen gesunden Blutkreislauf und regt den Stoffwechsel an. Die zweite Methode ist die Zentripetal-Massage, bei der zum Herzen hin massiert wird. Die Zentripetal-Massage beschleunigt den Rückfluß des Blutes und der Lymphe. Außerdem fördert sie den Rückgang von Schwellungen und löst Stauungen des Qi-Blut-Flusses auf.

Die Massagegriffe

Mit den Massagegriffen sollen ganz bestimmte Bewegungen vollzogen werden, die Übung erfordern. Probieren Sie die Griffe zuerst bei sich selbst aus. Setzen oder legen Sie sich dazu auf den Boden oder ins Bett. Sie werden merken, daß Ihre Hände mit zunehmender Übung immer lockerer werden und Ihnen die Griffe mit der Zeit ganz selbstverständlich „von der Hand" gehen.

Die Massagebewegungen sollten gleichmäßig und ziemlich kräftig sein, damit sie tief ins Gewebe gehen und gründlich einwirken. Ihre Bewegungen sollten stets kontinuierlich, elastisch und vor allem rhythmisch sein. Ihre Hände und Arme sollten beim Ausführen der Massagegriffe nicht verkrampft sein.

Die Wirksamkeit der Schmerzlinderungsmassage hängt von der richtigen Wahl der Massagegriffe und der korrekten Anwendung der jeweiligen Technik ab. Mit zunehmender Erfahrung werden Sie in der Lage sein, für jeden Schmerztyp den geeigneten Massagegriff zu wählen und Ihre Technik zu verbessern. Nicht nur Ihre Bewegungen werden allmählich immer besser werden, sondern auch Ihr Verständnis und Ihre Fähigkeit, die Grundprinzipien von Dauer, Wiederholung und Druck auf flexible Art anzuwenden.

Wie stark sollte der Druck sein?

Die meisten der in diesem Kapitel gezeigten Massagegriffe können mit leichtem, mäßigem oder kräftigem Druck angewandt werden. „Leichter Druck" bedeutet jedoch nicht, daß gar keine Kraft ausgeübt wird, und „kräftiger Druck" hat nichts mit Grobheit oder Heftigkeit zu tun. Variieren Sie den Druck, die Geschwindigkeit und die Häufigkeit Ihrer Handbewegungen je nach der Person, die Sie vor sich haben. Mit langsameren und sanfteren Bewegungen massiert man im allgemeinen dünnere und schwächere Menschen sowie chronisch Kranke, die an Erschöpfungszuständen leiden. Zur Behandlung von kräftigen, jungen oder muskulösen Menschen können sie schnellere Bewegungen machen und intensiveren Druck anwenden.

Generell sollten die Massagegriffe am Anfang und am Ende einer Massagesitzung sanft sein und in der

Mitte kräftiger. Sie können zum Beispiel eine Massage mit kreisendem Reiben (*MO*), Schieben (*TUI*) oder kreisendem Drücken (*ROU*) beginnen. Die Hauptbehandlung können Sie dann mit anderen Griffen, wie etwa Drücken (*AN*), kreisendem Drücken (*ROU*), Kneifen (*NA*) und Zwicken (*QIA*), fortsetzen, die kräftiger und bestimmter ausgeführt werden sollten. Gegen Ende der Massage können Sie dann wieder etwas sanfter werden. Wo es angebracht erscheint, können Sie auch Massagetechniken, wie Kreisenlassen (*YAO*), leichtes Trommeln (*KOU*) und sanftes Klopfen (*PAI*) zum Einsatz bringen.

Normaler Massageablauf

Im Idealfall sollten Sie bei einer Ganzkörpermassage beim Kopf beginnen und dann den restlichen Körper nach unten massieren – zuerst Brust und Bauch, dann den Rücken und die Arme und schließlich die Beine. Doch diese Abfolge ist keinesfalls ein Muß, und Sie können sie je nach Bedarf und Person verändern. Sie sollten jedoch versuchen, die Person, die massiert wird, während der Behandlung so wenig wie möglich zu bewegen.

Behandlungszyklus

Ein Behandlungszyklus umfaßt normalerweis zehn Massagesitzungen. Die Intervalle zwischen den Massagen richten sich nach den Symptomen der Patienten. Leidet jemand unter akuten Schmerzen, empfiehlt es sich, ihn täglich oder zumindest jeden zweiten Tag mit Schmerzlinderungsmassage zu behandeln. Menschen mit chronischen Symptomen können Sie zwei- bis viermal die Woche massieren.

Ein Massagesitzung dauert im allgemeinen etwa eine halbe Stunde. Massieren Sie den ganzen Körper, sollten Sie bis zu einer Stunde einplanen.

Vor Beginn der Massage

Die Schmerzlinderungsmassage läßt sich fast überall anwenden. Ein Therapeut oder Krankengymnast wird wahrscheinlich eher ein Behandlungszimmer benutzen. Aber Sie können sie ebenso gut zu Hause oder gar im Büro durchführen. Sie brauchen keinen bestimmten Raum oder keine besondere Ausrüstung dazu, doch je mehr Sie dazu beitragen können, eine ruhige, angenehme Umgebung zu schaffen, desto wirksamer wird die Behandlung sein, denn Entspannung ist bei jeglicher Form von Massage die wichtigste Voraussetzung.

Die Schmerzlinderungsmassage kann ohne irgendwelche zusätzlichen Mittel angewandt werden, Sie können aber auch die Haut zuvor mit medizinischem Alkohol einreiben, um den Massageeffekt zu verstärken. Dadurch werden die Muskeln und Sehnen entspannt, der Qi-Fluß verbessert sowie Kälte und Feuchtigkeit aus dem Körper vertrieben (siehe S. 9). Es empfiehlt sich, vor Beginn einer Massagesitzung stets eine Flasche Massagealkohol zum Einreiben bereitzuhalten.

Heiße Kompressen

Bisweilen wird empfohlen, zur besseren Durchblutung und zusätzlichen Schmerzlinderung nach der Massage auf die behandelte Stelle eine heiße Kompresse aufzulegen. Zur Vorbereitung einer heißen Kompresse tauchen Sie einfach ein Handtuch oder einen Waschlappen in 50 °C heißes Wasser und legen ihn anschließend auf die schmerzende Körperstelle. Sobald die Kompresse abkühlt und nur noch lauwarm ist, ersetzen Sie sie durch eine neue, heiße Kompresse. Bei Schmerzen empfiehlt es sich, so lange jeden Abend 15-20 Minuten lang heiße Kompressen aufzulegen, bis sich eine Besserung des Zustands eingestellt hat.

Bei manchen der im Vierten Kapitel aufgeführten Behandlungsformen zur Schmerzlinderung wird das Auflegen von heißen Kompressen auf den betroffenen Körperteil nach der Massage empfohlen (siehe auch Kasten „Heiße Kompressen“ auf der gegenüberliegenden Seite). Eine heiße Kompresse bringt zusätzliche Linderung bei Schmerzen und verbessert die lokale Durchblutung.

Mögliche Reaktionen auf die Behandlung

Die behandelte Person sollte sich nach der Massage entspannt und wohl fühlen. Vor allem nach den ersten paar Massagen kann es gelegentlich vorkommen, daß sich jemand unwohl fühlt oder mehr Schmerzen in dem betroffenen Körperteil empfindet als zuvor. Deshalb sollten Sie vor allem bei Menschen, die noch nie Schmerzlinderungsmassage bekommen haben, zu Anfang mit mäßigem Druck und langsamen Bewegungen beginnen, damit sie sich allmählich daran gewöhnen können.

Es ist ganz normal, daß nach der Massage an den Akupunkten noch leichte Schmerzen nachklingen. Normalerweise lassen sie aber relativ schnell wieder nach. Achten Sie jedoch darauf, nicht zuviel Druck auszuüben, und vermeiden Sie zu heftige und zu grobe Handgriffe, bei denen die Haut der behandelten Person verletzt werden könnte. Vor allem im Umgang mit älteren Menschen und Patienten, die an Osteoporose leiden, sollten Sie äußerst sanft vorgehen.

Achten Sie ständig darauf, wie die behandelte Person auf die Massage reagiert. Mit der Zeit werden Sie lernen, Druck, Geschwindigkeit und Rhythmus der Massagebewegungen im Einzelfall exakt an die behandelte Person, ihre individuelle Schmerzgrenze und ihre Beschwerden anzupassen.

Checkliste für den Masseur

- Sorgen Sie dafür, daß der Massageraum so warm, einladend und ruhig wie möglich ist. Die Temperatur sollte konstant gehalten werden.
- Die Patienten können sich entweder auf einen Massagetisch oder auf jeden anderen stabilen Tisch, aufs Bett oder auf Decken auf dem Boden legen. Für manche Behandlungen bietet sich eine sitzende Haltung auf einem Stuhl an. Das Wichtigste dabei ist, daß sie sich in jeder Hinsicht behaglich fühlen.
- Waschen Sie sich vor jeder Massage die Hände, und kontrollieren Sie, daß Ihre Fingernägel kurz sind. Legen Sie Ihre Armbanduhr und alle Ringe oder Armreifen ab, und bitten Sie die Person, die massiert werden soll, dasselbe zu tun.
- Ermutigen Sie die Patienten, sich vor und während der Behandlung völlig zu entspannen. Vor der Massage sollten sie deshalb auch noch einmal auf die Toilette gehen.
- Bei der Massage können die Personen sowohl nackt als auch bekleidet sein, solange die zu behandelnde Zone nicht bedeckt ist. Achten Sie stets darauf, die Intimsphäre des einzelnen nicht zu verletzen.
- Suchen Sie sich eine bequeme Stellung, von der aus Sie gut massieren können, und sorgen Sie dafür, daß Sie die entsprechenden Akupunkte leicht erreichen können. Wenn Sie eine ungeschickte Haltung einnehmen, kann es sein, daß Sie keinen wirksamen Druck ausüben können.
- Und zum Schluß jeder Massage heißt es wieder Händewaschen.

Methoden zur Lokalisation der Akupunkte

Um die in diesem Buch genannten Akupunkte genau lokalisieren zu können, braucht man eine zuverlässige Methode. Die Lage eines Akupunkts wird üblicherweise durch die Anzahl von „Cun“ (der individuellen Daumenbreite jeder Person) von einer problemlos lokalisierbaren Körperstelle angegeben. Da sich durch die unterschiedliche Größe der Patienten bei der Lokalisation der Akupunkte immer wieder Fehler ergaben, einigten sich die Ärzte der Han-Dynastie vor rund zweitausend Jahren darauf, die Distanzen zwischen den Punkten mit dieser körpereignen Maßeinheit jedes Patienten festzulegen. So wird im Anhang z.B. die Lage des Akupunkts KG 14 (*Juque*) mit 6 Cun über dem Nabel auf der Bauchmittellinie angegeben. Im folgenden werden drei Methoden zur Lokalisation der Akupunkte beschrieben: die Methode der anatomischen Bezugspunkte, die Methode der Fingerbreiten, und die Methode der Proportionalmaße.

In der Praxis hat sich die Anwendung einer Kombination aller drei Methoden bewährt, doch Sie können sich auch auf eine einzige beschränken. Mit zunehmender Erfahrung lernen Sie erkennen, wann Sie den Punkt gefunden haben – er schmerzt in der Regel, wenn er gedrückt wird.

Anatomische Bezugspunkte

Leicht auffindbare Körperstellen, wie etwa Augenbrauen, Nabel und Brustwarzen, werden als Bezugspunkte für die Lokalisation der Akupunkte benutzt. Beispielsweise liegt der Spezialakupunkt *Yintang* genau in der Mitte zwischen den beiden Augenbrauen, und KG17 (*Tanzhong*) befindet sich genau in der Mitte zwischen den beiden Brustwarzen. Andere häufig als Bezugspunkte herangezogene Körperstellen sind der vordere und hintere Haaransatz, verschiedene Knochenvorsprünge, die Ellenbeuge, Kniekehle und die Beugefalte des Handgelenks sowie die einzelnen Wirbel. Mehr dazu erfahren Sie aus den Abbildungen zu den anatomischen Bezugspunkten im Anhang (siehe S. 140), die Ihnen das Auffinden von weniger geläufigen Knochen und Körperstellen erleichtern.

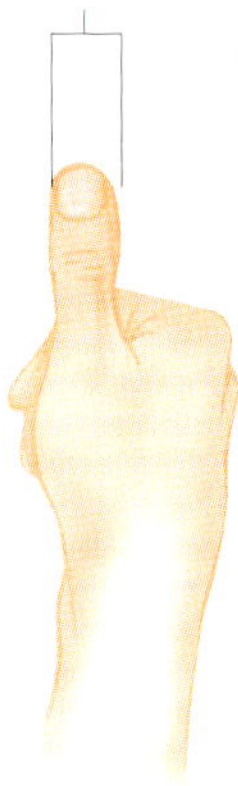

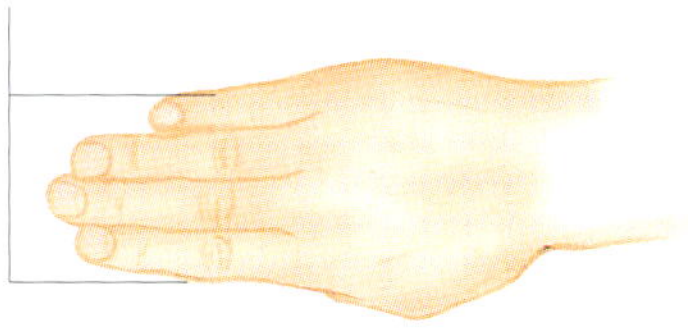

Messen in Fingerbreiten

Bei dieser Methode wird die individuell verschiedene Fingerbreite als Maßeinheit herangezogen: 1 Cun entspricht der Breite des Daumens, und 1,5 Cun entsprechen der Gesamtbreite von Zeige- und Mittelfinger. Wenn Sie ähnlich gebaut sind wie die Person, die Sie massieren wollen, können Sie Ihre eigenen Finger zum Auffinden der Akupunkte benutzen. Das Messen in Fingerbreiten ist einfach, jedoch vielleicht weniger genau als die Meßmethode mit den Proportionalmaßen.

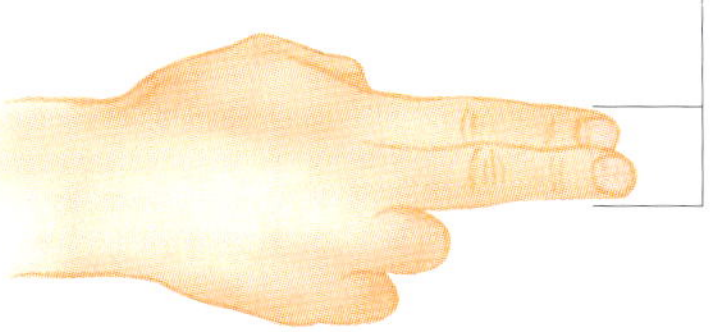

Lokalisation mit Hilfe der Proportionalmaße

Bei dieser Methode zum Auffinden der Akupunkte wird der Körper in lauter proportionale Abschnitte unterteilt. So wird beispielsweise der Abstand zwischen der Achselhöhle und der Ellenbeuge, z.B. anhand eines Meßbandes, in 9 gleiche Abschnitte eingeteilt und der Abstand zwischen der Ellenbeuge und der Beugefalte des Handgelenks in 12 (siehe unten). Jeder Abschnitt entspricht in der chinesischen Massage einem Cun. Die Anzahl der Cun zwischen den jeweiligen Körperstellen ist bei allen Menschen gleich, nur die tatsächliche Länge des Cun ist je nach Körperbau verschieden.

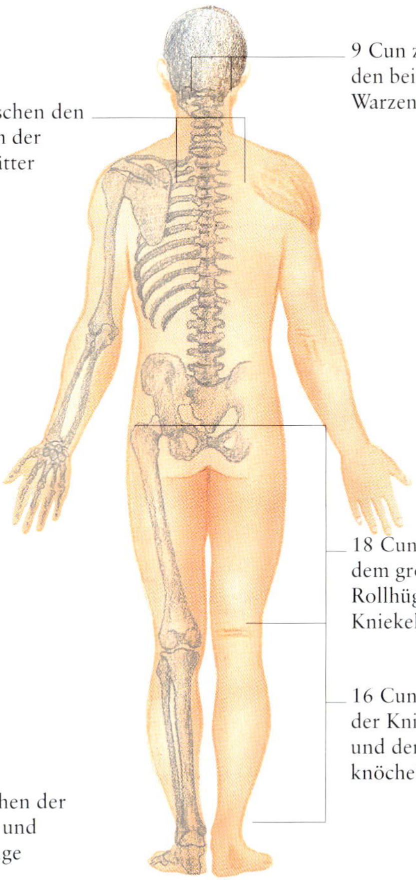

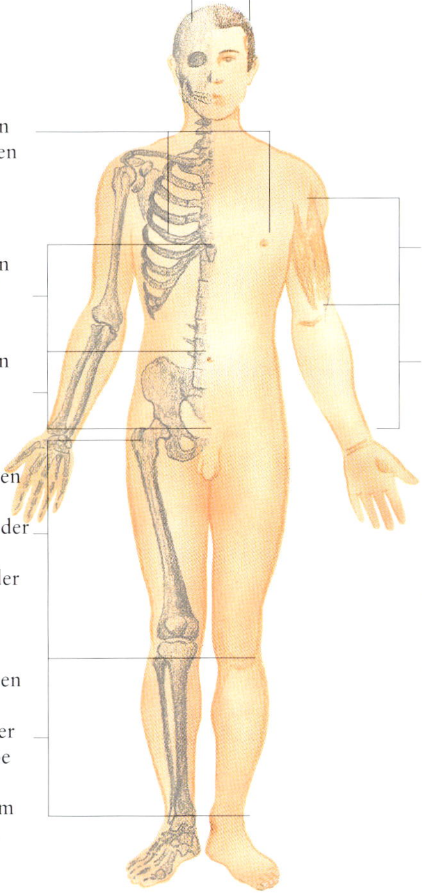

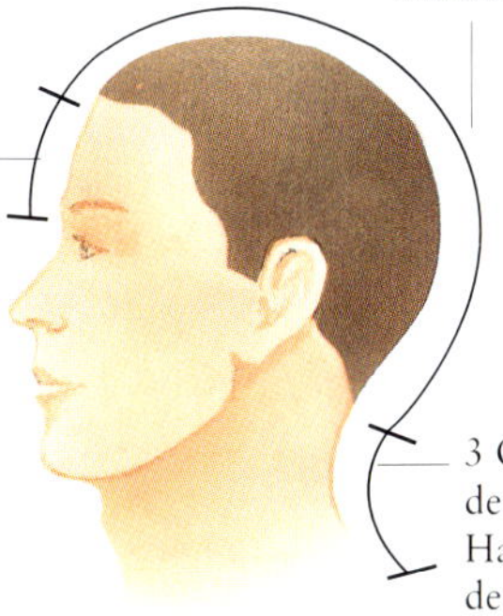

DRÜCKEN – *AN*

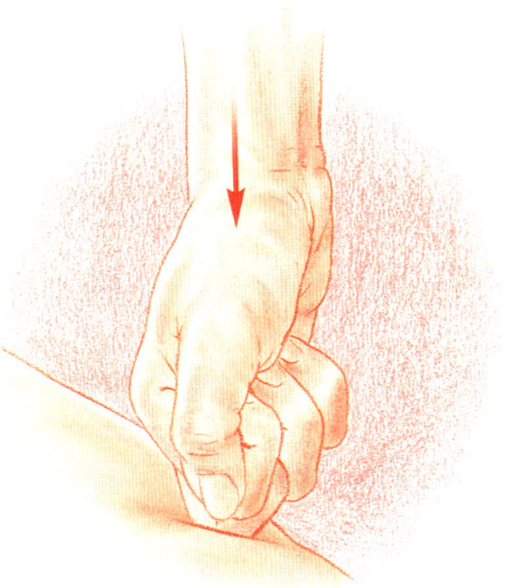

AN mit dem Fingerknöchel

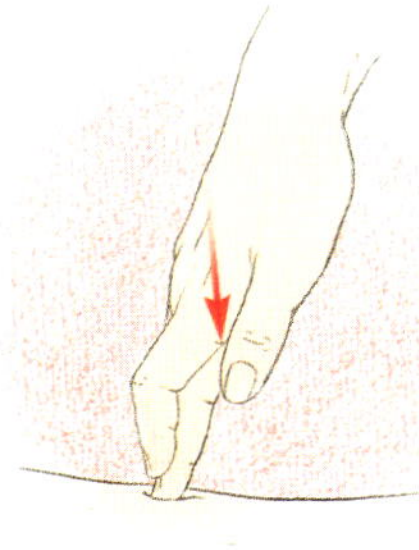

AN mit dem Mittelfinger

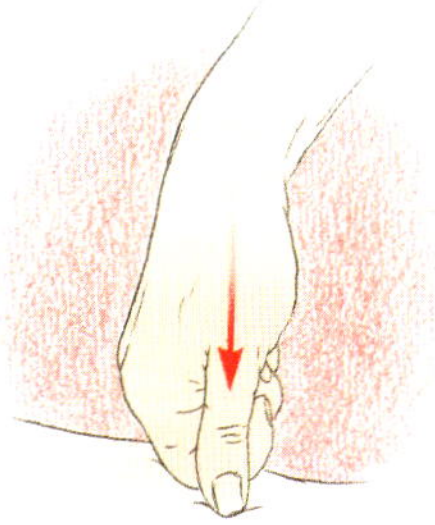

AN mit dem Daumen

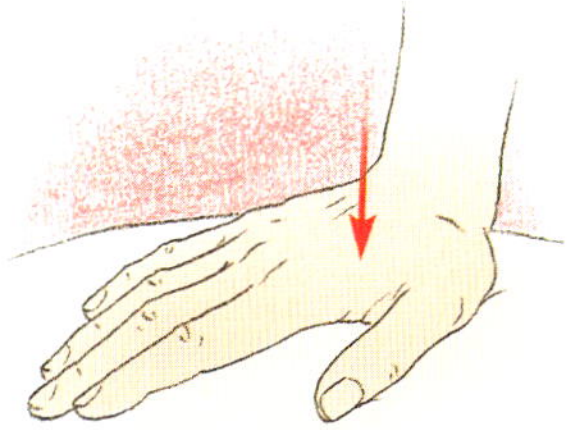

AN mit der Handfläche

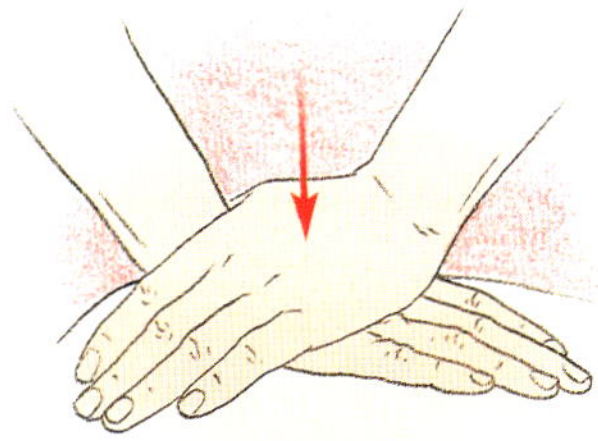

AN mit beiden Handflächen

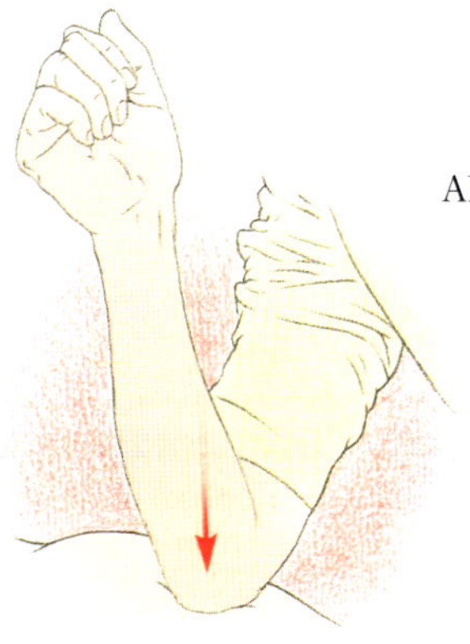

AN mit dem Ellenbogen

AN ist die chinesische Bezeichnung für das Ausüben von Druck auf einen Akupunkt oder einen Körperteil. Einen Akupunkt drückt man mit dem Finger oder Fingerknöchel, einen Körperteil, der mit mehr Muskeln ausgestattet ist, wie Brust, Bauch, Rücken oder Gesäßbacken, mit der Handfläche oder dem Ellenbogen.

AN kann auf zwei Arten ausgeführt werden. Sie können entweder mit leichtem Druck beginnen und langsam immer stärker drücken, bis der Patient einen ziemlich intensiven Druck verspürt. Dieses Gefühl sollte jedoch nur einen Augenblick lang anhalten. Oder aber Sie üben einen gleichmäßigen, mittelstarken Druck mit rhythmischen und elastischen Bewegungen aus. Achten Sie darauf, die Haut des Patienten nicht durch zu grobes oder festes Drücken zu verletzen.

AN EIGNET SICH ZUR ÖFFNUNG DER MERIDIANE, ZUR AUFLÖSUNG VON STAUUNGEN DES QI-BLUT-FLUSSES UND ZUR SCHMERZLINDERUNG.

SCHIEBEN – *TUI*

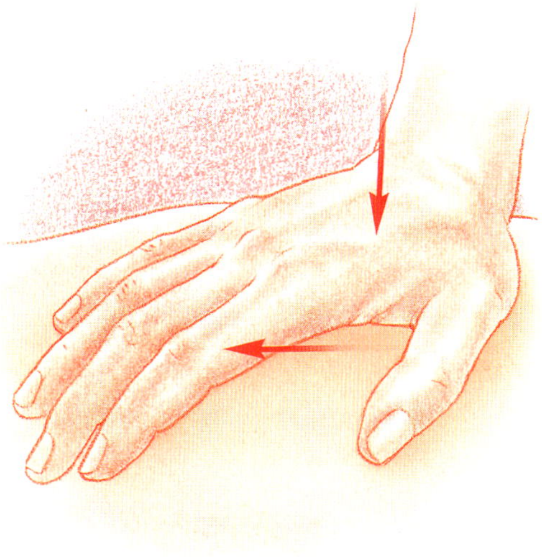

TUI mit der Handfläche

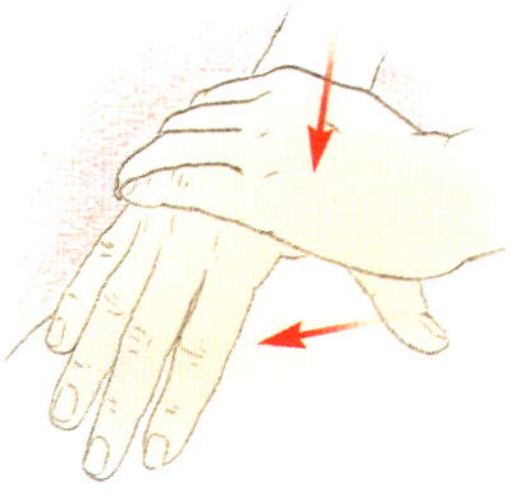

TUI mit beiden Handflächen

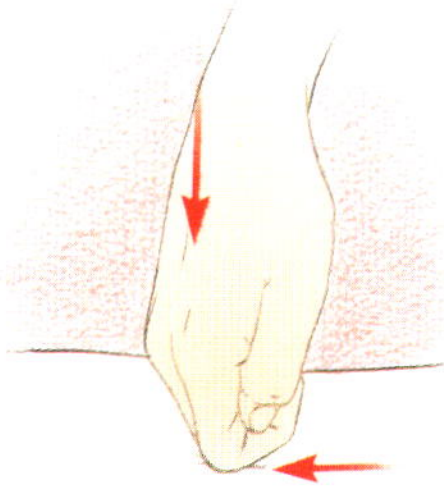

TUI mit der Faust

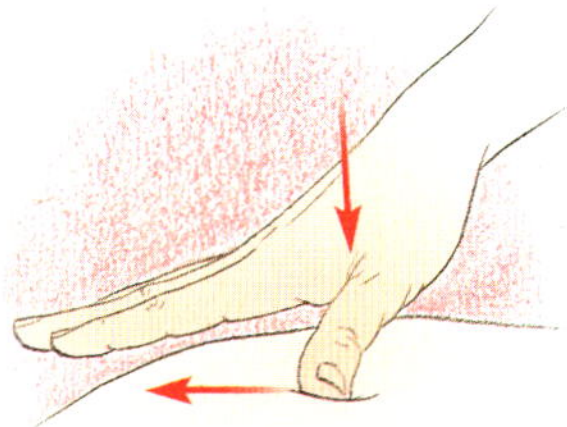

TUI mit dem Daumen

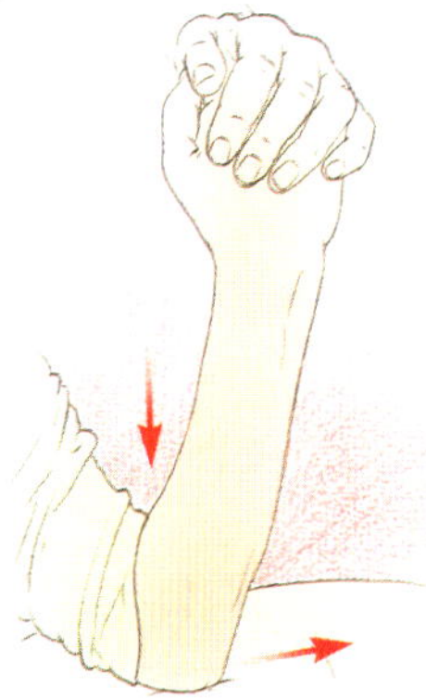

TUI mit dem Ellenbogen

TUI ist die chinesische Bezeichnung für die schiebende Massagetechnik. Schieben Sie das jeweilige „Massagewerkzeug" mit mäßigem Druck in eine Richtung, lassen Sie Ihre Hand anschließend mit einer sanften Bewegung zum Ausgangspunkt zurückgleiten, und schieben Sie dann erneut in dieselbe Richtung.

Sie können TUI überall am Körper anwenden, wenn Sie das geeignete „Massagewerkzeug" wählen. Benutzen Sie die Faust oder den Ellenbogen für muskuläre Körperzonen und den Daumen oder den Handballen für empfindlichere Bereiche, wie das Gesicht. Passen Sie den Druck und die Geschwindigkeit der Massagebewegungen dem Gesundheitszustand des Patienten und des betroffenen Körperteils an. Besondere Vorsicht ist bei Schwellungen geboten.

TUI ENTSPANNT DIE MUSKELN UND SEHNEN, LÖST KRÄMPFE UND LINDERT SCHMERZEN, FÖRDERT DEN BLUTKREISLAUF, ERHÖHT DIE SPANNKRAFT DER HAUT UND HILFT MÜDIGKEIT ÜBERWINDEN.

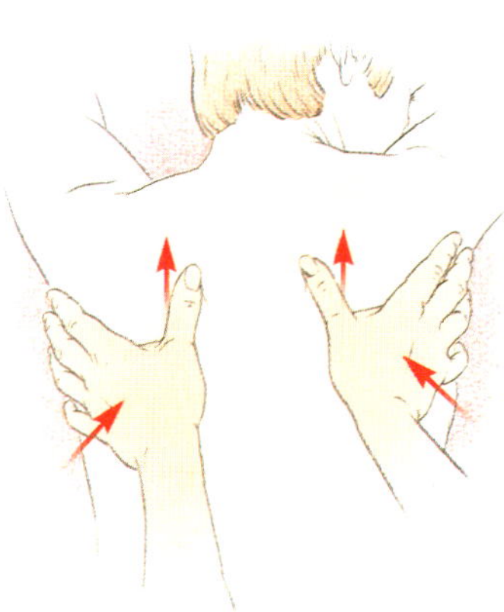

TUI am Rücken

KREISENDES REIBEN – *MO*

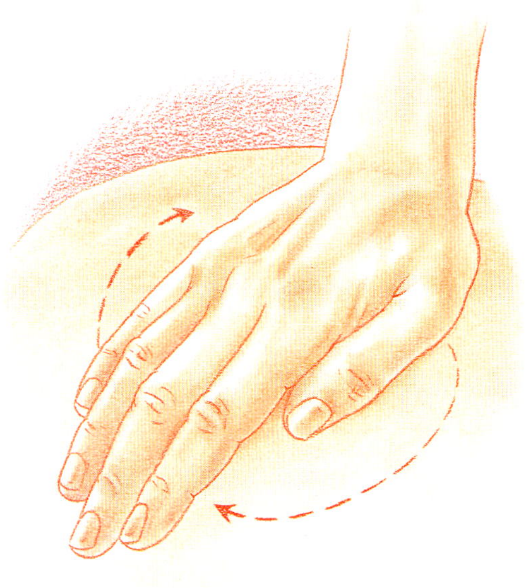

MO mit der Handfläche

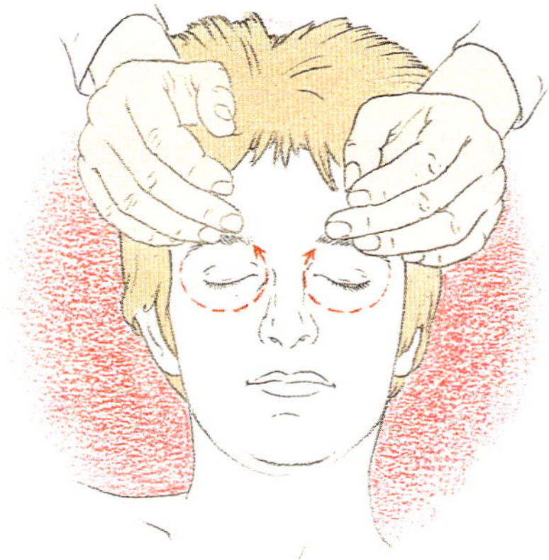

MO um die Augen

MO beschreibt die chinesische Massagetechnik des kreisenden Reibens. Legen Sie Ihre Finger oder Handfläche auf den zu behandelnden Akupunkt oder Körperteil, und reiben Sie die Haut mit kreisenden Bewegungen. Massieren Sie eine begrenzte Körperzone entweder mit kleinen kreisenden Reibebewegungen oder einen größeren Bereich mit weiter ausholenden, großflächigeren Bewegungen. Üben Sie dabei stets einen leichten, gleichmäßigen Druck aus, der nur bis zum Unterhautbindegewebe reicht und nicht tiefer. MO eignet sich besonders für Massagen am Rücken, an den Fußsohlen und um die Augen.

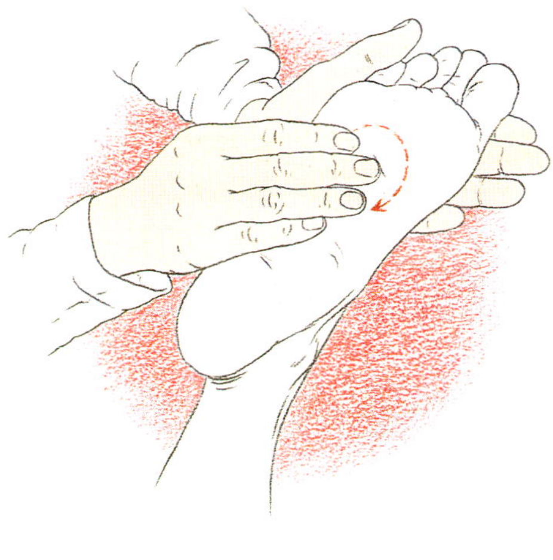

MO mit den Fingern

WENDEN SIE MO ZUR NORMALISIERUNG DES QI-BLUTFLUSSES, ZUR BEHANDLUNG VON SCHWELLUNGEN UND SCHMERZEN, ZUR STÄRKUNG VON MILZ, MAGEN SOWIE ALLER ANDEREN INNEREN ORGANE (SIEHE S. 9) UND ZUR STEIGERUNG DER SPANNKRAFT DER HAUT AN.

KREISENDES DRÜCKEN – *ROU*

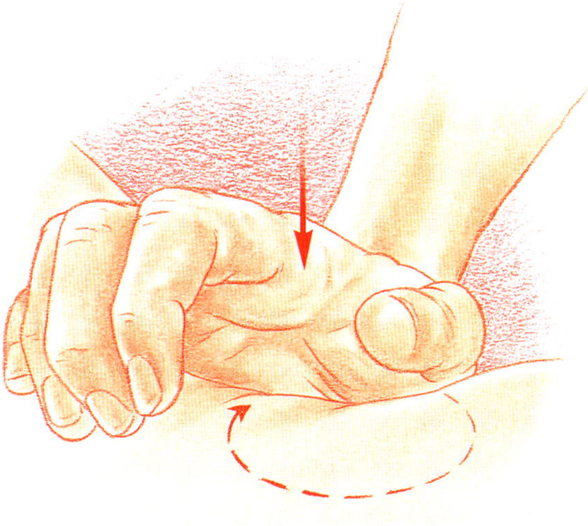

ROU mit dem Handballen

ROU ist die Bezeichnung für die chinesische Massagetechnik des kreisenden Drückens. Dazu wird mit kreisenden Bewegungen ein kräftiger, gleichmäßiger Druck ausgeübt. Der jeweilige Akupunkt oder Körperteil kann mit dem Finger, der Handfläche, dem Handballen, dem Daumenballen, dem Daumen oder Ellenbogen mit kreisenden Bewegungen akupressiert werden. Drücken Sie die gewünschte Zone zuerst im Uhrzeigersinn und anschließend gegen den Uhrzeigersinn. Steigern Sie zuerst langsam den Druck und verringern Sie ihn anschließend wieder. ROU ist ein mäßig starker Massagegriff, der sich an allen Körperteilen anwenden läßt. Er wird häufig in Kombination mit AN, dem Drücken am Ort (siehe S. 34) verwendet.

ROU EIGNET SICH ZUR BEHANDLUNG VON SCHWELLUNGEN, ZUR SCHMERZLINDERUNG, ZUR ANREGUNG DER VERDAUUNG UND ZUR REGULATION DES QI-BLUT-FLUSSES.

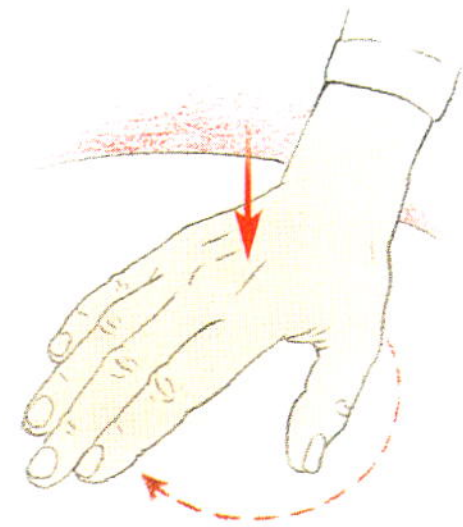

ROU mit der Handfläche

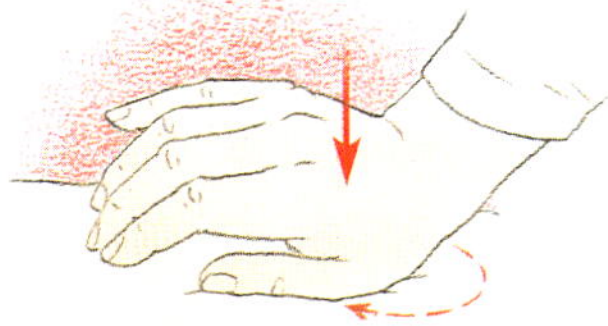

ROU mit dem Daumenballen

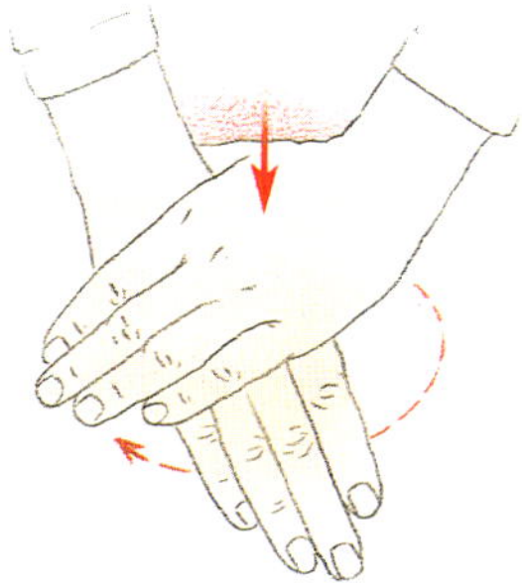

ROU mit beiden Handflächen

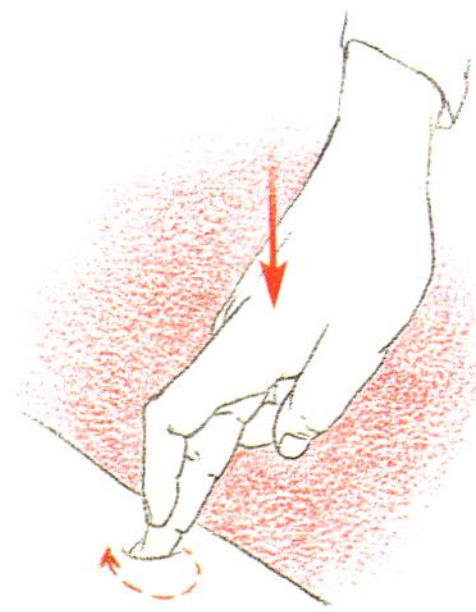

ROU mit dem Mittelfinger

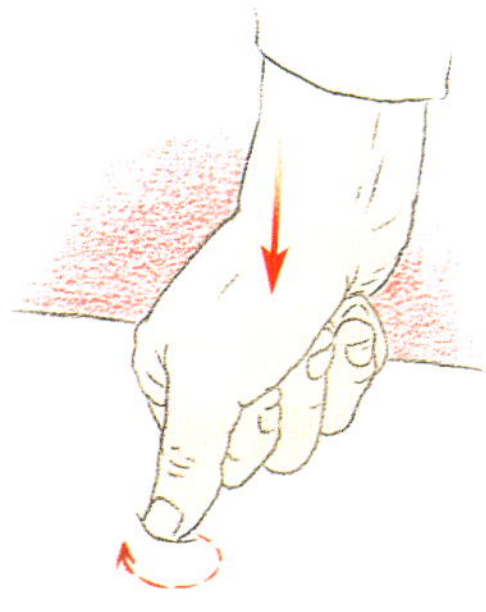

ROU mit dem Daumen

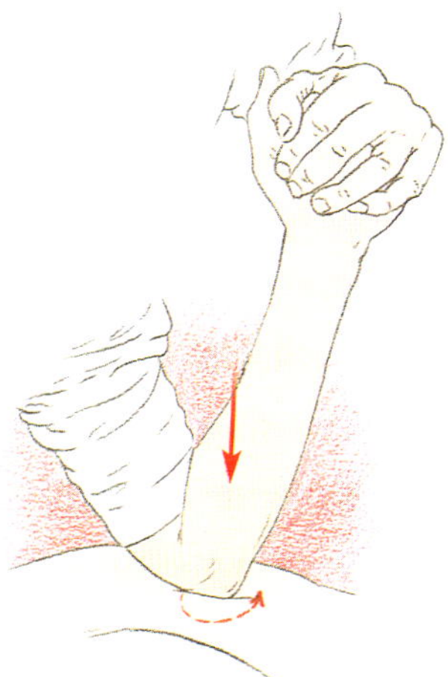

ROU mit dem Ellenbogen

ZWICKEN – *QIA*

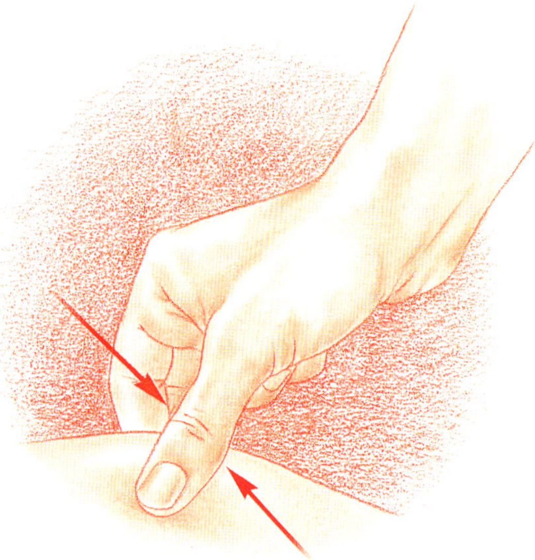

QIA mit den Fingern

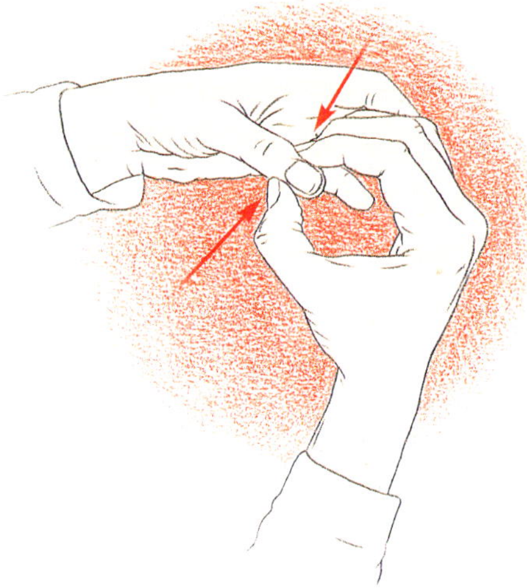

QIA am Finger

QIA ist die chinesische Bezeichnung für Zwicken. Nehmen Sie den gewünschten Akupunkt oder Körperteil zwischen Daumen, Zeige- und Mittelfinger, und zwicken Sie mit anhaltendem, festem Druck ins Gewebe. QIA ist eine stark reizende Massagetechnik. Die Patienten werden beim Zudrücken Schmerz empfinden, der jedoch im allgemeinen schnell wieder nachläßt. Achten Sie jedoch darauf, die Schmerzschwelle der Patienten nicht zu überschreiten und die Haut nicht zu verletzen.

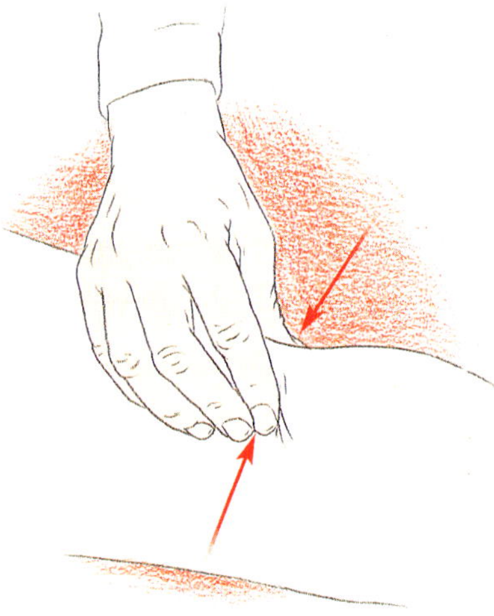

QIA am Bein

QIA WIRD ZUR STIMULATION DER AKUPUNKTE, ÖFFNUNG DER MERIDIANE SOWIE ZUR BEHANDLUNG VON SCHWELLUNGEN DES WEICHEN GEWEBES VERWENDET .

KNEIFEN – *NA*

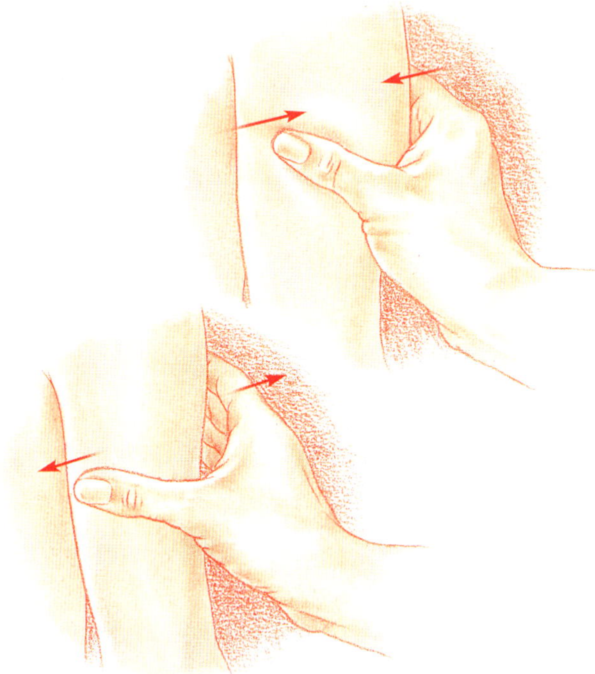

NA am Arm

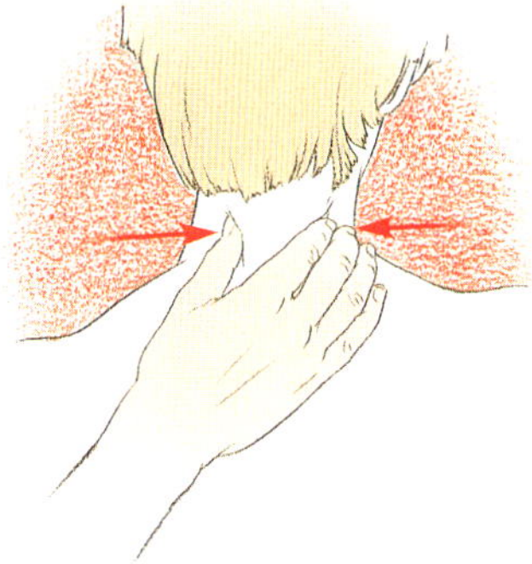

NA am Nacken

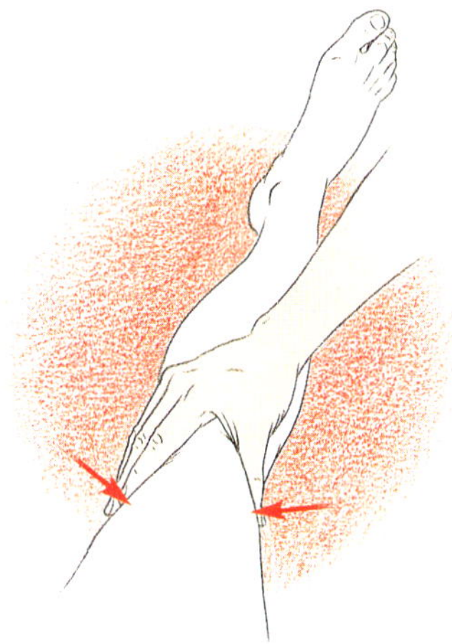

NA am Bein

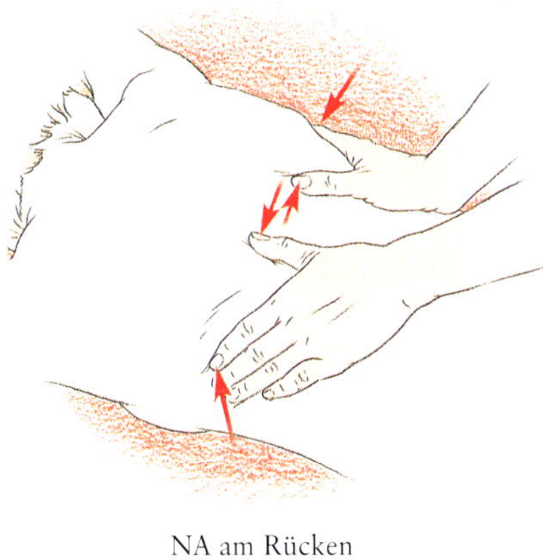

NA am Rücken

NA ist die chinesische Bezeichnung für die Massagetechnik des Kneifens. NA läßt sich an den meisten Körperteilen – wie Armen, Beinen, Nacken und Schultern sowie am Rücken – anwenden. Benutzen Sie dazu Ihre Hand wie eine Zange, die entweder nur aus Daumen, Zeige- und Mittelfinger gebildet wird oder aber aus dem Daumen und den restlichen vier Fingern der Hand. Drücken Sie nun den gewünschten Akupunkt oder Körperteil wie mit einer Kneifzange zusammen, und lassen Sie anschließend wieder los. Ihr Handgelenk sollte dabei entspannt und Ihre Kneifbewegungen langsam und rhythmisch sein. Steigern Sie zuerst allmählich den Druck beim Massieren, und reduzieren Sie ihn anschließend wieder.

NA EIGNET SICH ZUR LÖSUNG VON MUSKELKRÄMPFEN, REGULATION DER NERVENFUNKTION, ÖFFNUNG DER MERIDIANE, ÜBERWINDUNG VON ERMÜDUNG UND BEHANDLUNG VON ERKÄLTUNGSKRANKHEITEN (SIEHE S. 9).

WISCHEN – *MO2*

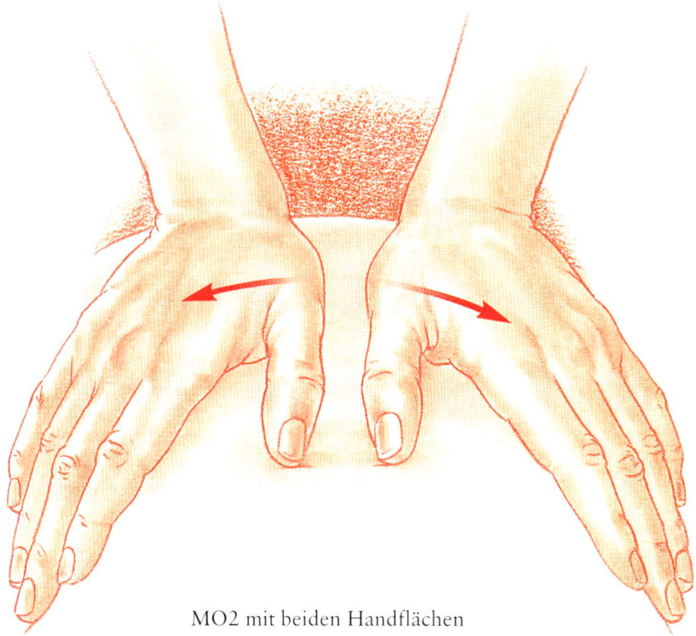

MO2 mit beiden Handflächen

Obwohl dieses MO gleich ausgesprochen wird wie das MO des Reibens (siehe S. 36), wird darunter eine andere Massagetechnik verstanden. Um Verwirrungen zu vermeiden, haben wir sie deshalb MO2 genannt. Dazu werden die Hände oder Daumen von einem gemeinsamen Mittelpunkt aus in entgegengesetzter Richtung nach außen geschoben. Legen Sie Ihre Daumen oder Hände nebeneinander auf die zu behandelnde Stelle, und streichen Sie damit in langsamen, fließenden Bewegungen mit mäßigem Druck nach außen. Üben Sie mit beiden Händen einen gleichmäßigen, stetigen Druck aus. Diese beruhigende Massagetechnik wird im allgemeinen auf der Stirn, im Nacken sowie auf dem Rücken und dem Bauch angewandt.

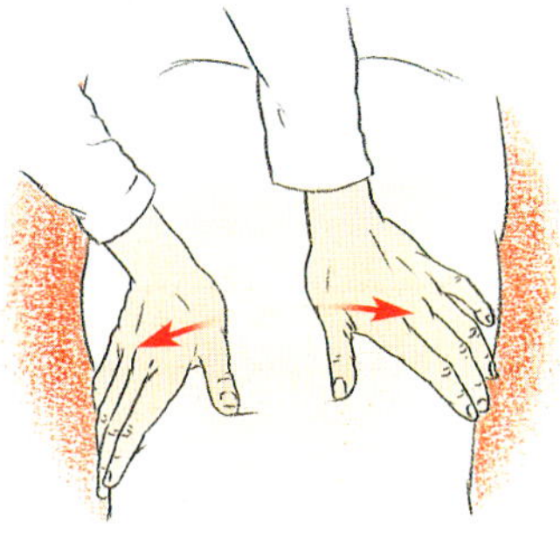

MO2 am Rücken

MO2 IST EINE BERUHIGENDE MASSAGETECHNIK, DIE ZUM ABBAU VON ÜBERERREGTHEIT EINGESETZT WIRD. DARÜBER HINAUS HAT MO2 EINE STARK KRÄFTIGENDE WIRKUNG UND ERHÖHT DIE SPANNKRAFT DER HAUT.

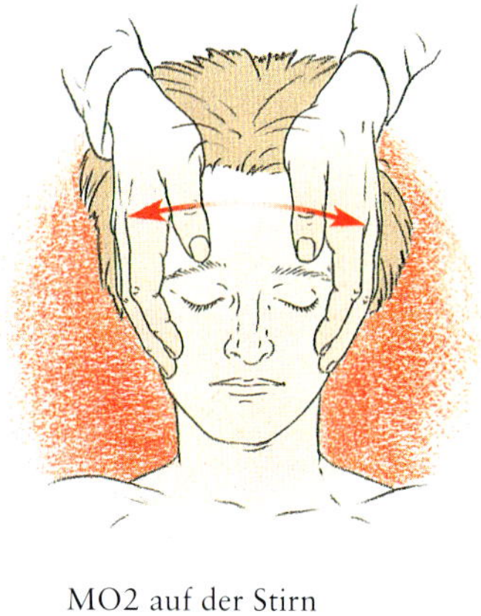

MO2 auf der Stirn

ROLLEN – *GUN*

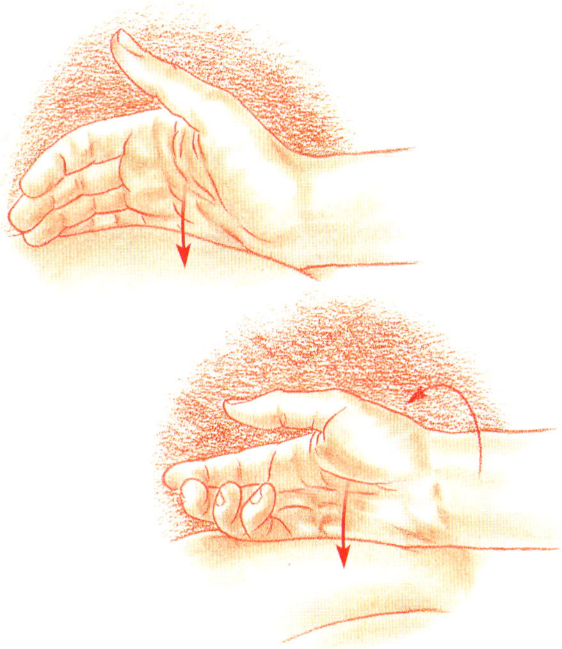

GUN bezeichnet die chinesische Massagetechnik des Rollens. Sie wird zur Behandlung der muskelreichen Körperteile angewandt. Legen Sie Ihre Hand entspannt und mit leicht nach innen gekrümmten Fingern auf die gewünschte Stelle. Rollen Sie nun mit Ihrer Handkante rhytmisch und gleichmäßig auf der Stelle hin und her, und zwar mit genügend Druck, damit die Muskelschicht durchdrungen wird.

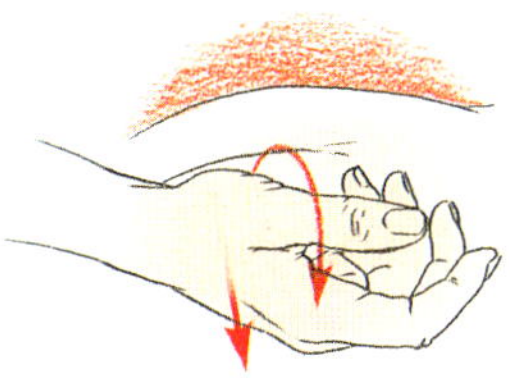

VERWENDEN SIE GUN ZUR ENTSPANNUNG VON MUSKELN UND SEHNEN, ZUR BEHANDLUNG VON MUSKELKRÄMPFEN, SCHMERZEN UND ERSCHÖPFUNGSZUSTÄNDEN, ZUR STÄRKUNG DER KNOCHEN UND ZUR VERBESSERUNG DER GELENKIGKEIT DES BLUTKREISLAUFS.

VIBRIEREN LASSEN – *ZHEN*

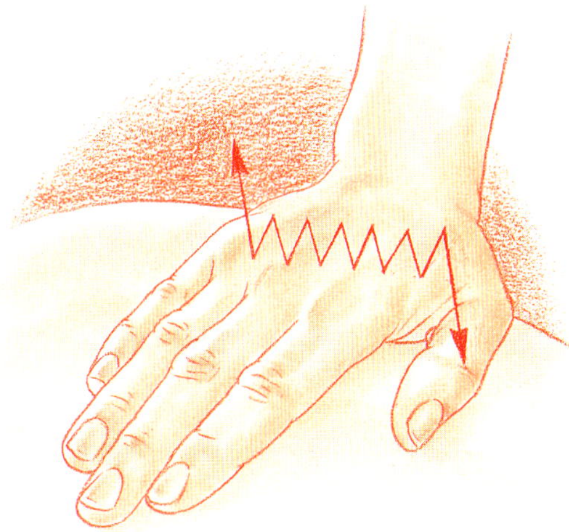

ZHEN mit der Handfläche

Die Massagetechnik des Vibrierenlassens wird im Chinesischen mit ZHEN bezeichnet. Dazu üben Sie mit den Fingerkuppen, der Handfläche oder beiden Handflächen einen festen Druck auf die betroffene Körperstelle aus und lassen sie dabei in schnellem, regelmäßigen Rhythmus vibrieren. Durch den kräftigen Druck wird das tiefer unter der Haut liegende Gewebe erreicht.

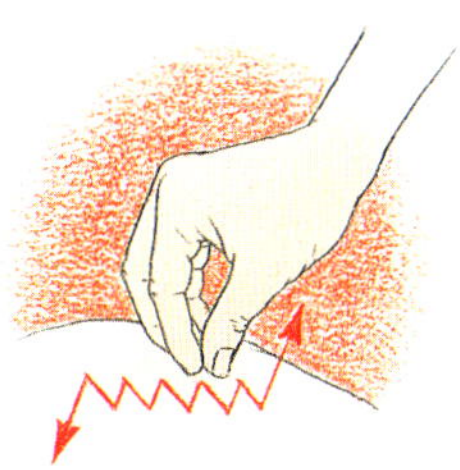

ZHEN mit den Fingerspitzen

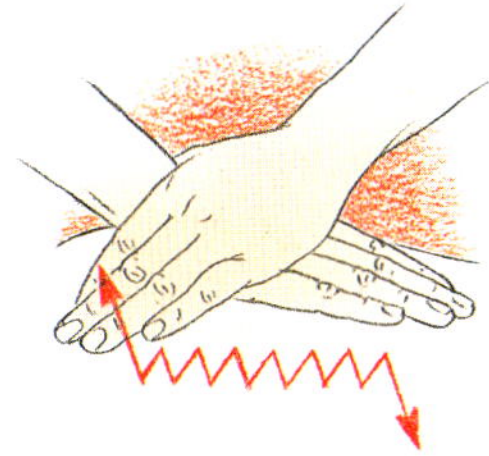

ZHEN mit den Handflächen

ZHEN WIRD ZUR MUSKELENTSPANNUNG, ZUR LÖSUNG VON MUSKELKRÄMPFEN UND SCHMERZLINDERUNG, AUSSERDEM BEI ERSCHÖPFUNGSZUSTÄNDEN EINGESETZT.

KLOPFEN – *PAI*

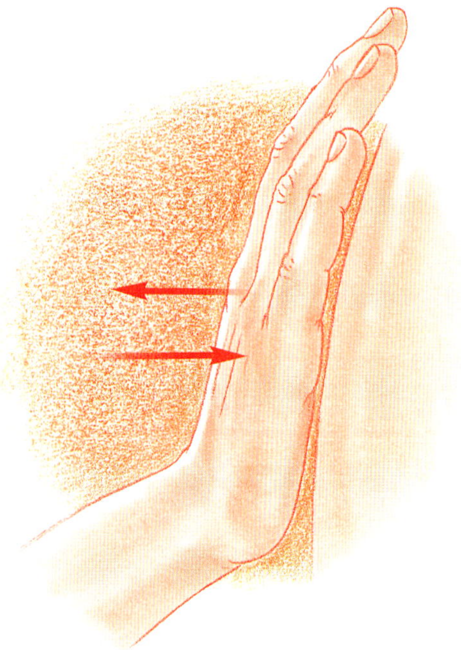

PAI mit der Handfläche

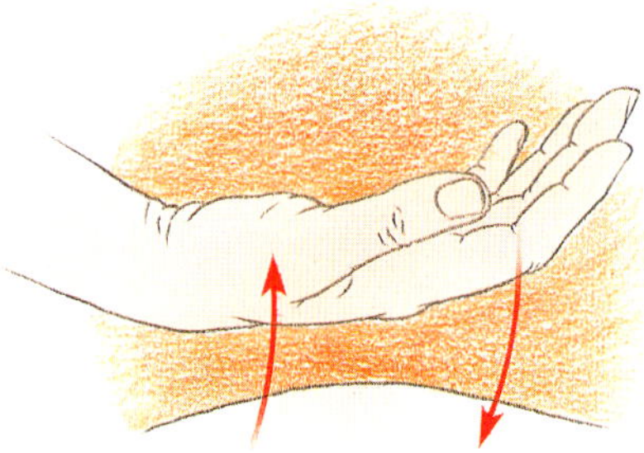

PAI mit dem Handrücken

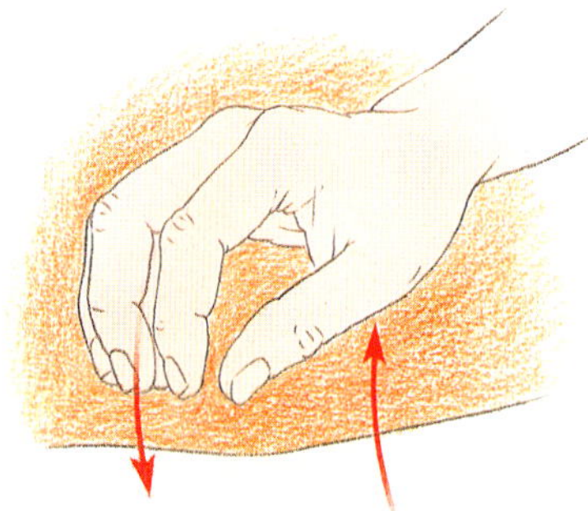

PAI mit den Fingerkuppen

PAI ist die chinesische Bezeichnung für die Massagetechnik des Klopfens. Klopfen Sie mit der Handfläche, dem Handrücken oder den Fingerkuppen auf die zu behandelnde Stelle. Ihr Handgelenk sollte dabei entspannt und die Klopfbewegungen leicht, gleichmäßig, elastisch und rhythmisch sein. PAI ist eine weitaus sanftere Massagetechnik als KOU (siehe nächste Seite), mit dem es häufig kombiniert wird. PAI eignet sich am besten gegen Ende einer Massagesitzung.

PAI HILFT BEI MUSKELVERSPANNUNGEN, GLIEDERSCHMERZEN, STÖRUNGEN DES QI-BLUT-FLUSSES UND DURCH WIND UND KÄLTE (SIEHE S. 9) VERURSACHTEN BESCHWERDEN.

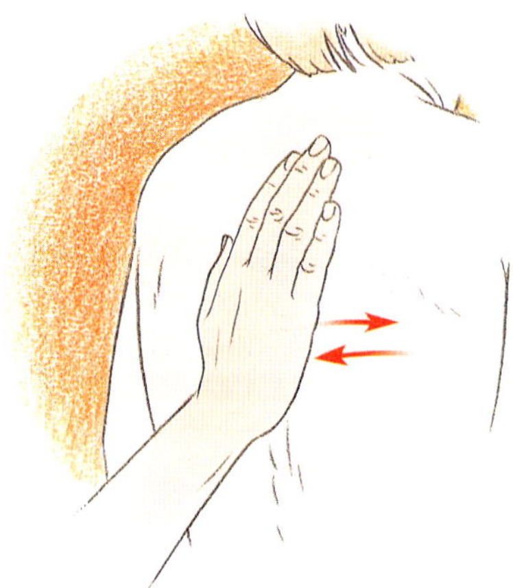

PAI am Rücken

TROMMELN – *KOU*

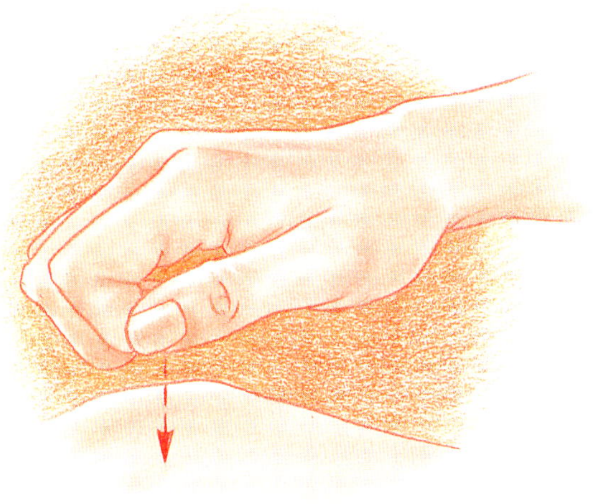

KOU mit der Faust

Die chinesische Massagetechnik des Trommelns wird KOU genannt. Machen Sie dazu eine lose Faust, und trommeln Sie mit dem flachen Teil der Finger (nicht mit den Knöcheln) auf den gewünschten Akupunkt oder Körperteil. Sie können jedoch auch die Fingerspitzen zum Trommeln verwenden. Ihr Handgelenk sollte dabei entspannt und beweglich sein, die Trommelbewegung rhythmisch und elastisch. KOU wird meistens an den Beinen, Schultern und am Rücken angewandt.

KOU DIENT DER VERBESSERUNG DES QI-BLUT-FLUSSES, DER MUSKELENTSPANNUNG UND DER ÜBERWINDUNG VON ERSCHÖPFUNGSZUSTÄNDEN.

ZWIRBELN – *CUO*

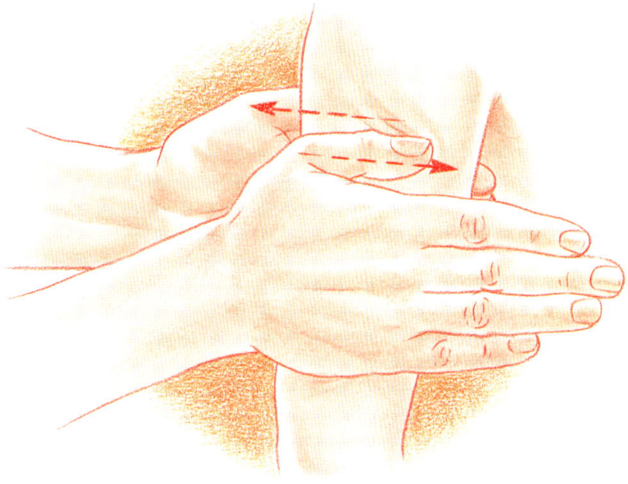

CUO am Arm

CUO ist die Bezeichnung für die chinesische Massagetechnik des Zwirbelns, die an Armen und Beinen angewandt wird. Klemmen Sie den jeweiligen Arm oder das gewünschte Bein fest zwischen beide Handflächen, und bewegen Sie diese dann in entgegengesetzter Richtung gleichmäßig vor und zurück, als würden Sie eine Schnur zwirbeln. Steigern Sie im Laufe der Massage die Geschwindigkeit von CUO, und werden Sie anschließend wieder langsamer.

CUO EIGNET SICH ZUR ÖFFNUNG DER MERIDIANE UND ZUR REGULATION DES QI-BLUT-FLUSSES, MACHT GELENKE BEWEGLICHER, ENTSPANNT DIE MUSKELN UND HILFT BEI ERSCHÖPFUNGSZUSTÄNDEN.

SCHÜTTELN – *DOU*

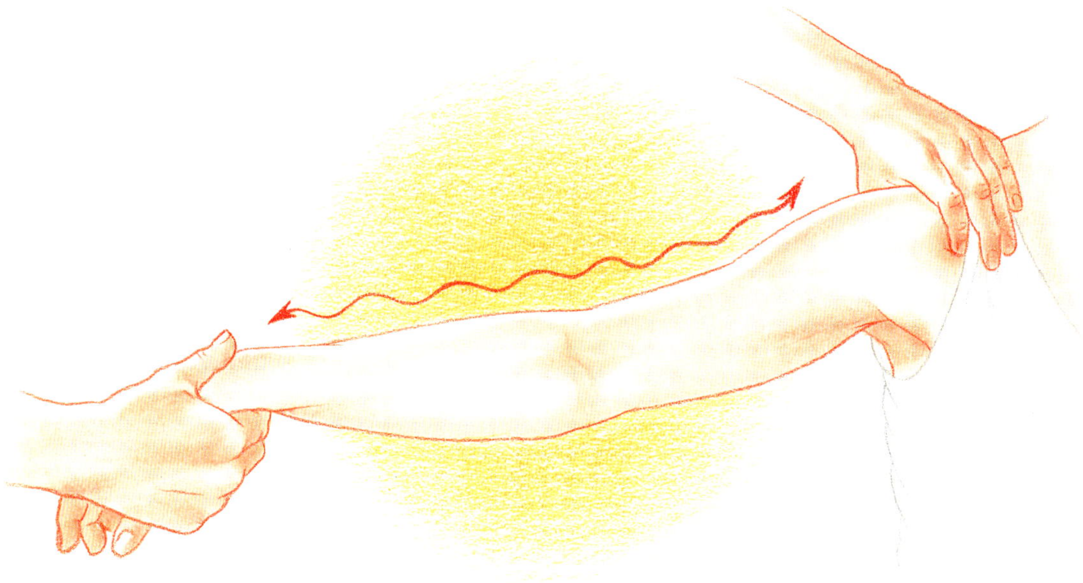

DOU am Arm

DOU heißt die chinesische Massagetechnik, bei der die Gliedmaßen der Patienten geschüttelt werden. Bitten Sie die zu behandelnde Person, den betroffenen Arm oder das betroffene Bein zu entspannen. Halten Sie die Gliedmaße fest, und schütteln Sie sie locker auf und ab wie ein Seil. Der Bewegungspielraum ist auf die Auf- und Abwärtsbewegung begrenzt; die Gliedmaßen sollen dabei nicht gedreht werden. Sie können allmählich immer schneller schütteln, aber nie zu schnell. DOU wird im allgemeinen in Kombination mit YAO (siehe nächste Seite) angewandt.

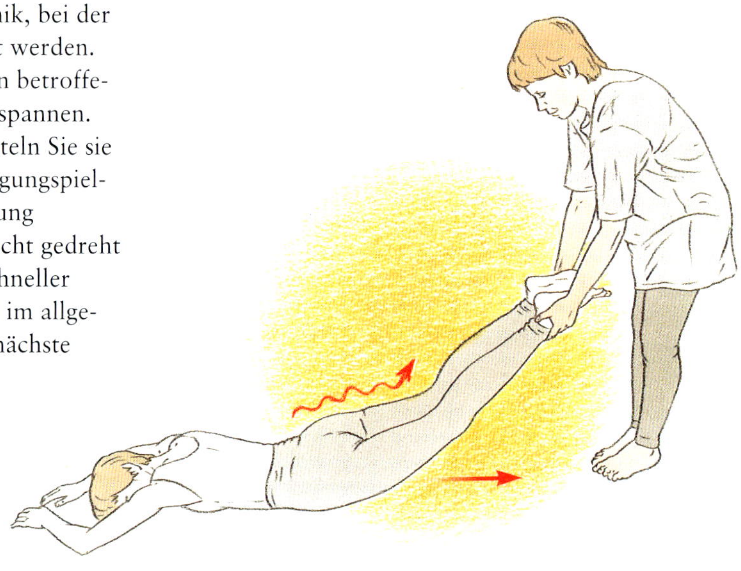

DOU an den Beinen

DOU ENTSPANNT DIE MUSKELN UND SEHNEN, FÖRDERT DIE BEWEGLICHKEIT DER GELENKE UND HILFT BEI ERSCHÖPFUNGSZUSTÄNDEN UND MÜDIGKEIT.

KREISEN LASSEN – *YAO*

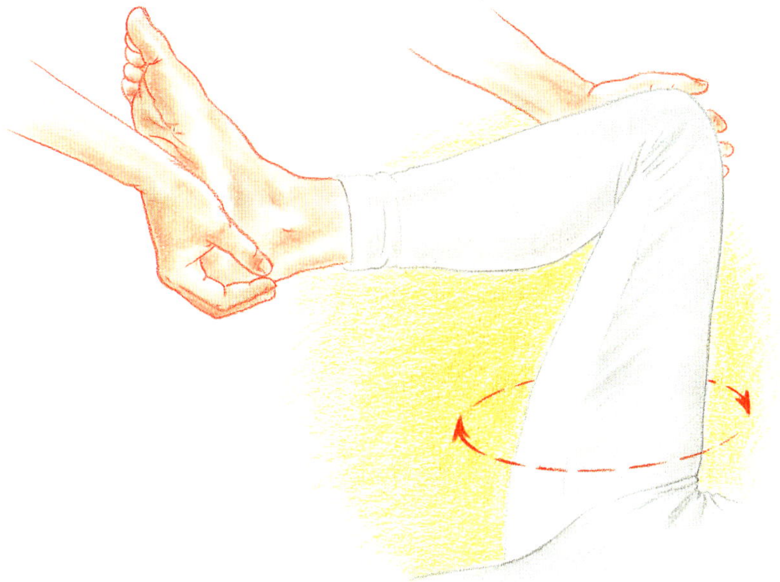

YAO am Bein

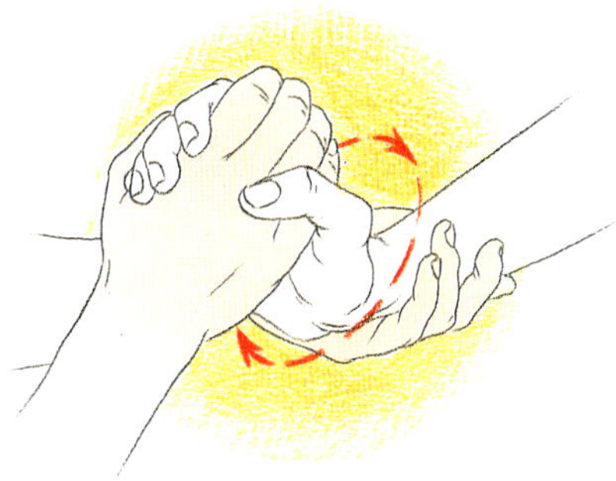

YAO am Handglenk

Bei der chinesischen Massagetechnik des Kreisenlassens, YAO genannt, hält man den Arm oder das Bein des Patienten fest und läßt die Gliedmaße langsam und ohne Anstrengung im Gelenk kreisen. Dabei vergrößert man langsam den Bewegungsradius, allerdings nicht allzu weit oder über den normalen Bewegungsspielraum hinaus. YAO wird im allgemeinen in Kombination mit DOU angewandt (siehe gegenüberliegende Seite).

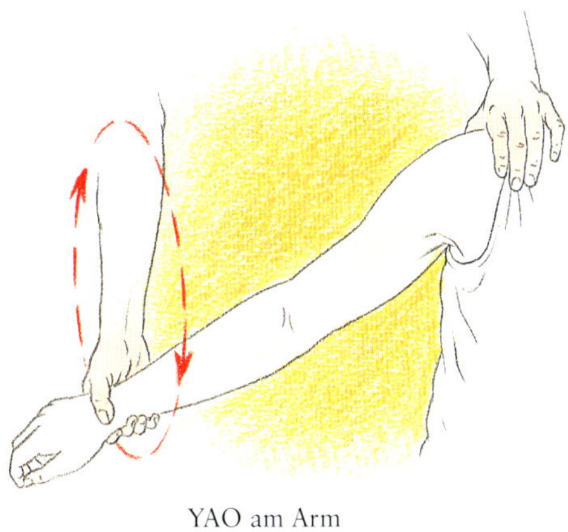

YAO am Arm

YAO EIGNET SICH VOR ALLEM ZUR BEHANDLUNG VON GELENKBESCHWERDEN. ES TRÄGT ZUR LOCKERUNG STEIFER GELENKE BEI UND VERBESSERT IHRE BEWEGLICHKEIT.

DRITTES KAPITEL

DAS ÖFFNEN DER MERIDIANE

Nach Auffassung der traditionellen chinesischen Medizin bilden die Meridiane (siehe S. 8-13) ein Qi-Blut-Versorgungsnetz, das alle lebenswichtigen Organe und alle Körperbereiche miteinander verbindet. Das Auftreten einer Krankheit wirkt sich auf die Meridiane durch Hemmung des Qi-Blut-Flusses aus. Diese Störung wird als Blockade des Meridians, Qi-Blut-Stauung oder Yin-Yang-Ungleichgewicht bezeichnet. Die Meridiane können ihre Aufgaben nicht mehr erfüllen und entwickeln verschiedene Symptome, z.B. Schmerzen.

Das Öffnen blockierter Meridiane ist das zentrale Anliegen der Schmerzlinderungsmassage. Dieses Kapitel zeigt, wie es gemacht wird und wie Sie eine Qi-Blut-Stauung beheben sowie das Gleichgewicht zwischen Yin und Yang wiederherstellen können. Sobald dies geschehen ist, wird der Schmerz verschwinden.

Die hier beschriebene Methode für das Öffnen der Meridiane ist eine organische. Sie koordiniert und integriert das Zusammenwirken der 12 regulären Meridiane, der beiden Spezialmeridiane und mehr als 100 Akupunkte. Sie können damit die Meridiane in nur einem Körperbereich oder in mehreren Bereichen gemeinsam öffnen, je nach Einzelfall (siehe viertes Kapitel „Schmerzlinderung"). Im Anhang (S. 122-39) können Sie in Zweifelsfällen die genaue Lage von Akupunkten und den Verlauf der Meridiane nachschlagen.

Das Öffnen der Meridiane am Kopf

Sorgen Sie dafür, daß Ihr Partner bequem auf einem Stuhl sitzt. Stellen Sie sich so hin, daß Sie Ihre Kraft rationell einsetzen können. Da die Akupunkte an den 12 regulären Meridianen paarig und auf den beiden Körperhälften symmetrisch angeordnet sind, werden für das Öffnen der Meridiane am Kopf jeweils beide Akupunkte massiert.

1. Schritt

- Kneifen und drücken Sie kreisend die beiden Akupunkte Bl2 (*Zanzhu*) am inneren Ende der Augenbrauen. Massieren Sie die Punkte mit Daumen und Mittelfinger je 20mal.

- Drücken Sie den nicht auf einem Meridian liegenden Punkt *Yintang* mit dem Daumen 20 bis 30mal. Danach drücken Sie nacheinander die Akupunkte LG23 (*Shangxing*), LG20 (*Baihui*), LG 16 (*Fengfu*) und LG14 (*Dazhui*) je 20 bis 30mal.

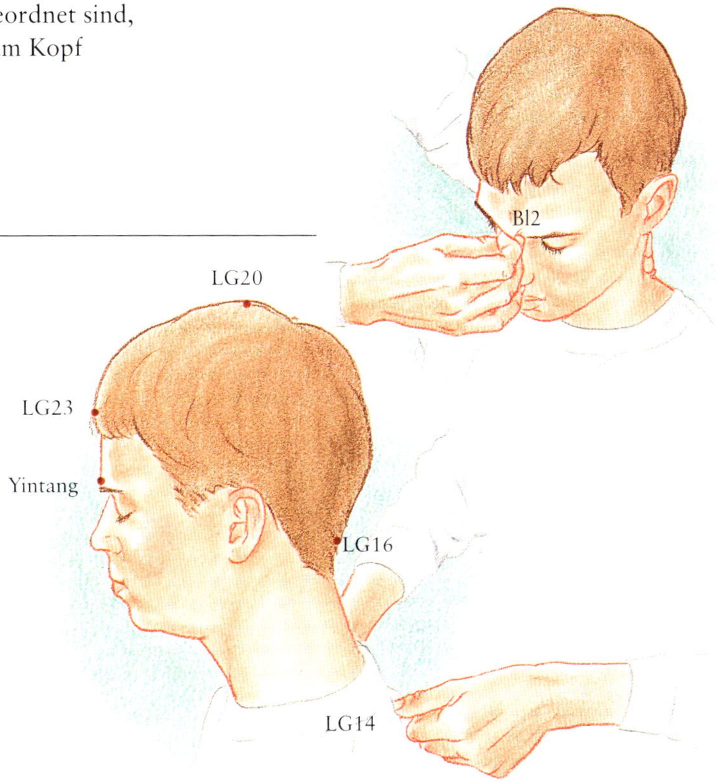

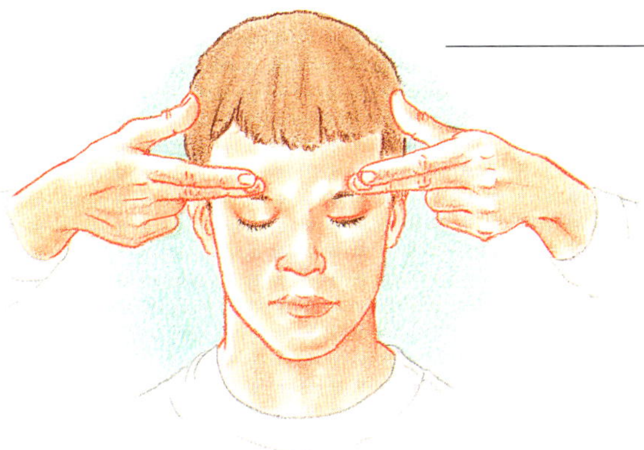

2. Schritt

Streichen Sie mit den Mittelfingern mit sanftem, gleichmäßigem Druck von innen nach außen über die Augenbrauen. 10mal wiederholen.

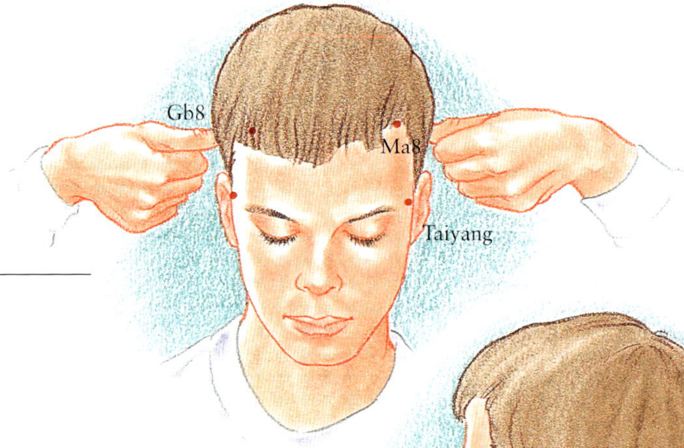

3. Schritt

Akupressieren und drücken Sie kreisend die folgenden paarigen Akupunkte je 20 bis 30mal: Spezialpunkt *Taiyang*, Ma8 (*Touwei*), Gb8 (*Shuaigu*) und Gb20 (*Fengchi*).

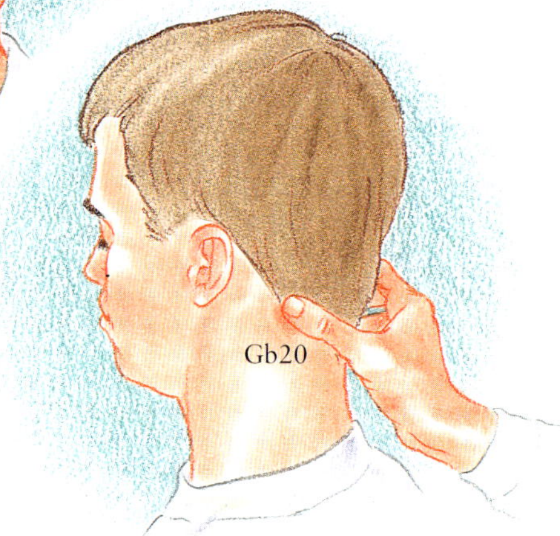

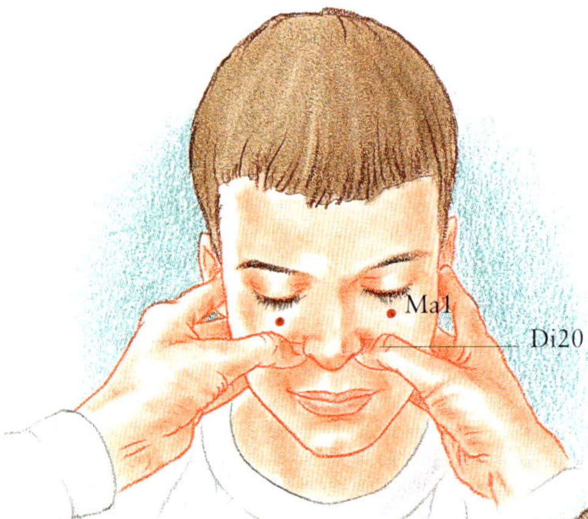

4. Schritt

Akupressieren und drücken Sie kreisend die paarigen Akupunkte Ma1 (*Chengqi*), Di20 (*Yingxiang*), Dü19 (*Tinggong*) und Ma6 (*Jiache*) je 20 bis 30mal mit den Daumen.

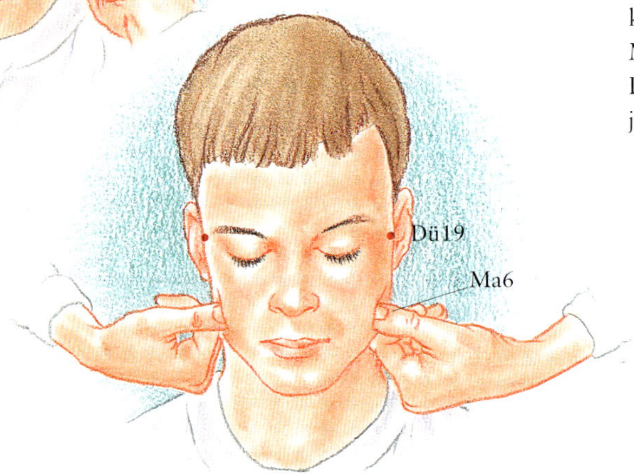

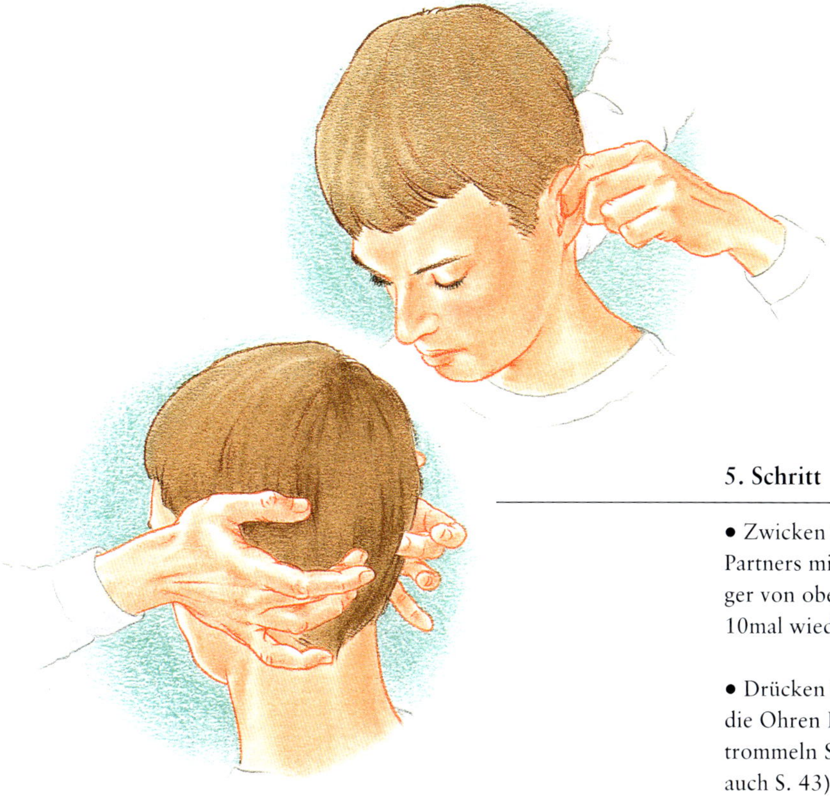

5. Schritt

- Zwicken Sie beide Ohren Ihres Partners mit Daumen und Zeigefinger von oben nach unten. 10mal wiederholen.

- Drücken Sie Ihre Handflächen auf die Ohren Ihres Partners und trommeln Sie rhythmisch (siehe auch S. 43) mit den Spitzen der Mittelfinger auf den Hinterkopf. 20mal wiederholen.

6. Schritt

Kämmen Sie die Kopfhaut Ihres Partners mit gebogenen Fingerspitzen vom Haaransatz an der Stirn bis zum Hinterkopf. 20mal wiederholen.

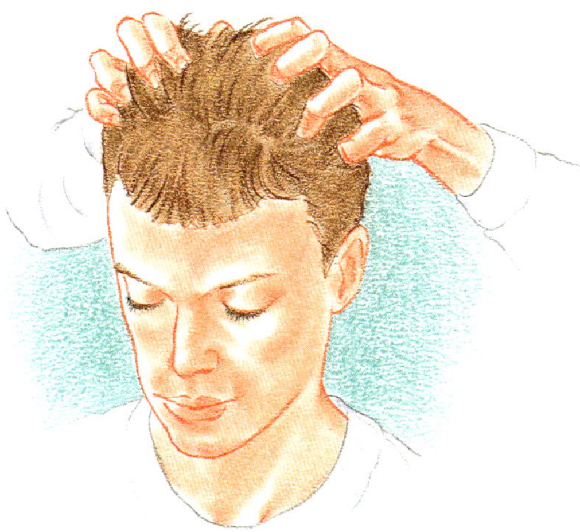

Das Öffnen der Meridiane am Bauch

Legen Sie Ihren Partner für diese Übung mit dem Gesicht nach oben auf den Boden oder auf einen Massagetisch. Stehen oder knien Sie so daneben, daß Sie die entsprechenden Akupunkte bequem erreichen und den erforderlichen Druck ausüben können.

1. Schritt

Drücken Sie KG17 (*Tanzhong*) mit dem Mittelfinger Ihrer linken Hand. Drücken Sie weiterhin KG17, während Sie mit dem Mittelfinger Ihrer rechten Hand nacheinander die Akupunkte KG12 (*Zhongwan*), KG11 (*Jianli*), KG9 (*Shuifen*), KG6 (*Qihai*) und KG4 (*Guanyuan*) je 20 bis 30mal drücken und kreisend drücken.

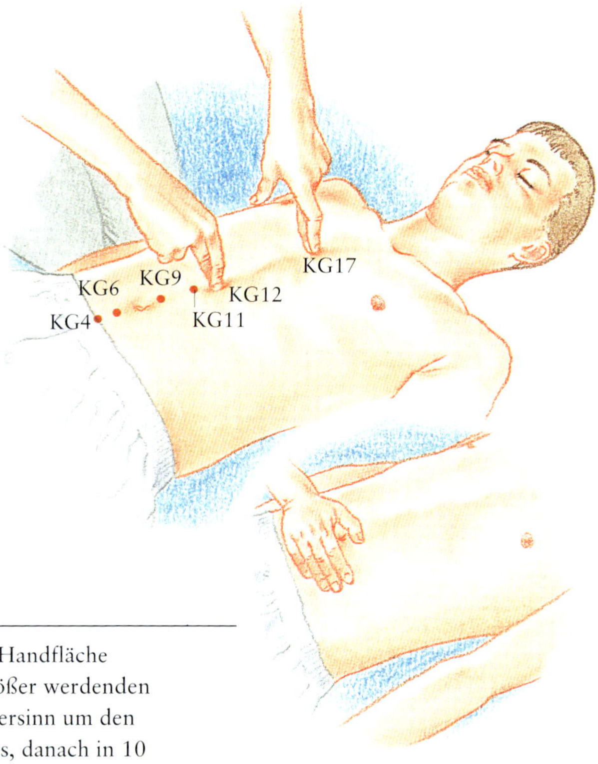

2. Schritt

Reiben Sie mit der Handfläche 10mal in immer größer werdenden Kreisen im Uhrzeigersinn um den Nabel Ihres Partners, danach in 10 Kreisen gegen den Uhrzeigersinn, wobei Sie diesmal mit dem größten Kreis anfangen und immer kleinere Kreise beschreiben.

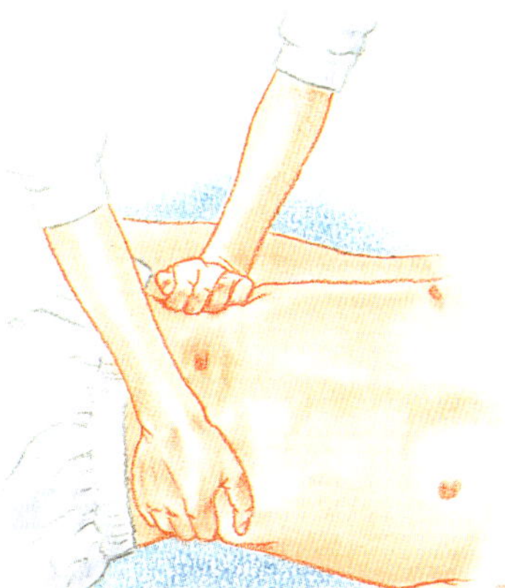

3. Schritt

- Fassen Sie die paarigen Akupunkte Gb26 (*Daimai*) an, ziehen Sie dann die Haut hoch und legen Sie sie über dem Bauch zu einer Falte um. Dreimal wiederholen.
- Drücken Sie den Akupunkt KG17 (*Tanzhong*) auf der Mittellinie des Bauches mit dem Daumen. Gleichzeitig akupressieren und drücken Sie kreisend Le13 (*Zhangmen*) auf der einen Seite 20 bis 30mal. Wiederholen Sie dies auf der anderen Seite.

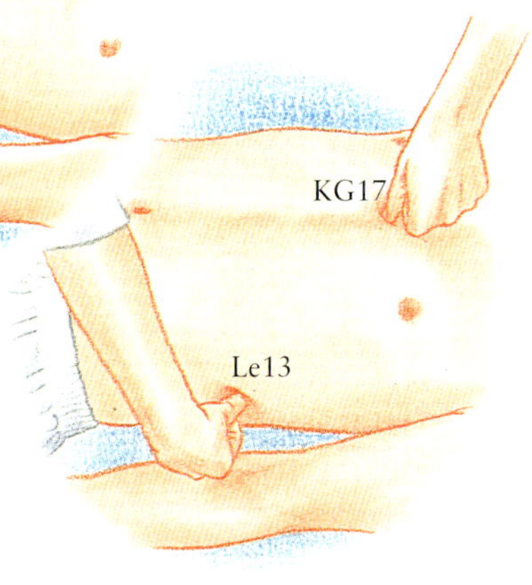

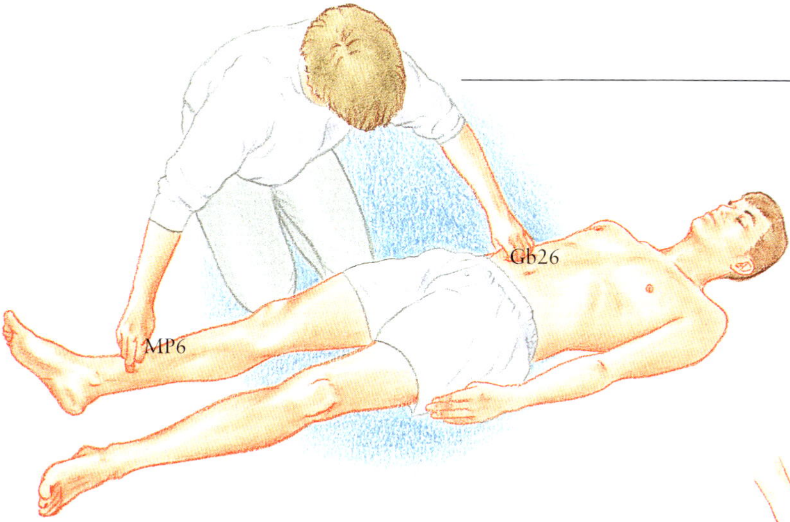

4. Schritt

Stellen oder knien Sie sich an die rechte Seite Ihres Partners und fassen Sie den Akupunkt Gb26 (*Daimai*) mit der linken Hand an. Drücken Sie gleichzeitig den Akupunkt MP6 (*Sanyinjiao*) auf dem rechten Bein Ihres Partners mit der rechten Hand 20 bis 30mal. Wiederholen Sie das Ganze auf der linken Seite.

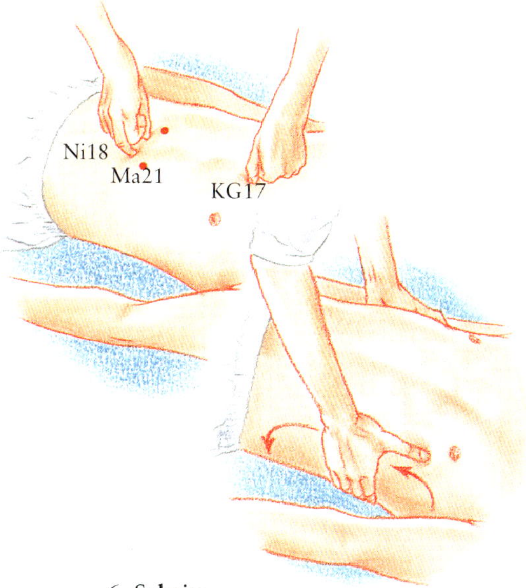

5. Schritt

- Drücken Sie KG17 (*Tanzhong*) mit dem Daumen der linken Hand. Drücken Sie gleichzeitig mit der rechten Hand die paarigen Akupunkte Ma21 (*Liangmen*) und danach Ni18 (*Shiguan*) je 20 bis 30mal.

- Schieben Sie mit den Handflächen über beide Seiten des Körpers nach unten. Dreimal wiederholen.

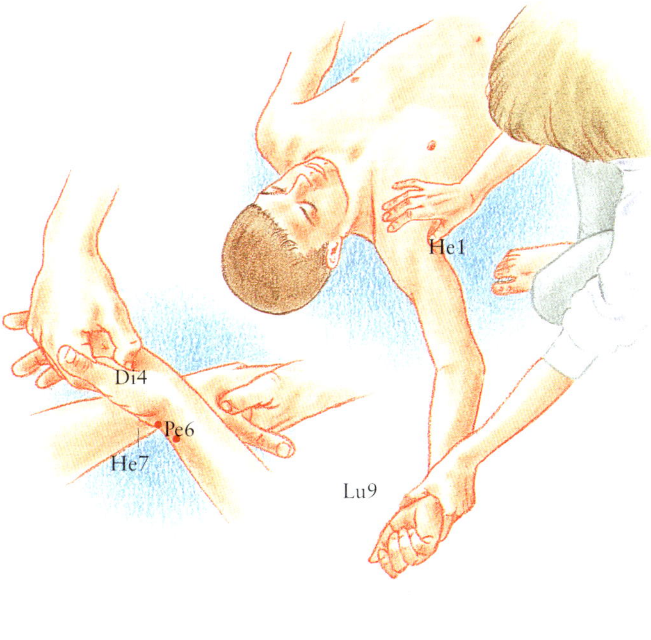

6. Schritt

- Heben Sie den rechten Arm Ihres Partners an und drücken Sie mit dem Daumen den Akupunkt Lu9 (*Taiyuan*). Kneifen Sie gleichzeitig He1 (*Jiquan*) 10mal. Wiederholen Sie die Massage am linken Arm.

- Drücken Sie die paarigen Akupunkte Di4 (*Hegu*), Pe6 (*Neiguan*) und He7 (*Shenmen*) an den Händen je 20 bis 30mal. Überkreuzen Sie die Hände Ihres Partners, um die Akupunkte leichter zu erreichen.

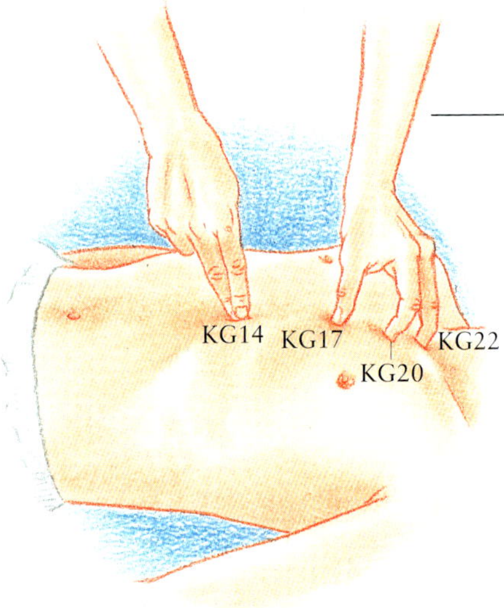

7. Schritt

Üben Sie mit den Fingern der einen Hand gleichzeitig Druck auf die Akupunkte KG22 (*Tiantu*), KG20 (*Huagai*) und KG17 (*Tanzhong*) aus. Halten Sie die Finger still und den Druck konstant. Drücken Sie mit dem Mittelfinger der anderen Hand gleichzeitig KG14 (*Juque*) 20 bis 30mal.

8. Schritt

- Drücken Sie mit dem Daumen der einen Hand KG14 (*Juque*). Mit den Fingern der anderen Hand drücken Sie gleichzeitig KG13 (*Shangwan*), KG12 (*Zhongwan*) und KG10 (*Xiawan*). Alle vier Akupunkte gemeinsam 20 bis 30mal drücken.

- Drücken Sie mit dem Mittelfinger der einen Hand KG12 (*Zhongwan*). Mit dem Mittelfinger der anderen Hand nacheinander die Akupunkte KG6 (*Qihai*), KG4 (*Guanyuan*) und KG3 (*Zhongji*) je 20 bis 30mal kreisend drücken.

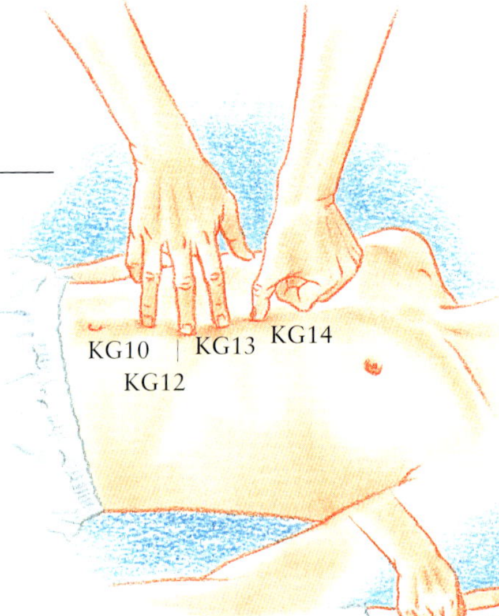

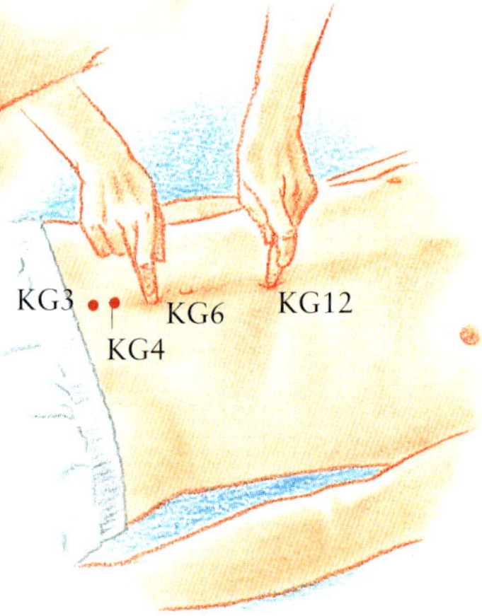

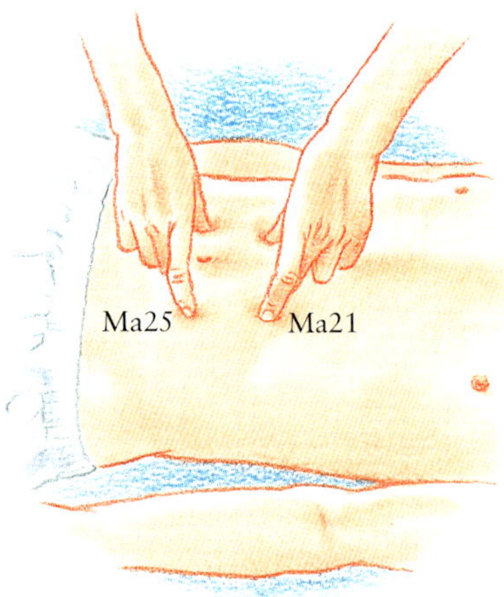

9. Schritt

Drücken Sie kreisend mit dem Daumen und Zeigefinger einer Hand gleichzeitig die paarigen Akupunkte Ma21 (*Liangmen*) und Ma25 (*Tianshu*) 20 bis 30mal.

10. Schritt

• Drücken Sie KG15 (*Jiuwei*) mit dem Daumen. Mit Daumen und Mittelfinger der anderen Hand kneifen Sie gleichzeitig die Akupunkte Gb34 (*Yanglingquan*) und MP9 (*Yinlingquan*) auf dem Bein der Ihnen näherliegenden Seite 20 bis 30mal. Wiederholen Sie diese Übung am anderen Bein.

• Drücken Sie den paarigen Akupunkt Lu1 (*Zhongfu*) mit den Daumen 20 bis 30mal.

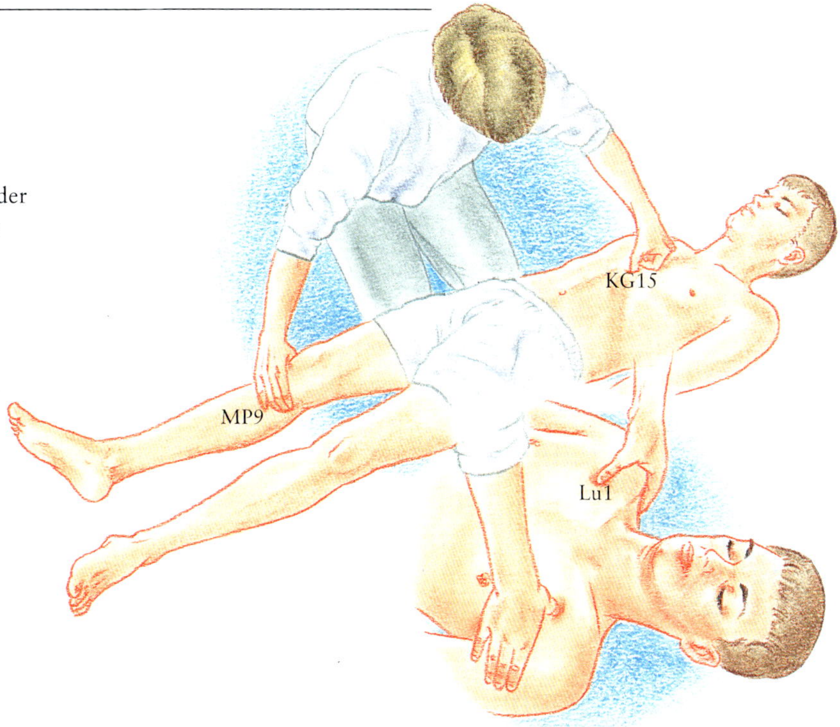

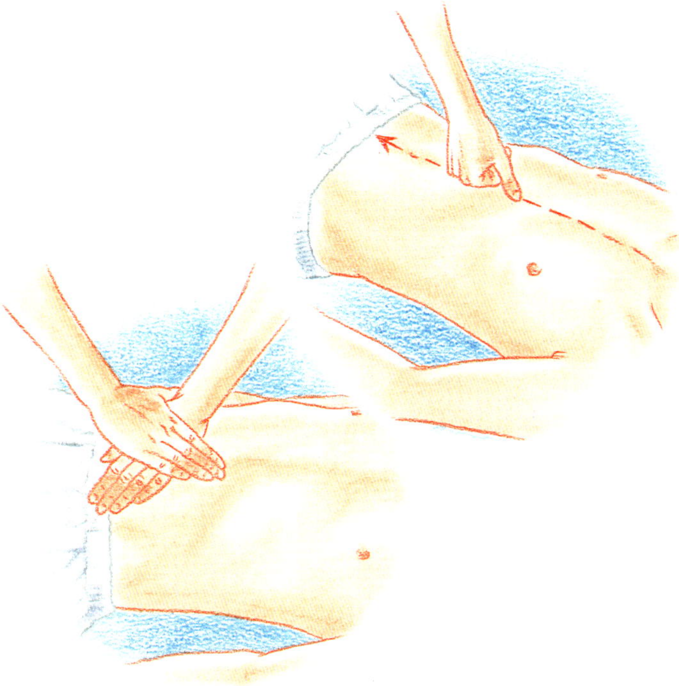

11. Schritt

• Schieben Sie mit dem Daumen langsam, dem Verlauf des KG-Meridians folgend, entlang der Mittellinie nach unten. Beginnen Sie bei KG22 (*Tiantu*) am oberen Ende des Brustbeins und schieben Sie bis zu KG3 (*Zhongji*) nach unten. Fünfmal wiederholen.

• Legen Sie Ihre Hände überkreuzt auf den Nabel. Üben Sie leichten Druck aus und lassen Sie Ihre Hände vibrieren (siehe auch S. 41).

Das Öffnen der Meridiane am Rücken

Verwenden Sie diese Schrittfolge zur Linderung von Rückenschmerzen. Die Schrittfolge am Rücken kann gemeinsam mit dem Öffnen der Meridiane am Bauch (siehe S. 50-53) zur Behandlung von Schmerzen und Erkrankungen der inneren Organe angewandt werden. In Kombination mit dem Öffnen der Meridiane am Bein (siehe S. 61-63) hilft diese Rückenmassage auch Beinschmerzen lindern.

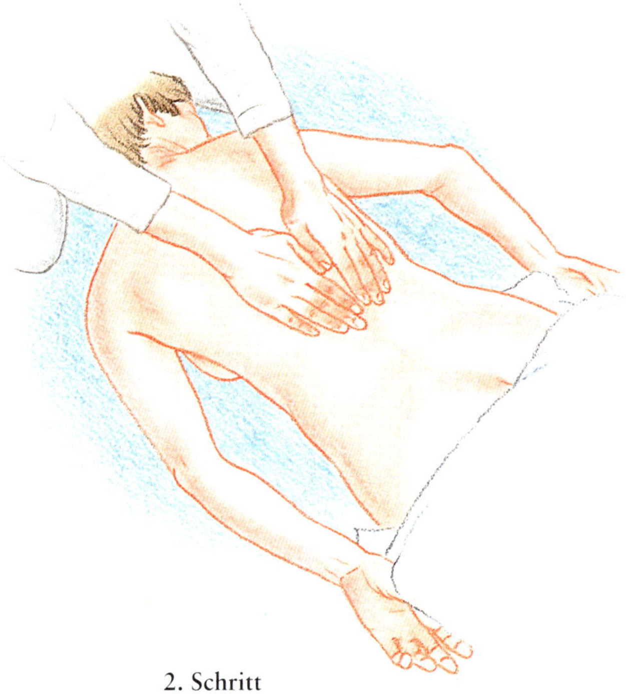

1. Schritt

Stellen oder knien Sie sich vor den Kopf Ihres Partners und reiben Sie den Rücken mit langen, sanften Strichen. Diese Massage entspannt die Rückenmuskulatur.

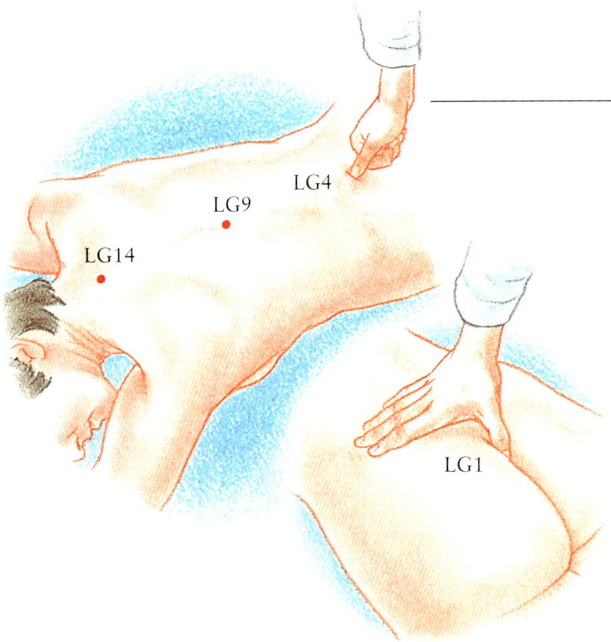

2. Schritt

- Drücken Sie mit dem Daumen abwechselnd die Akupunkte LG14 (*Dazhui*), LG9 (*Zhiyang*) und LG4 (*Mingmen*) je 20 bis 30mal.

- Drücken Sie den Akupunkt LG1 (*Changquiang*) drei Minuten lang mit dem Daumen. Da dieser Punkt genau in der Mitte zwischen Steißbein und After liegt, sollten Sie besonders darauf achten, daß Sie dabei die Intimsphäre Ihres Partners nicht verletzen. Massieren Sie diesen Punkt, wenn es gewünscht wird, durch leichte Baumwoll-Unterhosen hindurch.

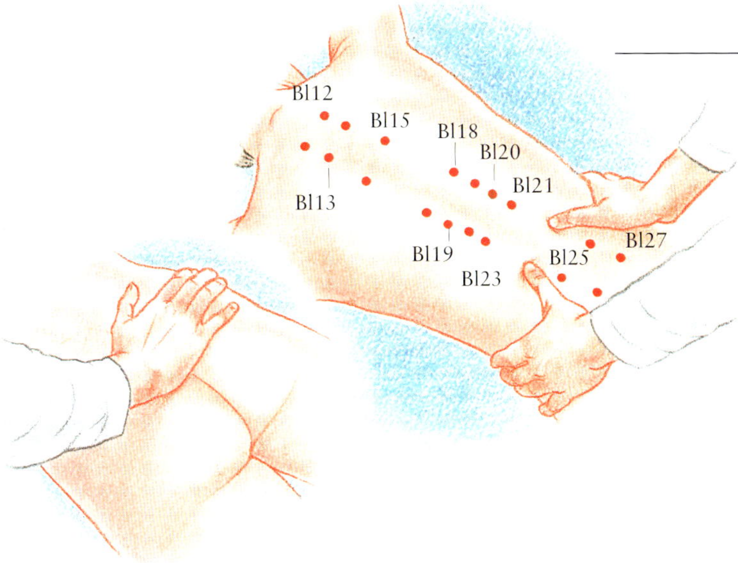

3. Schritt

- Drücken Sie mit den Daumen 20 bis 30mal die folgenden Akupunkt-Paare auf den beiden Blasen-Meridianen: Bl12 (*Fengmen*), Bl13 (*Feishu*), Bl15 (*Xinshu*), Bl18 (*Ganshu*), Bl19 (*Danshu*), Bl20 (*Pishu*), Bl21 (*Weishu*), Bl23 (*Shenshu*), Bl25 (*Dachangshu*) und Bl27 (*Xiaochangshu*).

- Drücken Sie die Gruppe der acht Akupunkte auf dem Blasen-Meridian, die zusammen als Bl31-34 (*Baliao*) bezeichnet werden, mit dem Handballen 20 bis 30mal. Wiederholen Sie anschließend diese Übung von der anderen Seite aus.

4. Schritt

Akupressieren Sie mit den Daumen an der Außenseite der Beine von oben nach unten nacheinander folgende Akupunkt-Paare Ihres Partners je 20 bis 30mal: Gb30 (*Huantiao*), Bl37 (*Yinmen*), Bl40 (*Weizhong*), Bl57 (*Chengshan*), Bl60 (*Kunlun*) und Ni1 (*Yongquan*).

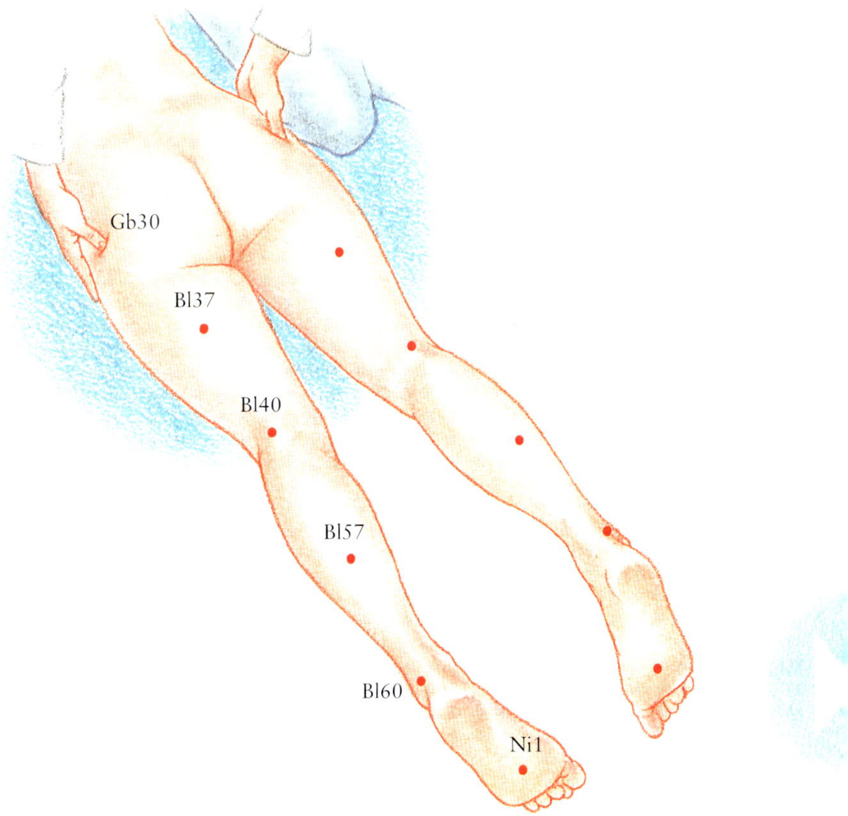

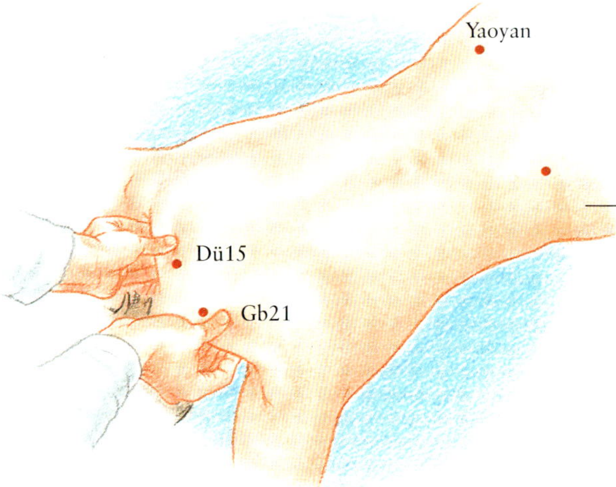

5. Schritt

- Kneifen Sie die beiden Akupunkte Gb21 (*Jianjing*) mit den Daumen und Fingern 20 bis 30mal.

- Drücken Sie die beiden Akupunkte Dü15 (*Jianzhongshu*) mit den Daumen 20 bis 30mal.

- Reiben Sie ein bis zwei Minuten lang die beiden *Yaoyan*-Spezialakupunkte, die nicht auf einem Meridian liegen, mit den Handflächen.

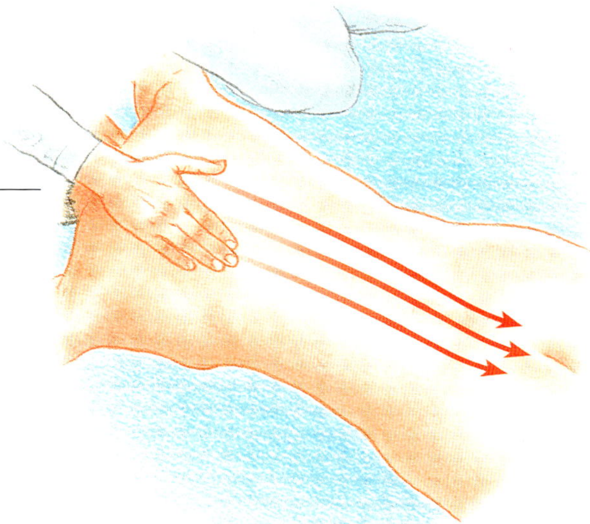

6. Schritt

- Schieben Sie mit festem Druck der Handfläche den Lenkergefäß-Meridian von LG14 (*Dazhui*) entlang nach unten bis zum Steißbein und wiederholen Sie dies fünfmal.

- Drücken und schieben Sie anschließend auf der einen Wirbelsäulenseite mit der Handfläche den Blasen-Meridian entlang nach unten; beginnen Sie bei Bl12 (*Fengmen*) und hören Sie bei Bl31-34 (*Baliao*) auf. Wiederholen Sie dies fünfmal. Wiederholen Sie diese Übung dann auf der anderen Seite der Wirbelsäule.

Öffnen der Meridiane am Arm

Ihr Partner sollte auf einem bequemen Stuhl sitzen, wenn Sie die Meridiane am Arm öffnen. Diese Massagefolge wirkt auf die drei Yang-Meridiane und die drei Yin-Meridiane der Hand. Führen Sie zunächst alle Massageschritte am betroffenen Arm aus und danach bei Bedarf am anderen Arm.

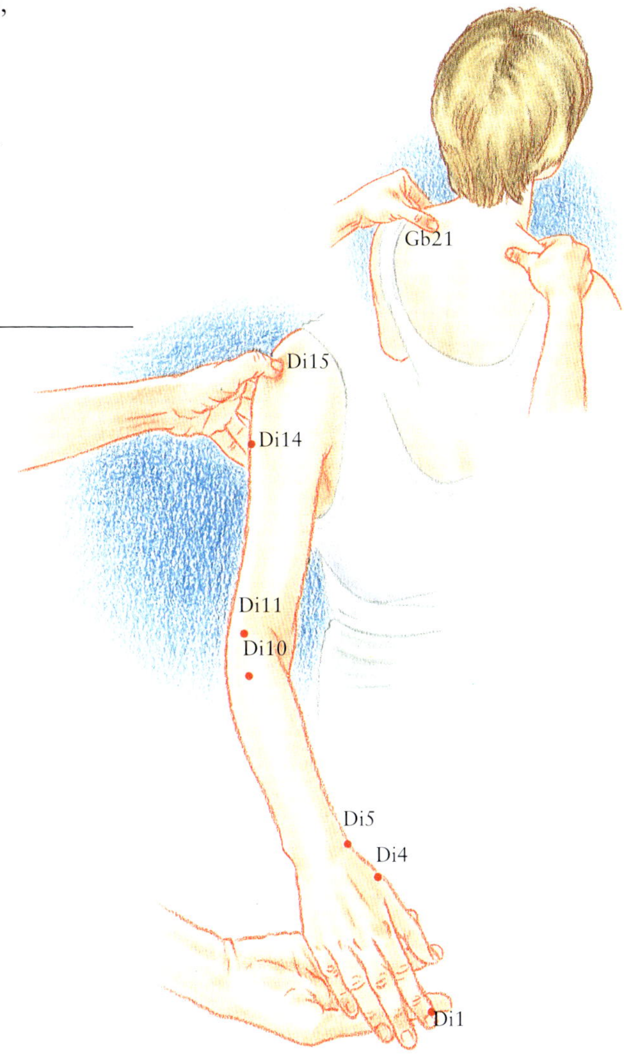

1. Schritt

- Kneifen Sie beide Akupunkte Gb21 (*Jianjing*) an den Schultern 30mal kräftig.

- Massieren Sie den Dickdarm-Meridian des betroffenen Armes nach unten und drücken Sie dabei nacheinander einzeln die folgenden Akupunkte: Di15 (*Jianyu*), Di14 (*Binao*), Di11 (*Quchi*), Di10 (*Shousanli*), Di5 (*Yangxi*), Di14 (*Hegu*) und Di1 (*Shangyang*). Drücken Sie jeden Punkt mit dem Daumen 20 bis 30mal.

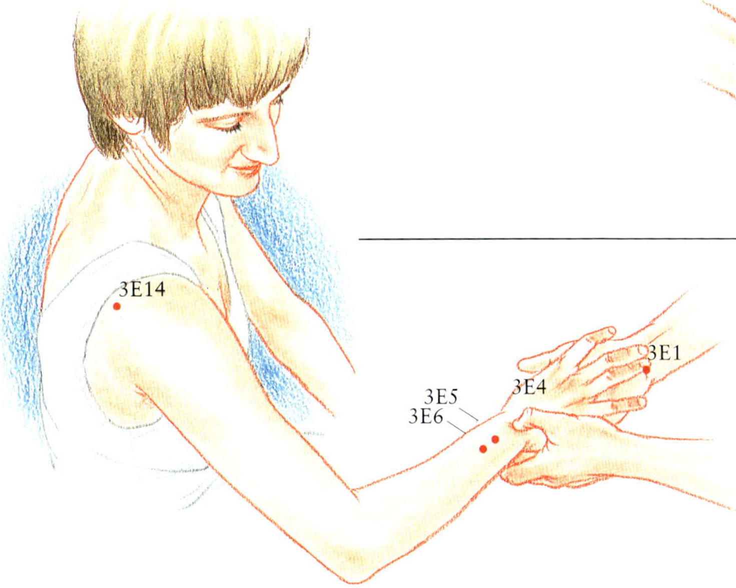

2. Schritt

Drücken Sie mit dem Daumen folgende Punkte des Drei-Erwärmer-Meridians: 3E14 (*Jianliao*), 3E6 (*Zhigou*), 3E5 (*Waiguan*), 3E4 (*Yangchi*) und 3E1 (*Guanchong*). Drücken Sie jeden Punkt der Reihe nach 20 bis 30mal.

3. Schritt

Drücken Sie nacheinander mit dem Daumen die Akupunkte Dü11 (*Tianzong*), Dü9 (*Jianzhen*), Dü8 (*Xiaohai*), Dü3 (*Houxi*) und Dü1 (*Shaoze*) auf dem Dünndarm-Meridian jeweils 20 bis 30mal.

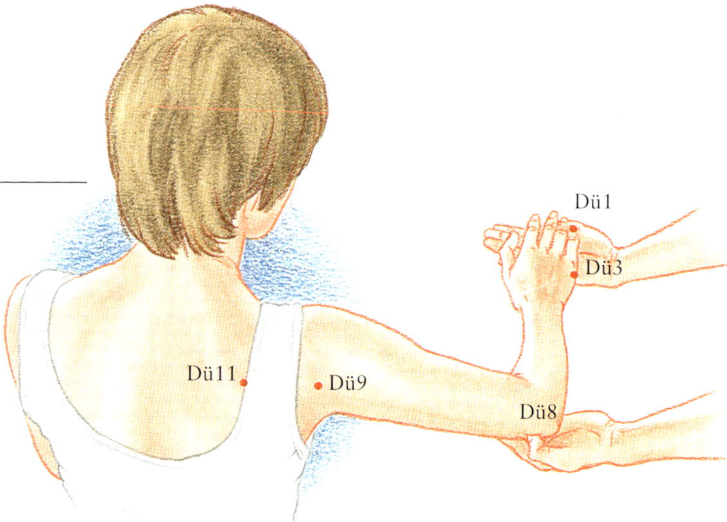

4. Schritt

Öffnen Sie den Lungen-Meridian durch Drücken der Akupunkte Lu5 (*Chize*), Lu7 (*Lieque*), Lu9 (*Taiyuan*), Lu10 (*Yuji*) und Lu11 (*Shaoshang*) mit dem Daumen. Drücken Sie die Punkte nacheinander einzeln 20 bis 30mal.

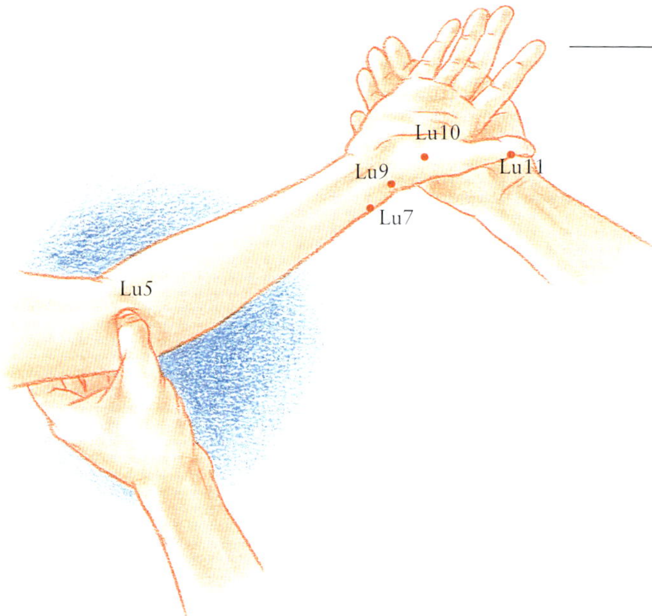

5. Schritt

Drücken Sie mit dem Daumen die Akupunkte Pe3 (Quze), Pe6 (*Neiguan*), Pe8 (*Laogong*) und Pe9 (*Zhongchong*) des Perikard-Meridians nacheinander einzeln 20 bis 30mal.

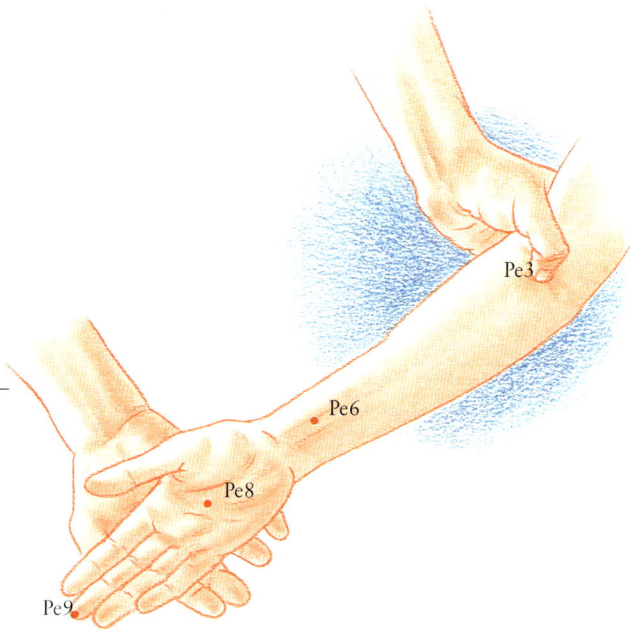

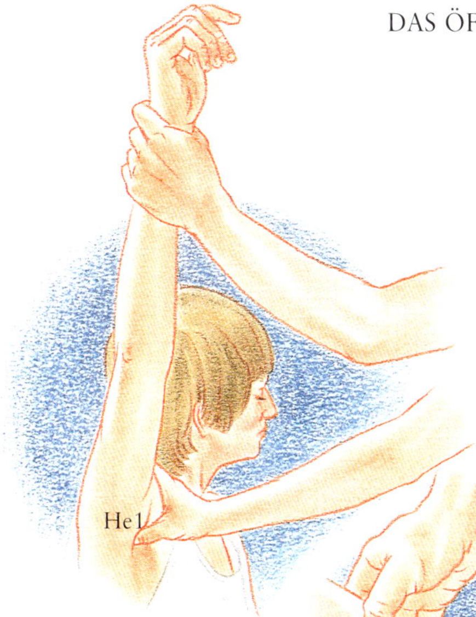

6. Schritt

Halten Sie den Arm Ihres Partners hoch und drücken Sie mit dem Daumen den Akupunkt He1 (*Jiquan*) und anschließend He3 (*Shaohai*), He7 (*Shenmen*) und He9 (*Shaochong*) des Herz-Meridians je 20 bis 30mal.

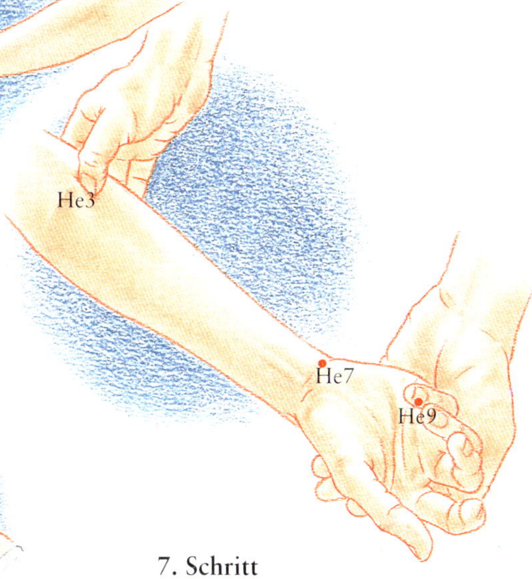

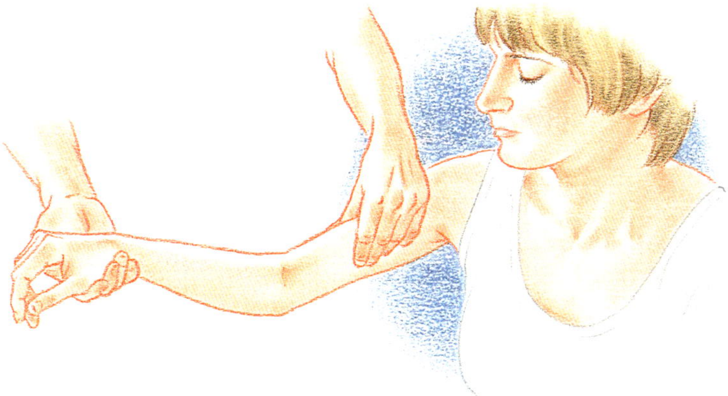

7. Schritt

Halten Sie den Arm Ihres Partners seitlich vom Körper weg und stützen Sie ihn dabei am Handgelenk ab. Massieren Sie den Arm von der Schulter nach unten zum Handgelenk, und kneifen und drücken Sie dabei kreisend die Armmuskeln.

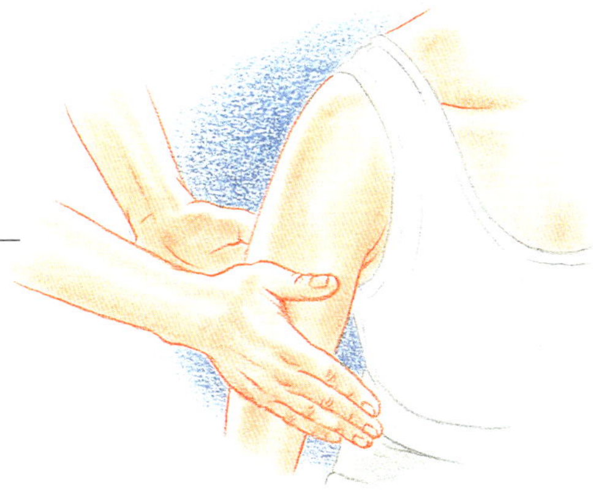

8. Schritt

Nehmen Sie den Oberarm Ihres Partners zwischen die Handflächen und zwirbeln Sie ihn, indem Sie Ihre Handflächen gegenläufig nach vorn und nach hinten bewegen (siehe auch S. 43).

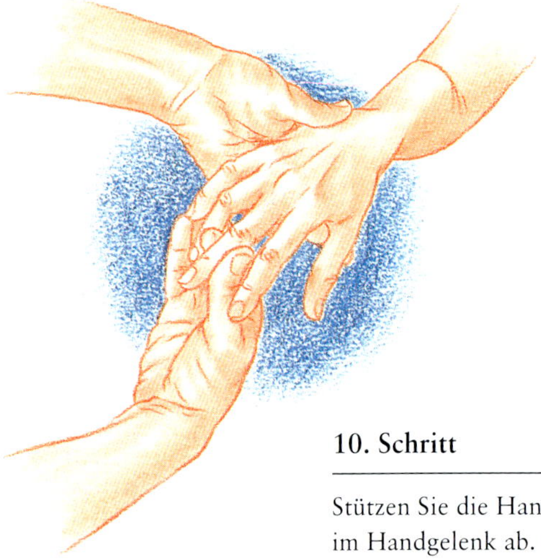

9. Schritt

Stützen Sie die Hand Ihres Partners im Handgelenk ab. Kneifen und zwirbeln Sie die Finger an den Seiten je 20 bis 30mal.

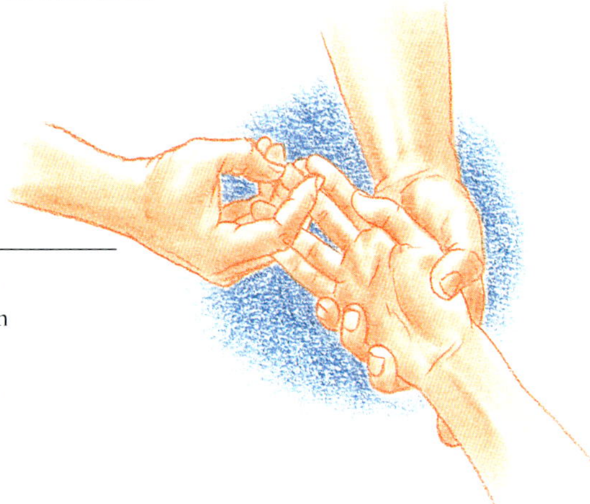

10. Schritt

Stützen Sie die Hand Ihres Partners im Handgelenk ab. Drücken Sie nun mit Ihrem Daumen 20 bis 30mal abwechselnd auf die Fingerkuppen.

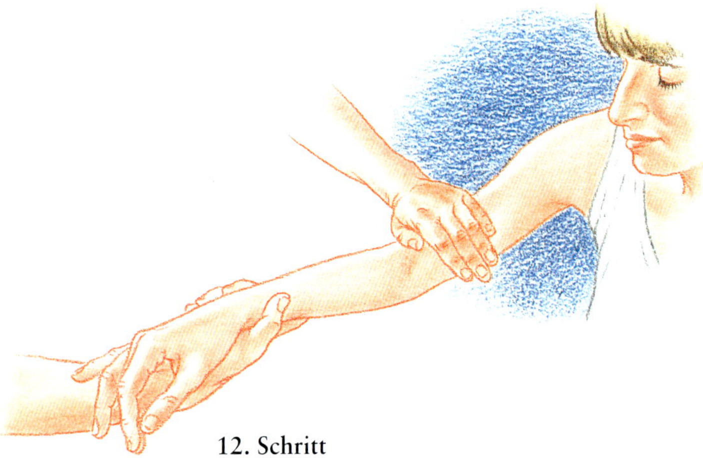

11. Schritt

Halten Sie den Arm Ihres Partners seitlich vom Körper weg und stützen ihn dabei im Handgelenk ab. Reiben Sie den gestreckten Arm und die Hand mit Ihrer Handfläche, bis die massierte Person in beiden Armen die Erwärmung fühlt.

12. Schritt

Legen Sie eine Hand auf die Schulter Ihres Partners und halten Sie sein Handgelenk mit der anderen Hand fest. Schütteln Sie den Arm in einer Wellenbewegung zehnmal auf und ab (siehe auch S. 44).

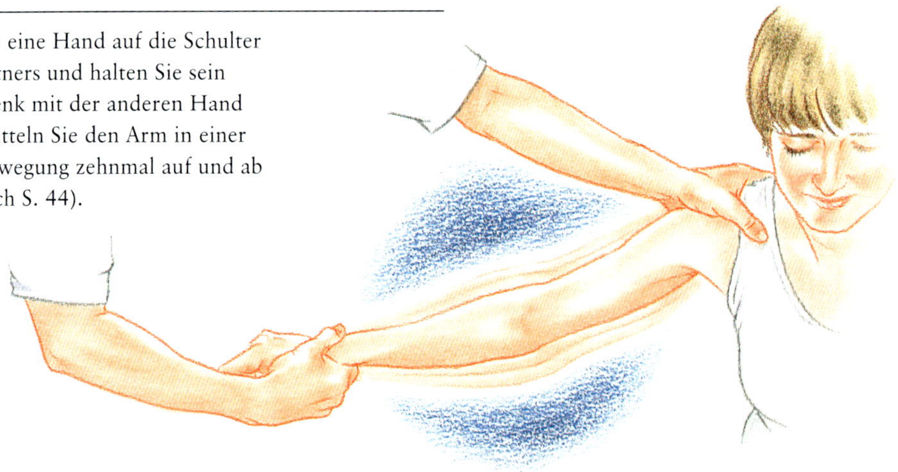

Das Öffnen der Meridiane an den Beinen

Bei dieser Schrittfolge, die auf die drei Yang-Meridiane und drei Yin-Meridiane des Beins wirkt, sollte Ihr Partner liegen. Führen Sie die ganze Schrittfolge zunächst am betroffenen Bein aus und wiederholen Sie sie bei Bedarf anschließend am anderen Bein.

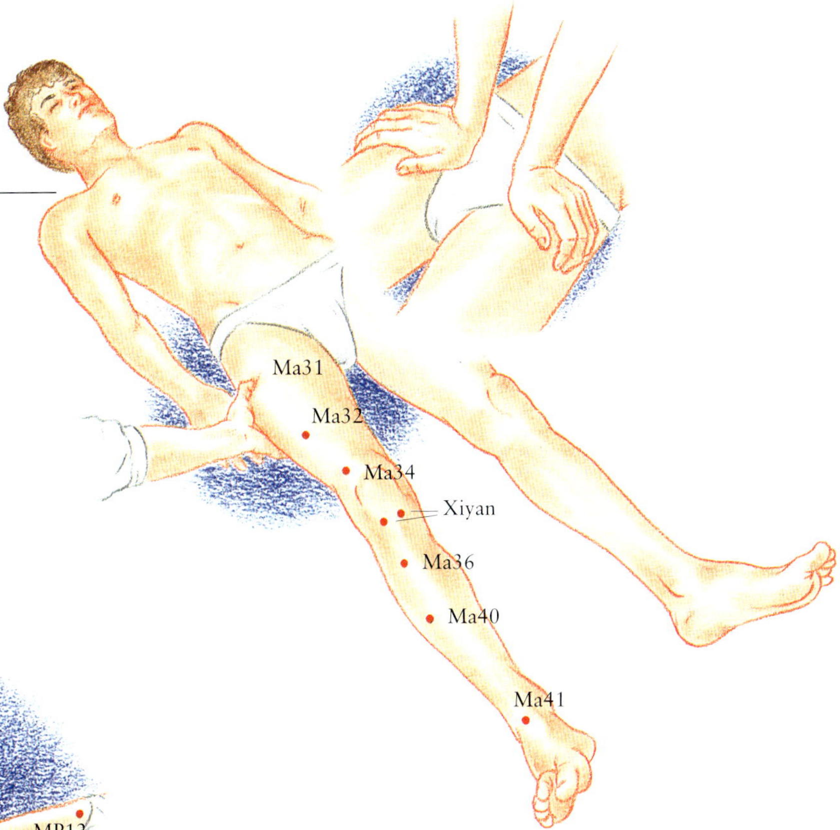

1. Schritt

- Drücken Sie zwei Minuten lang die beiden Akupunkte Ma30 (*Qichong*) mit Ihren Handballen.

- Drücken Sie mit dem Daumen die Akupunkte Ma31 (*Biguan*), Ma32 (*Futu*), Ma34 (*Liangqiu*), die Spezialpunkte *Xiyan*, Ma36 (*Zusanli*), Ma40 (*Fenglong*) und Ma41 (*Jiexi*) einzeln nacheinander je 20 bis 30mal.

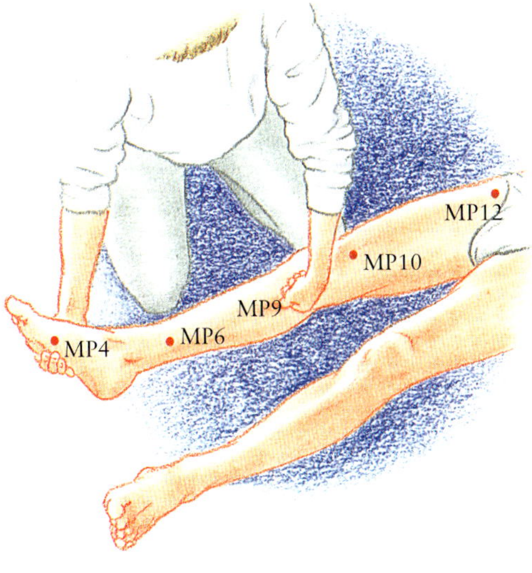

2. Schritt

Drücken Sie mit dem Daumen der Reihe nach die Akupunkte des Milz-Pankreas-Meridians MP12 (*Chong-men*), MP10 (*Xuehai*), MP9 (*Yinlingquan*), MP6 (*Sanyinjiao*) und MP4 (*Gongsun*) je 20 bis 30mal.

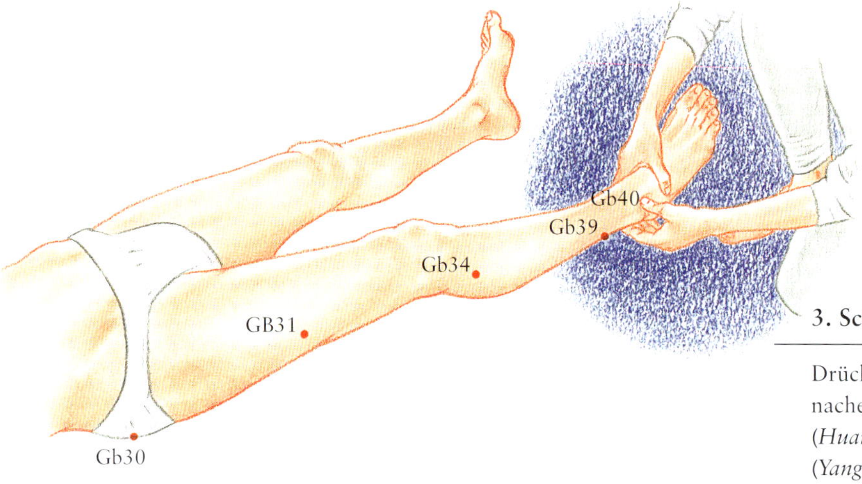

3. Schritt

Drücken Sie mit den Daumen nacheinander die Akupunkte Gb30 (*Huantiao*), Gb31 (*Fengshi*), Gb34 (*Yanglingquan*), Gb39 (*Xuanzhong*) und Gb40 (*Qiuxu*) des Gallenblasen-Meridians je 20 bis 30mal.

4. Schritt

Drücken Sie mit dem Daumen nacheinander auf dem Blasen-Meridian von oben nach unten die Akupunkte Bl36 (*Chengfu*), Bl37 (*Yinmen*), Bl40 (*Weizhong*), Bl57 (*Chengshan*) und Bl60 (*Kunlun*) einzeln je 20 bis 30mal.

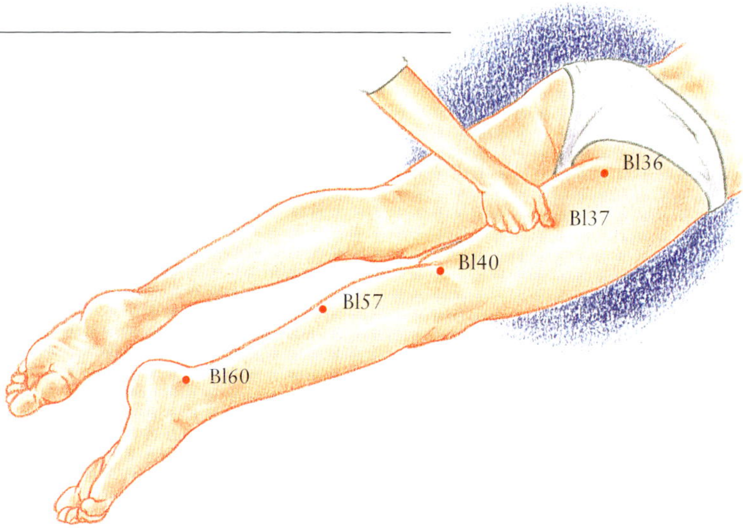

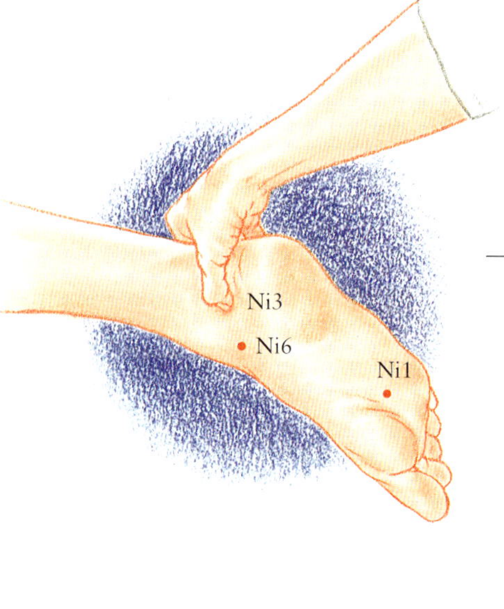

5. Schritt

Benutzen Sie Ihren Daumen zum Drücken der Akupunkte Ni3 (*Taixi*), Ni6 (*Zhaohai*) und Ni1 (*Yongquan*) auf dem Nieren-Meridian. Drücken Sie diese Punkte einzeln nacheinander je 20 bis 30mal.

6. Schritt

Drücken Sie mit dem Daumen die Akupunkte Le8 (*Ququan*), Le6 (*Zhongdu*), Le4 (*Zhongfeng*) und Le3 (*Taichong*) nacheinander einzeln je 20 bis 30mal.

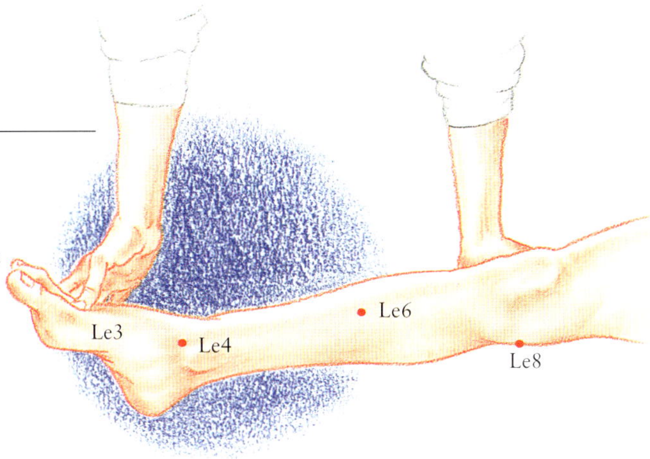

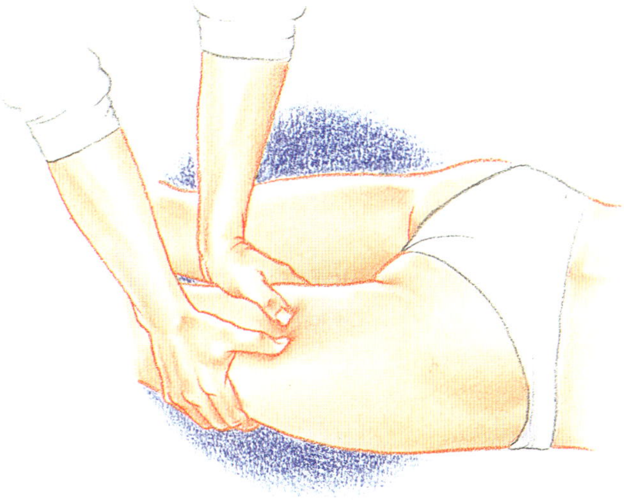

7. Schritt

Massieren Sie das Bein von oben nach unten, indem Sie die Beinmuskeln mit beiden Händen kneifen.

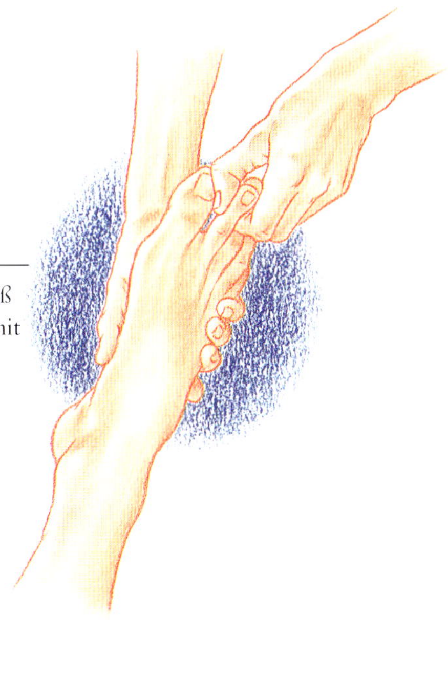

8. Schritt

Stützen Sie mit einer Hand den Fuß ab; kneifen und drücken Sie nun mit kreisenden Bewegungen mit der anderen Hand die Seitenflächen jeder Zehe je 20 bis 30mal.

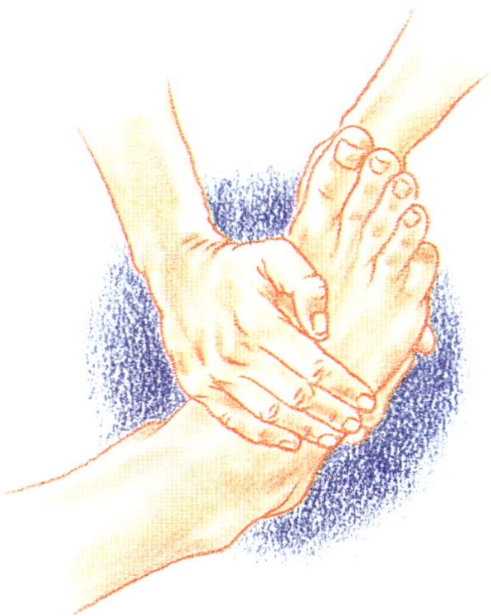

9. Schritt

Reiben Sie den Fußrücken mit der Handfläche 20 bis 30mal rauf und runter.

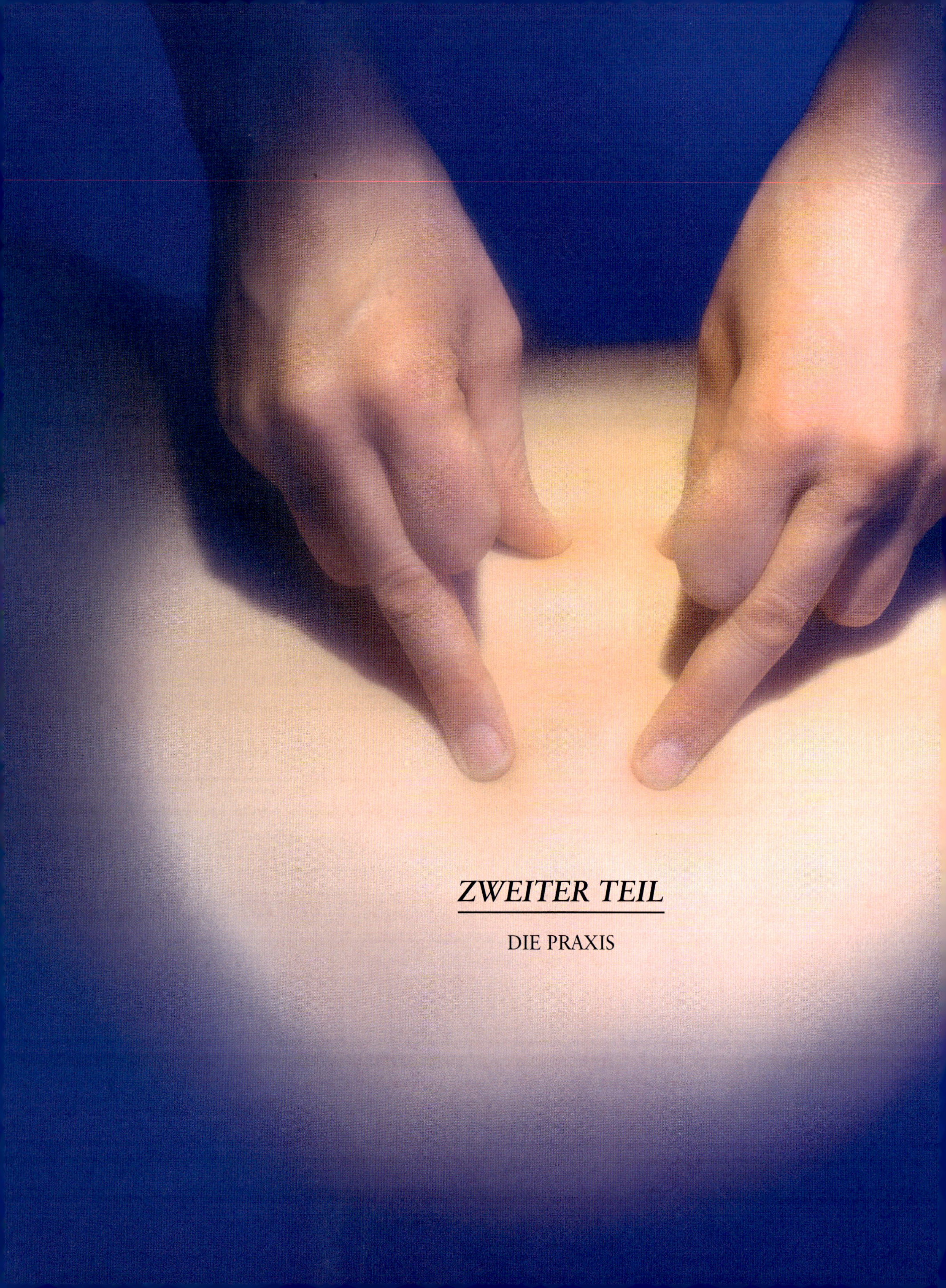

ZWEITER TEIL

DIE PRAXIS

Viertes Kapitel

SCHMERZLINDERUNG

In diesem Kapitel geht es um die Anwendung der bisher beschriebenen Massagetechniken zur Behandlung einer Vielzahl schmerzhafter Erkrankungen und Leiden. Die einzelnen Massagegriffe können im zweiten Kapitel und die genaue Lage der Akupunkte und Meridiane im Anhang nachgeschlagen werden.

Da das Öffnen der Meridiane die Grundlage der Schmerzlinderungsmassage darstellt, sind einer oder mehrere Schritte davon auch Teil vieler Behandlungen; die im dritten Kapitel beschriebene richtige Reihenfolge sollte hierbei eingehalten werden. Dennoch kommt es häufig vor, dass einige Punkte – die als Hauptpunkte bezeichnet werden – in einer Übung häufiger gedrückt werden müssen als andere. In den meisten Fällen sollten diese Hauptpunkte je 30 bis 40mal statt 20 bis 30mal akupressiert werden.

Wenn Schmerzen auf einer Körperseite bestehen, werden die Meridiane und Akupunkte auf dieser Seite (in einigen Fällen auch auf beiden Seiten) behandelt. Wenn Schmerzen auf beiden Seiten oder genau in der Mitte des Körpers auftreten, wird an den symmetrischen Meridian-Paaren und Akupunkten auf beiden Körperseiten gearbeitet.

Diese Behandlungsschemata müssen nicht unbedingt strikt eingehalten werden – passen Sie sie ruhig den speziellen Bedürfnissen der behandelten Person an. Sie können auch als Anleitung herangezogen werden, wenn andere schmerzhafte Leiden, die in diesem Buch nicht erwähnt sind, behandelt werden sollen.

KOPFSCHMERZEN

Kopfschmerzen können eine Vielzahl von Ursachen haben. Eine häufige Ursache ist Streß, der zu Verspannungen im Schulter-, Hals- und Kopfbereich führen kann. Andere Ursachen sind Bluthochdruck, Schlaflosigkeit, Entzündung der Nasennebenhöhlen, normale Erkältung, Angst, Müdigkeit, Anämie, überanstrengte Augen, Alkohol und Migräne.

Nach Auffassung der chinesischen Medizin werden Kopfschmerzen durch einen Mangel an Qi und Blut oder durch einen Yang-Überschuß in der Leber verursacht. Bei den unten beschriebenen Massageübungen wird danach unterschieden, wo die Schmerzen auftreten, jedoch bewirkt jede Behandlung, unabhängig von der Ursache, bei allen Arten von Kopfschmerzen eine Linderung. Beginnen Sie die Behandlung auf jeden Fall mit den folgenden drei Schritten für Kopfschmerzen allgemein, und gehen sie dann zu den speziellen Schritten über, je nach Ursache und Lokalisation der Schmerzen.

Kopfschmerzen allgemein ~ 1. Schritt

Beginnen Sie eine Schmerzlinderungsmassage bei allen Arten von Kopfschmerzen mit dem Öffnen der Meridiane im Kopfbereich (siehe S. 47-9). Dadurch wird die Normalisierung des Qi-Blut-Flusses und die Wiederherstellung des Yin-Yang-Gleichgewichts unterstützt.

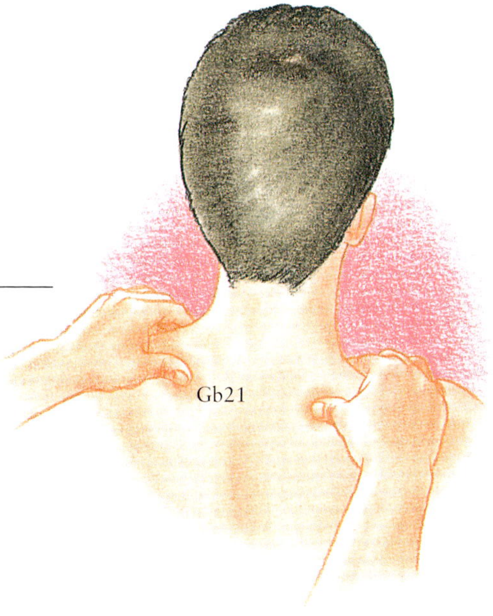

2. Schritt

Kneifen Sie 20mal den Akupunkt Gb21 (*Jianjing*) an beiden Schultern.

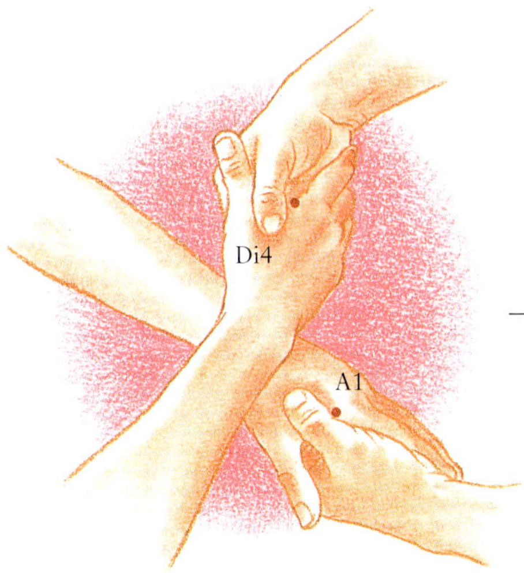

3. Schritt

Drücken Sie mit dem Daumen ungefähr 30mal den Akupunkt Di4 (*Hegu*) an beiden Händen. Drücken Sie dann ungefähr drei Minuten lang den Schmerzlinderungspunkt A1 an beiden Händen.

Bei Kopfschmerzen im Stirnbereich

Beginnen Sie die Massage mit den Schritten 1 bis 3 für Kopfschmerzen allgemein (siehe S. 67). Üben Sie mit Mittelfinger und Daumen Druck auf Akupunkt Gb14 (*Yangbai*) auf beiden Stirnseiten aus, und wiederholen Sie dieses Vorgehen 30mal. Üben Sie dann zwei Minuten lang mit dem Daumen Druck auf den Schmerzlinderungspunkt B1 an beiden Unterarmen aus.

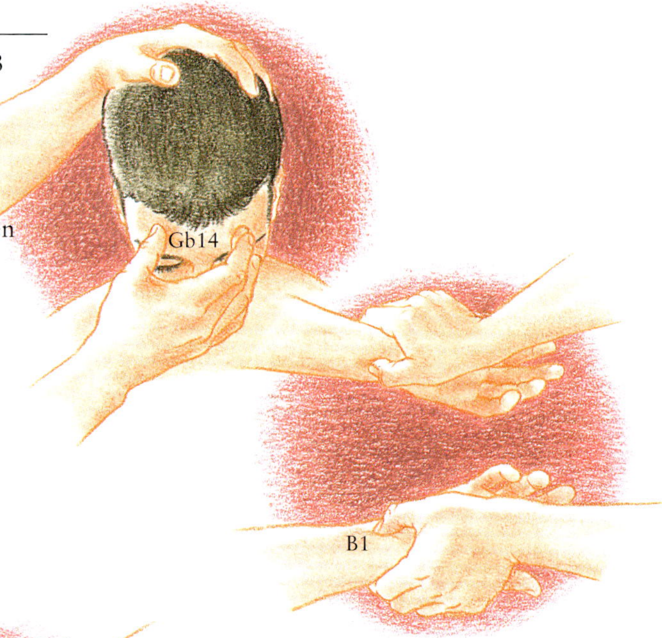

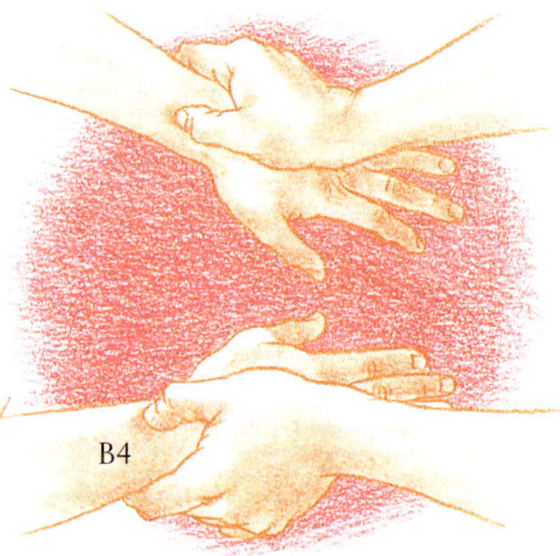

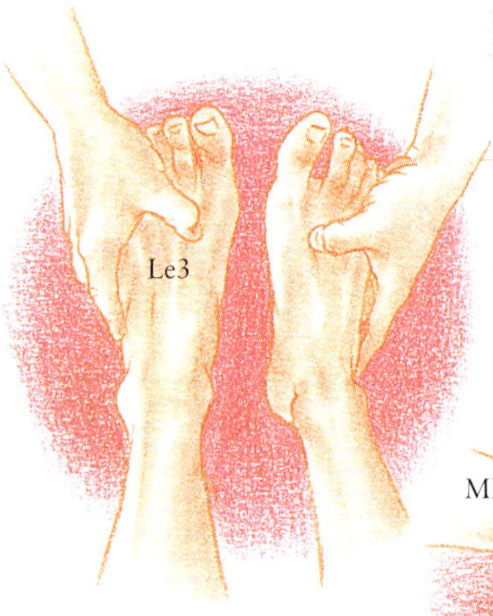

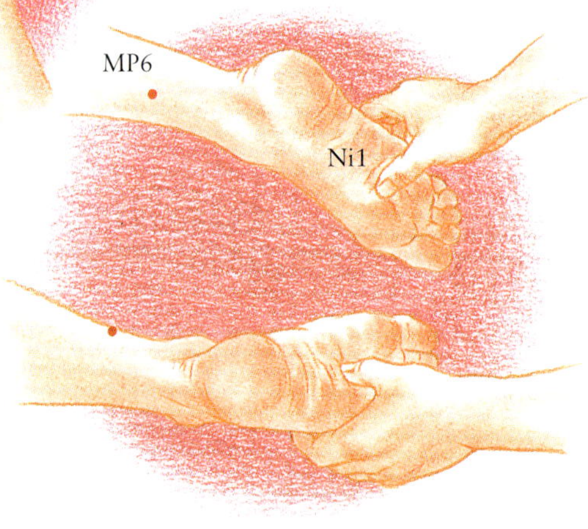

Bei Kopfschmerzen im Schädeldachbereich

Beginnen Sie die Massage mit den Schritten 1 bis 3 für Kopfschmerzen allgemein (siehe S. 67). Üben Sie eine oder zwei Minuten lang mit dem Daumen Druck auf den Schmerzlinderungspunkt B4 an beiden Händen aus. Drücken Sie dann Le3 (*Taichong*), MP6 (*Sanyinjiao*) und Ni1 (*Yongquan*). Drücken Sie die Akupunkte auf beiden Körperseiten gleichzeitig, jeweils ungefähr 30mal.

Bei Kopfschmerzen im Hinterkopfbereich

Beginnen Sie die Massage mit den Schritten 1 bis 3 für Kopfschmerzen allgemein (siehe S. 67). Üben Sie dann mit dem Daumen nacheinander Druck auf die Akupunkte Bl10 (*Tianzhu*), Dü3 (*Houxi*), Pe6 (*Neiguan*), 3E5 (*Waiguan*) und Lu7 (*Lieque*) aus. Drücken Sie die Punkte auf beiden Körperseiten gleichzeitig, jeweils ungefähr 30mal. Drücken Sie dann ungefähr eine oder zwei Minuten lang den Schmerzlinderungspunkt B6 an beiden Handgelenken.

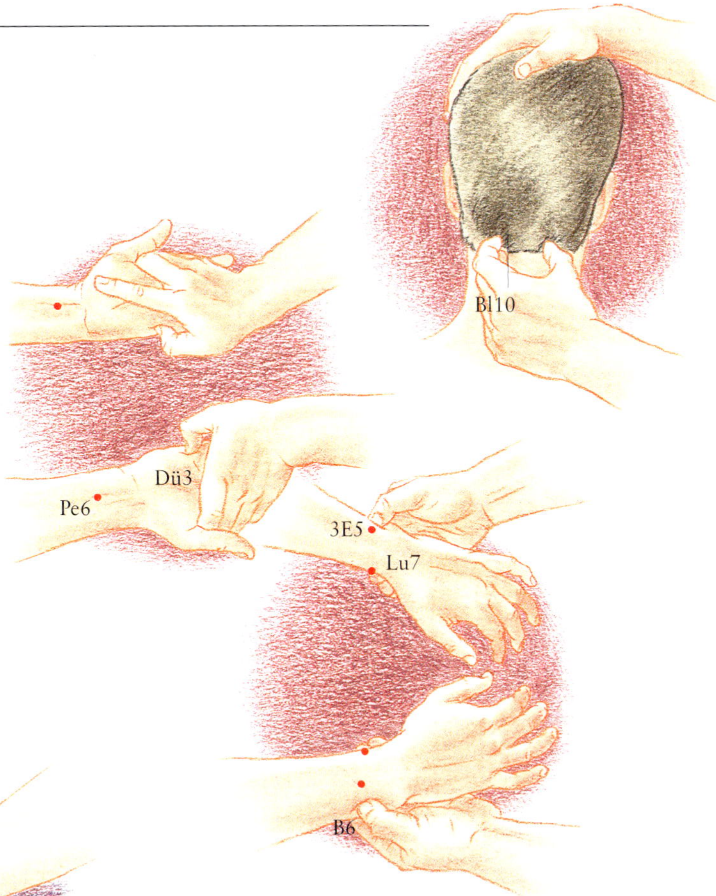

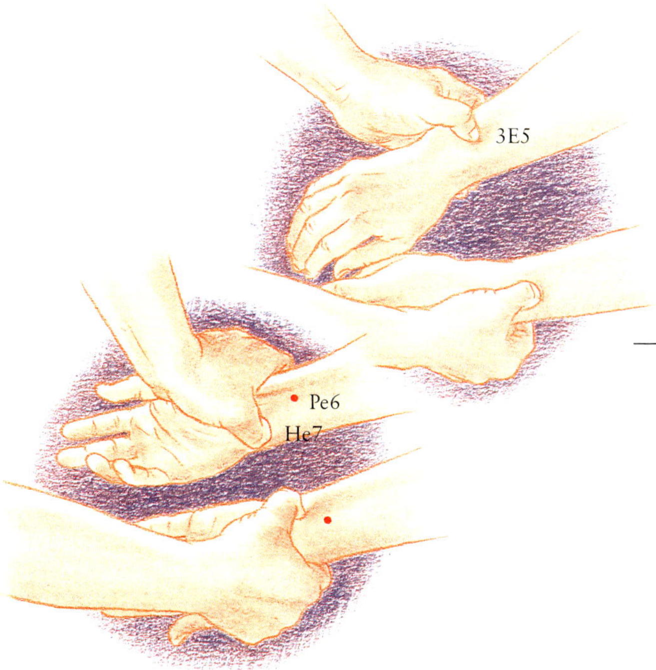

Bei Kopfschmerzen im Schläfenbereich

Beginnen Sie die Massage mit den Schritten 1 bis 3 für Kopfschmerzen allgemein (siehe S. 67). Üben Sie dann mit dem Daumen Druck auf die Akupunkte Pe6 (*Neiguan*), He7 (*Shenmen*) und 3E5 (*Waiguan*) auf der betroffenen Körperseite aus. Drücken Sie die Punkte der Reihe nach, jeweils ungefähr 30mal. Treten die Schmerzen an beiden Schläfen auf, drücken Sie die Punkte an beiden Armen gleichzeitig.

Bei Kopfschmerzen aufgrund von Bluthochdruck, Schlafstörungen, Neurose oder Nervosität

Beginnen Sie die Massage mit den Schritten 1 bis 3 für Kopfschmerzen allgemein (siehe S. 67). Üben Sie dann mit dem Daumen Druck auf den Punkt *Anmian* außerhalb der Meridiane sowie die Punkte Di11 (*Quchi*), Pe6 (*Neiguan*), He7 (*Shenmen*), Ma36 (*Zusanli*), MP6 (*Sanyinjiao*) und Ni1 (*Yonquan*) auf beiden Körperseiten aus. Drücken Sie die Akupunkte nacheinander, jeweils ungefähr 30mal. Drücken Sie dann ungefähr eine bis zwei Minuten lang den Schmerzlinderungspunkt B3 an beiden Armen.

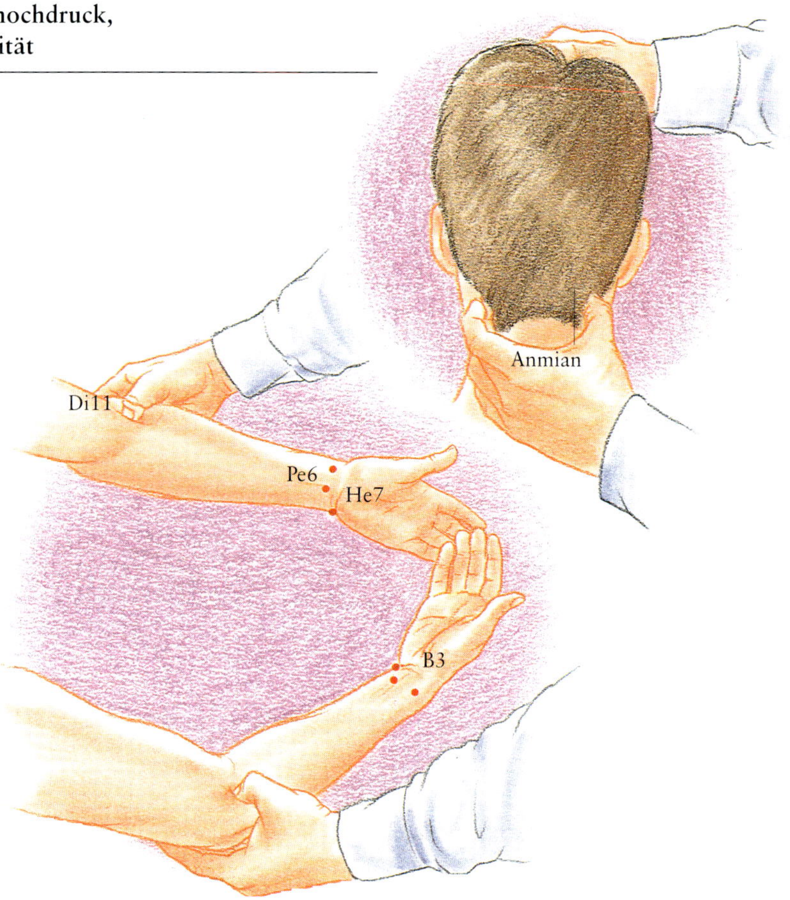

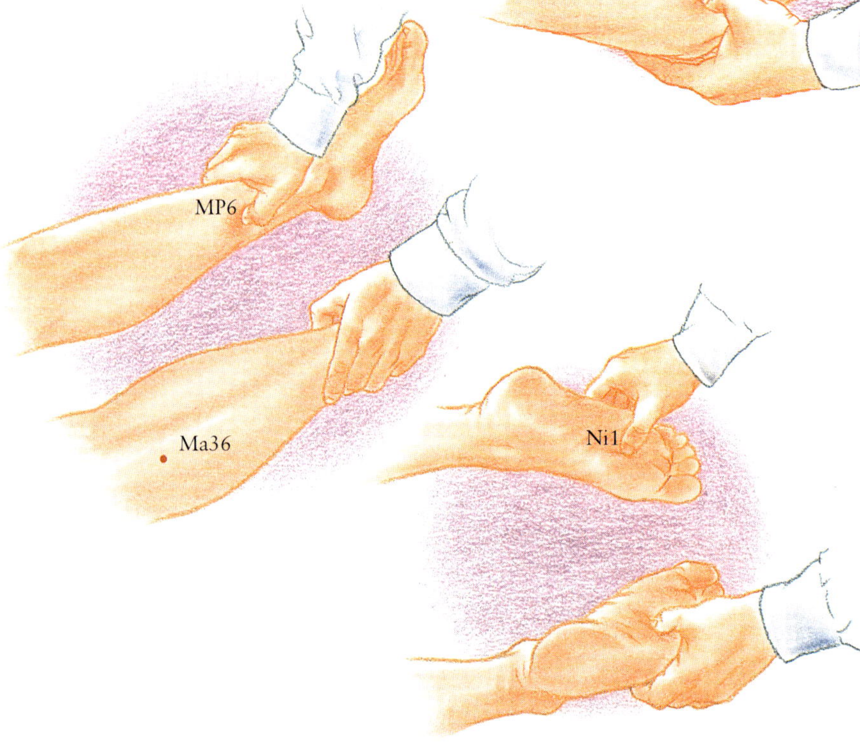

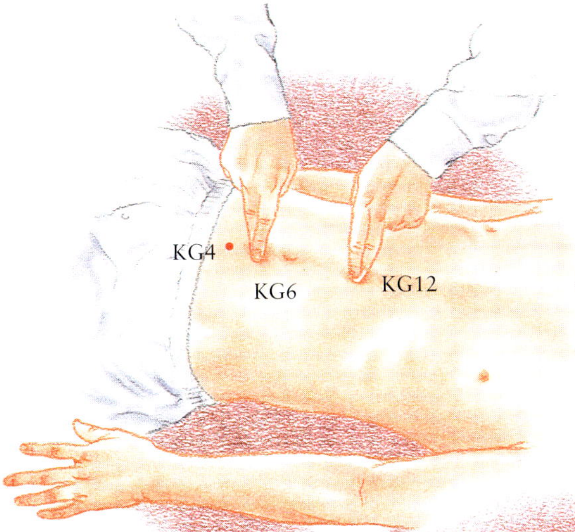

Bei Kopfschmerzen aufgrund von Erschöpfung oder allgemeiner Schwäche

Beginnen Sie die Massage mit den Schritten 1 bis 3 für Kopfschmerzen allgemein (siehe S. 67). Drücken Sie dann nacheinander die Akupunkte KG12 (*Zhongwan*), KG6 (*Qihai*), KG4 (*Guanyuan*) und LG14 (*Dazhui*) sowie die Akupunkt-Paare Bl23 (*Shenshu*), Ma36 (*Zusanli*) und MP6 (*Sanyinjiao*). Drücken Sie jeden Punkt oder jedes Punktepaar ungefähr 30mal.

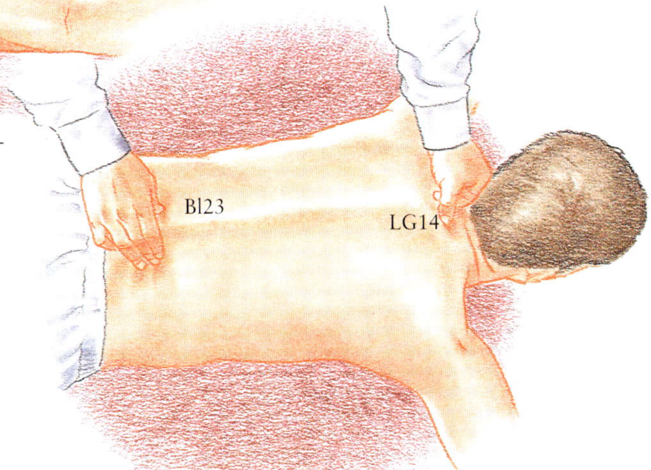

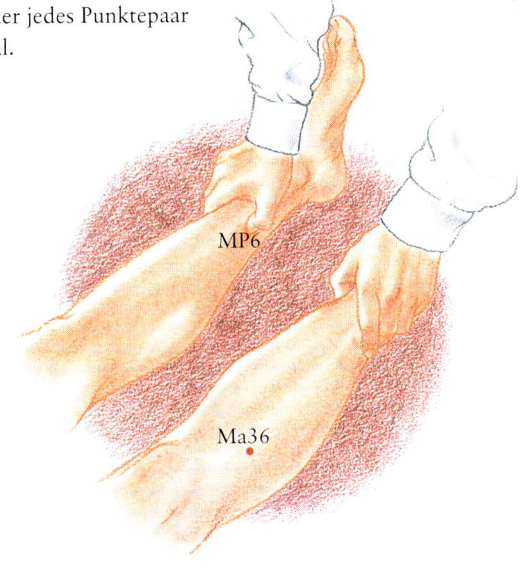

ZAHNSCHMERZEN

Zahnschmerzen treten in unterschiedlicher Intensität (von einem dumpfen Klopfen bis zu sehr heftigen Schmerzen) auf, gelegentlich periodisch, und werden in der Regel durch Karies, Zahnfleischerkrankungen oder einen Abszeß verursacht. In jedem Fall sollte man so bald wie möglich den Zahnarzt aufsuchen; inzwischen können die Schmerzen durch Massage jedoch gelindert werden. Massieren Sie die Punkte auf der betroffenen Seite; Sie können jedoch auch die Schmerzlinderungspunkte auf beiden Körperseiten akupressieren.

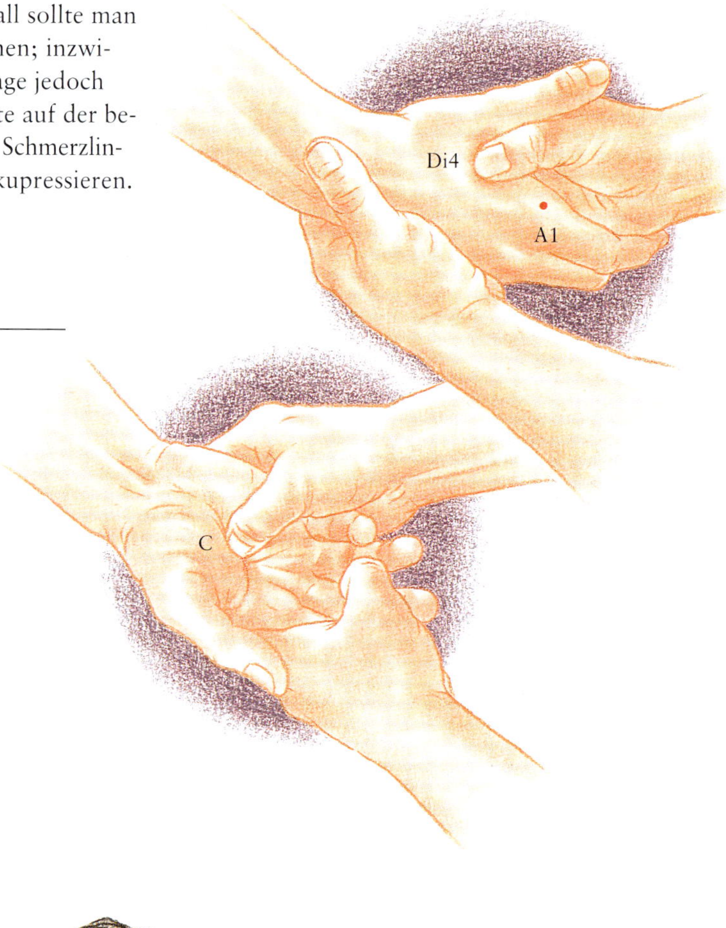

Zahnschmerzen allgemein ~ 1. Schritt

Hierbei kann der Behandelte sitzen. Drücken Sie Di4 (*Hegu*), den Hauptpunkt für die Behandlung von Schmerzen im Kopfbereich, und anschließend die Schmerzlinderungspunkte A1 und C an der Hand der Reihe nach je zwei oder drei Minuten lang mit festem Druck.

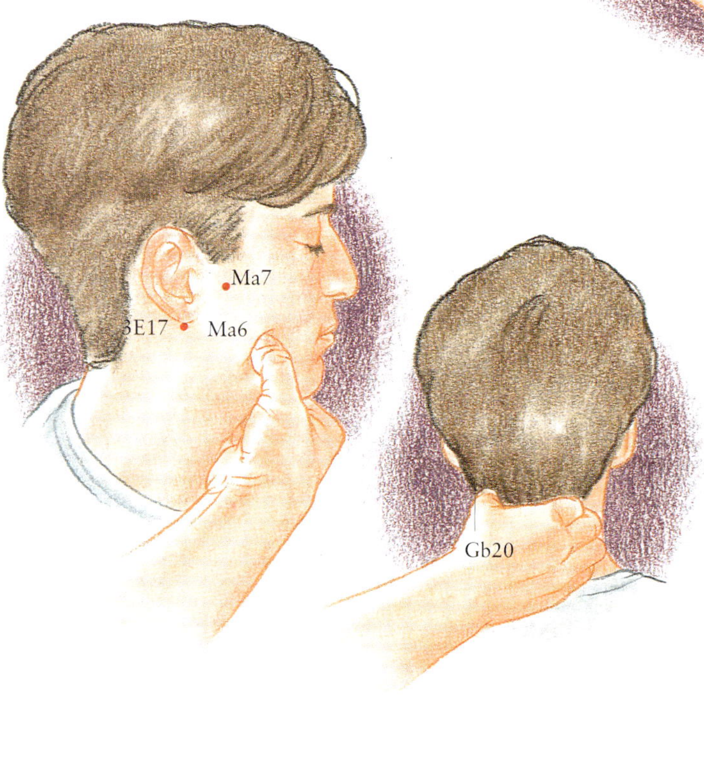

2. Schritt

Drücken Sie mit dem Daumen die Akupunkte Ma7 (*Xiaguan*), Ma6 (*Jiache*)und 3E17 (*Yifeng*) auf der betroffenen Gesichtshälfte nacheinander je 40 bis 50mal. Drücken Sie dann 40 bis 50mal das Akupunkt-Paar Gb20 (*Fengchi*) am Hinterkopf.

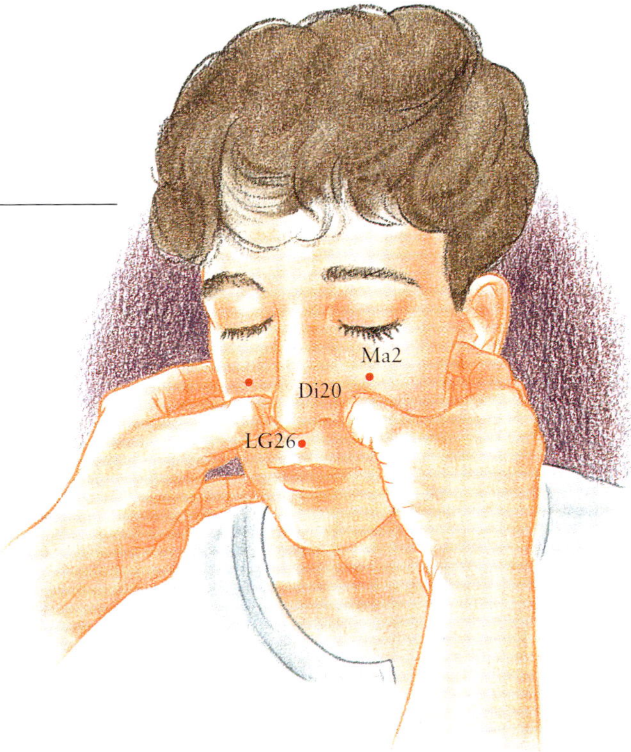

Zahnschmerzen im Oberkiefer

Üben Sie mit dem Daumen je 40 bis 50mal Druck auf die beiden Akupunkt-Paare Di20 (*Yingxiang*) und Ma2 (*Sibai*) sowie auf den Akupunkt LG26 (*Renzhong*) aus.

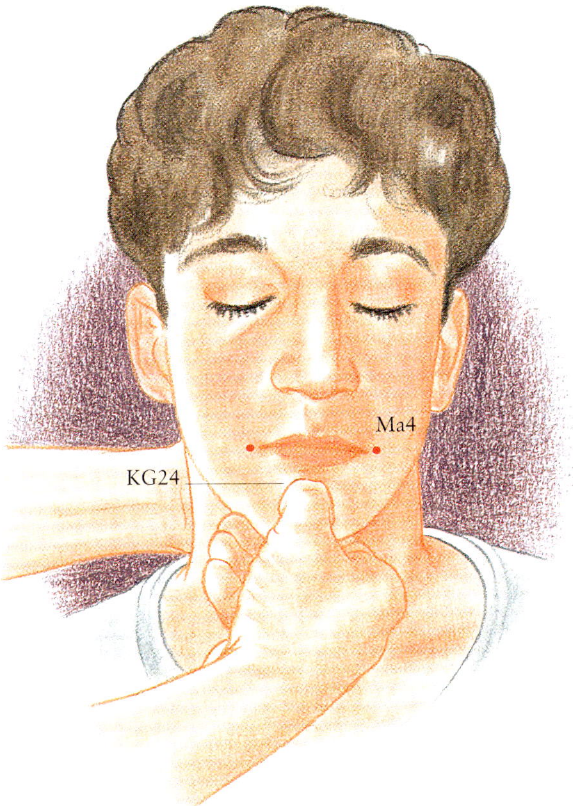

Zahnschmerzen im Unterkiefer

Üben Sie mit dem Daumen festen Druck auf das Akupunkt-Paar Ma4 (*Dicang*) und dann auf den Akupunkt KG24 (*Chengjiang*) unterhalb der Unterlippe aus. Drücken Sie jeden Punkt 40 bis 50mal.

TRIGEMINUSNEURALGIE

Die Trigeminusneuralgie ist eine ernste und häufig sehr schmerzhafte Form der Neuralgie, die am Trigeminusnerv und seinen beiden im Gesicht verlaufenden Ästen auftritt. Bei diesem Leiden treten heftig stechende und schneidende Schmerzen auf, und die betroffene Gesichtsregion ist unbeweglich, berührungsempfindlich und manchmal gerötet.

Die chinesischen Medizin führt dieses Leiden auf einen Qi-Blut-Stau im Gesicht oder ein Ungleichgewicht von Yin und Yang zurück (eine Schwäche des Yin und einen gleichzeitig von der Leber und vom Magen her kommenden Überschuß an Yang). Diese Massage soll den Qi-Blut-Fluß im Gesicht normalisieren und das überschießende Yang beruhigen.

1. Schritt

Beginnen Sie die Behandlung mit dem Öffnen der Meridiane im Kopfbereich (siehe S. 47-9). Nehmen Sie die Punkte außerhalb der Meridiane *Yintang* und *Taiyang*, den Akupunkt LG20 (*Baihui*) sowie die Akupunkte Ma6 (*Jiache*), Dü19 (*Tinggong*) und Gb20 (*Fengchi*) als Hauptpunkte. Drücken Sie jeden dieser Punkte etwa 30 bis 40mal.

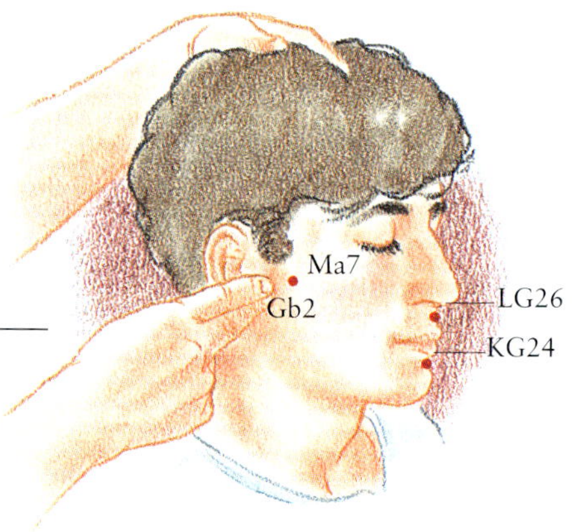

2. Schritt

Drücken Sie mit den Fingern die Akupunkte Ma7 (*Xiaguan*) und Gb2 (*Tinghui*) auf der betroffenen Gesichtshälfte. Drücken Sie dann die Akupunkte LG26 (*Renzhong*) und KG24 (*Chengjiang*). Drücken Sie jeden Punkt 30mal.

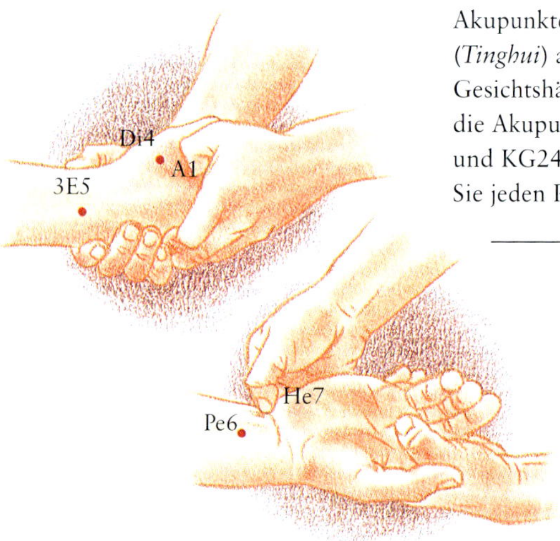

3. Schritt

Drücken Sie mit dem Daumen drei Minuten lang fest den Schmerzlinderungspunkt A1 an der einen Hand. Wiederholen Sie dieses Vorgehen an der anderen Hand. Drücken Sie dann die Akupunkte 3E5 (*Waiguan*), Di4 (*Hegu*), Pe6 (*Neiguan*) und He7 (*Shenmen*) auf der betroffenen Seite (oder auf beiden Seiten). Drücken Sie die Punkte der Reihe nach je 30mal.

4. Schritt

Bitten Sie die behandelte Person, sich auf den Rücken zu legen. Drücken Sie mit beiden Daumen gleichzeitig die Akupunkte KG12 (*Zhongwan*) und KG6 (*Qihai*). Wiederholen Sie dieses Vorgehen etwa 30mal.

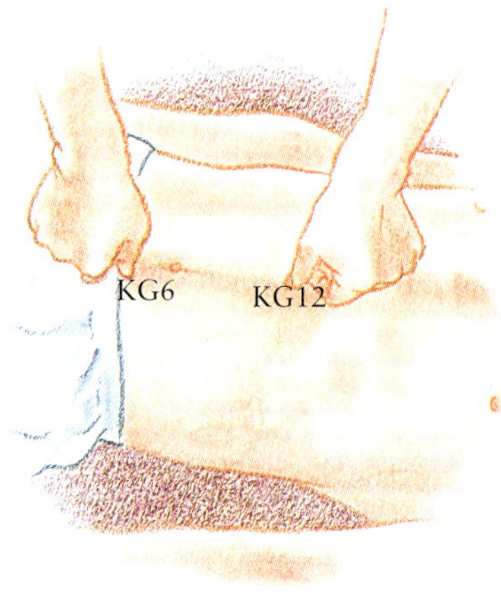

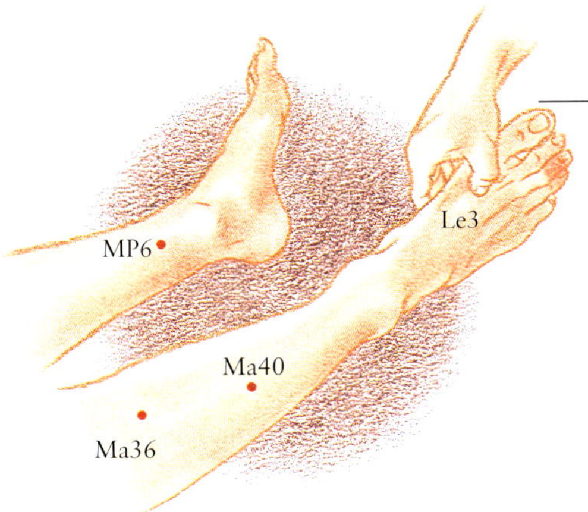

5. Schritt

Drücken Sie die Akupunkte Ma36 (*Zusanli*), Ma40 (*Fenglong*), MP6 (*Sanyinjiao*) und Le3 (*Taichong*) auf dem Bein der betroffenen Seite (oder auf beiden Seiten). Drücken Sie jeden Punkt 30mal mit dem Daumen.

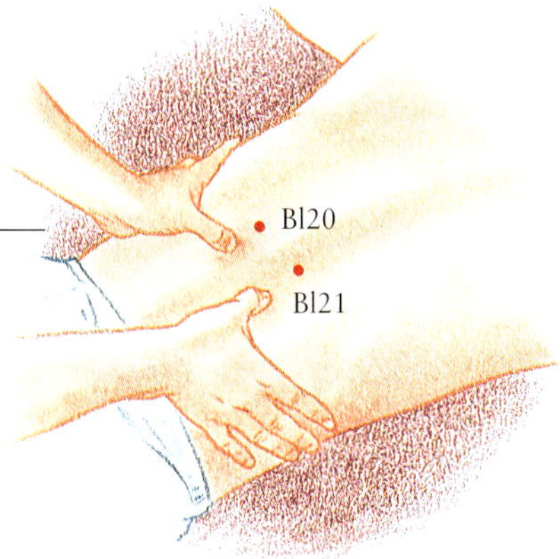

6. Schritt

Bitten Sie die behandelte Person, sich auf den Bauch zu legen. Drücken Sie mit dem Daumen die Akupunkt-Paare Bl20 (*Pishu*) und Bl21 (*Weishu*), je etwa 30mal.

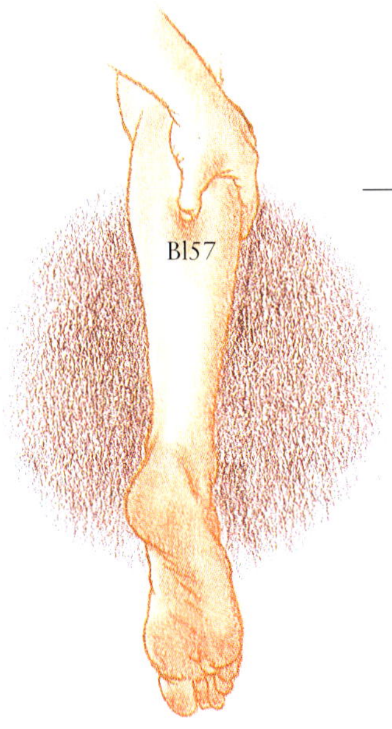

7. Schritt

Drücken Sie mit dem Daumen ungefähr 30mal den Akupunkt Bl57 (*Chengshan*) auf dem Bein der betroffenen Seite (oder auf beiden Seiten).

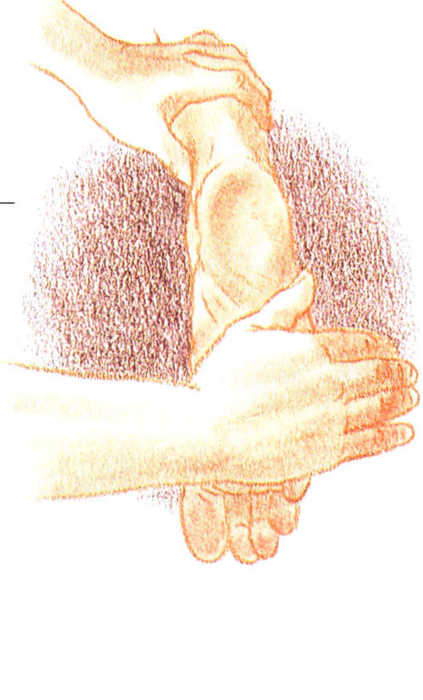

8. Schritt

Reiben Sie den Akupunkt Ni1 (*Yongquan*) an der Fußsohle der betroffenen Seite mit dem Handballen. Reiben Sie über dem Punkt auf und ab, bis die behandelte Person an dieser Stelle ein Gefühl der Wärme verspürt. Falls notwendig, wiederholen Sie dieses Vorgehen am anderen Fuß.

PEPTISCHES MAGENGESCHWÜR UND CHRONISCHE GASTRITIS

Diese häufigen Leiden (Gastritis = Magenschleimhautentzündung) werden oft durch Streß oder eine unausgewogene Ernährung mit zu fetten Speisen und zu viel Alkohol verursacht. Beide Erkrankungen führen zu Magenschmerzen und einer Reihe anderer Symptome, die denen bei Verdauungsstörungen (Dyspepsie) ähnlich sind. Zusammen mit den Magenschmerzen können zum Beispiel auch Unwohlsein und Schmerzen nach dem Essen, Appetitverlust, Bauchauftreibung und Erbrechen auftreten.

Die Schmerzlinderungsmassage soll den Magen und die Milz stärken, überschüssiges Qi austreiben und das Völlegefühl im Magen reduzieren. Dieser Massageablauf kann als Anleitung für die Behandlung ähnlicher Beschwerden herangezogen werden.

VORSICHT

KEINE MASSAGE BEI BLUTBRECHEN ODER MAGENDURCHBRUCH. VOR DER BEHANDLUNG EINER AKUTEN MAGENSCHLEIMHAUTENTZÜNDUNG ÄRZTLICHEN RAT EINHOLEN.

1. Schritt

Beginnen Sie die Massage mit dem Öffnen der Meridiane im Brust- und Bauchbereich (siehe S. 50-3). Drücken Sie die Akupunkte KG12 (*Zhongwan*), KG6 (*Qihai*), KG4 (*Guanyuan*) und das Akupunkt-Paar Ma25 (*Tainshu*) etwas häufiger als die anderen Punkte dieser Übung, also je etwa 30 bis 40mal.

2. Schritt

Öffnen der Meridiane im Rückenbereich (siehe S. 54-6). Nehmen Sie Bl20 (*Pishu*), Bl21 (*Weishu*) und Bl23 (*Shenshu*) als Hauptpunkte. Drücken Sie diese Punkte etwas häufiger als die anderen Punkte dieser Übung, also je etwa 30 bis 40mal.

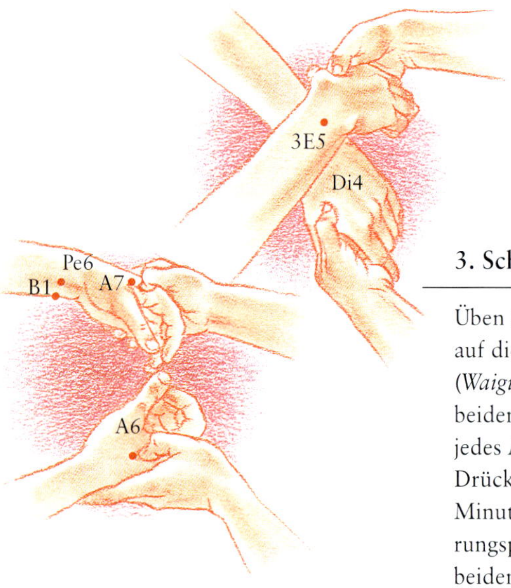

3. Schritt

Üben Sie mit dem Daumen Druck auf die Akupunkte Di4 (*Hegu*), 3E5 (*Waiguan*) und Pe6 (*Neiguan*) auf beiden Händen aus. Drücken Sie jedes Akupunkt-Paar 30mal. Drücken Sie dann je ungefähr zwei Minuten lang fest die Schmerzlinderungspunkte B1, A6 und A7 an beiden Händen.

4. Schritt

Üben Sie mit dem Daumen Druck auf die Akupunkte Ma36 (*Zusanli*) und dann MP6 (*Sanyinjiao*) an beiden Beinen aus. Drücken Sie jedes Akupunkt-Paar 30 bis 40mal.

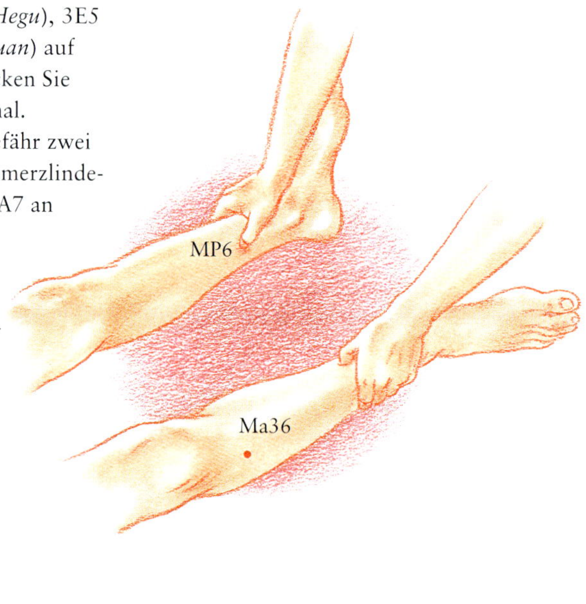

AKUTE BAUCHSCHMERZEN

Dieser allgemeine Begriff bezieht sich auf plötzlich auftretende, unregelmäßige und schmerzhafte Magen- oder Darmkrämpfe. Bei einem Magenkrampf treten Schmerzen in der Magengegend, bei einem Darmkrampf im Bereich des Nabels auf. Beide können durch übertriebenes körperliches Training, falsche Ernährung, Aufnahme von zu viel kalter Nahrung, Erbrechen oder Durchfall ausgelöst werden. In der chinesischen Medizin werden Magenschmerzen auf eine Stauung des Qi und des Blutes in der Bauchregion zurückgeführt. Die unten beschriebenen Massageschritte können zur Behandlung einer Reihe von Beschwerden, die ähnliche Symptome hervorrufen, angewandt werden.

VORSICHT

MASSIEREN SIE AUSSCHLIESSLICH UNTER ÄRZTLICHER ÜBERWACHUNG BEI MAGENSCHMERZEN AUFGRUND EINER AKUTEN GASTRITIS ODER ENTZÜNDUNG EINES ANDEREN INNEREN ORGANS.

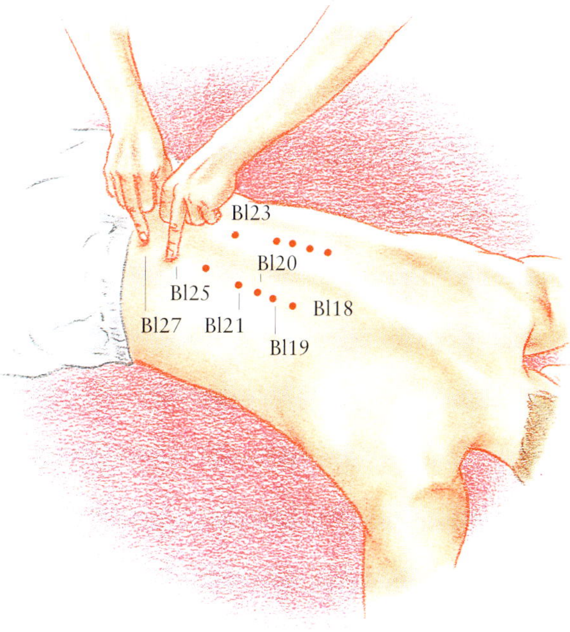

1. Schritt

Drücken Sie mit Daumen und Mittelfinger die folgenden Akupunkt-Paare beiderseits der Wirbelsäule: Bl18 (*Ganshu*), Bl19 (*Danshu*), Bl20 (*Pishu*), Bl21 (*Weishu*), Bl23 (*Shenshu*), Bl25 (*Dachangshu*) und Bl27 (*Xiaochangshu*). Drücken Sie jedes Paar 30mal. Wenn Sie wollen, können Sie auch mit beiden Händen arbeiten und zwei Akupunkt-Paare gleichzeitig massieren.

2. Schritt

Zwicken Sie die Punkte außerhalb der Meridiane *Huatuojiaji* beiderseits der Wirbelsäule, und arbeiten Sie dabei am Rücken von oben nach unten. Wiederholen Sie dieses Vorgehen fünfmal. Schieben Sie dann mit der Handfläche entlang des Blasen-Meridians auf einer Seite der Wirbelsäule von oben nach unten. Wiederholen Sie dieses Vorgehen fünfmal. Schieben Sie dann ebenfalls fünfmal entlang des Blasen-Meridians auf der anderen Seite der Wirbelsäule nach unten.

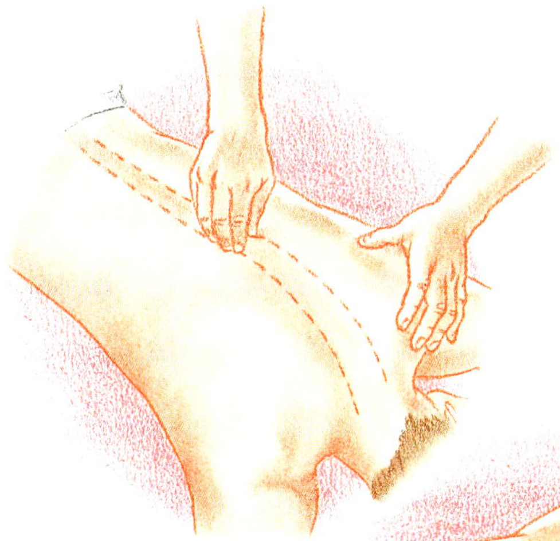

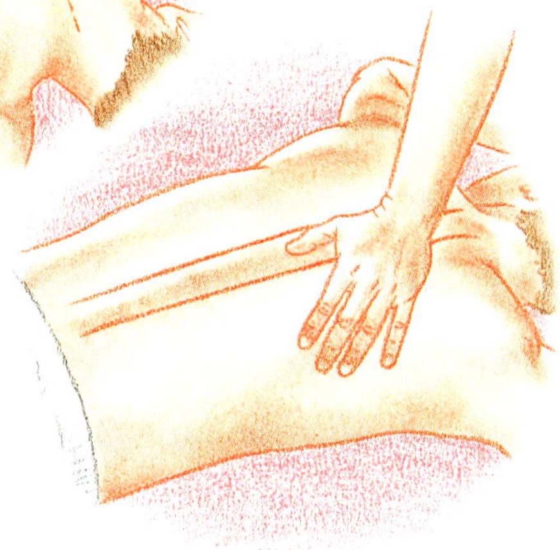

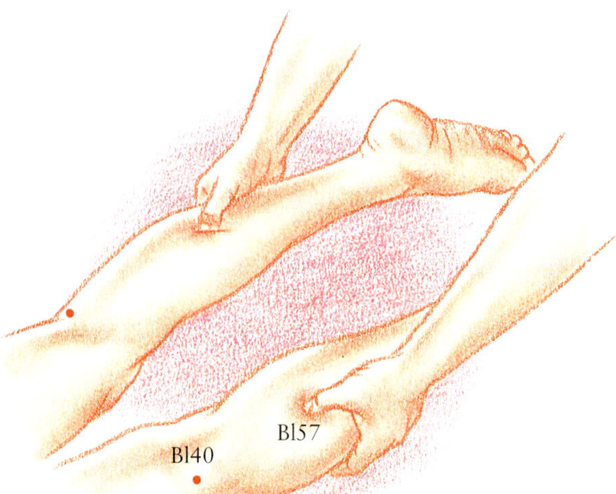

3. Schritt

Drücken Sie die Akupunkte Bl40 (*Weizhong*) und Bl57 (*Chengshan*) an beiden Beinen. Üben Sie Druck mit dem Daumen aus, und drücken Sie jedes Akupunkt-Paar ungefähr 30mal.

4. Schritt

Beginnen Sie mit der Schrittfolge zur Öffnung der Meridiane im Brust- und Bauchraum (siehe S. 50-3). Behandeln Sie die Akupunkte KG12 (*Zhongwan*) und KG6 (*Qihai*) sowie die Akupunkt-Paare Ma25 (*Tianshu*) und Le13 (*Zhangmen*) als Hauptpunkte, und drücken Sie diese etwas häufiger als die anderen Punkte der Übung, also je etwa 30 bis 40mal.

5. Schritt

Wenden Sie die Massagetechnik des Rollens auf dem betroffenen Gebiet des Brust- und Bauchbereichs ungefähr eine Minute lang an (siehe auch S. 41).

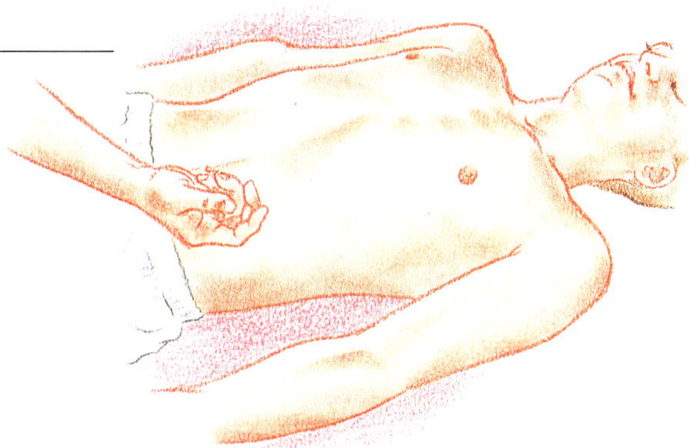

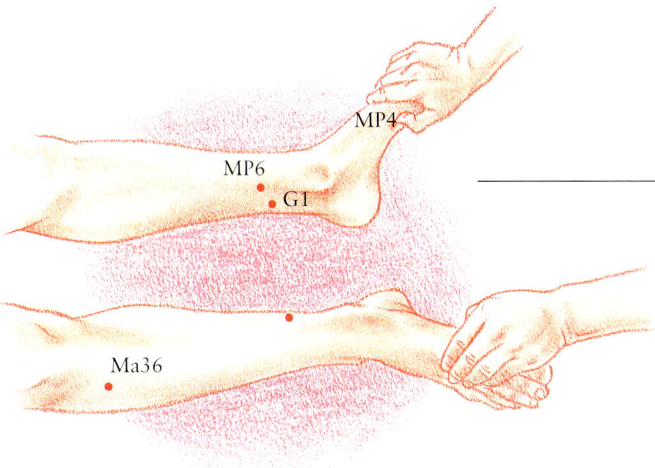

6. Schritt

Drücken Sie mit dem Daumen die Akupunkt-Paare Ma36 (*Zusanli*), MP6 (*Sanyinjiao*), MP4 (*Gongsun*) sowie den Schmerzlinderungspunkt G1 an beiden Beinen. Drücken Sie immer ein Akupunkt-Paar gleichzeitig und jedes Paar ungefähr 30mal.

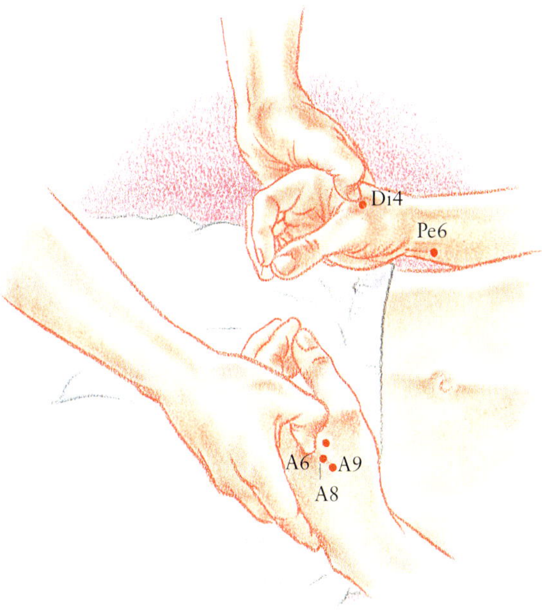

7. Schritt

Drücken Sie die Akupunkte Di4 (*Hegu*) und Pe6 (*Neiguan*) ungefähr 30mal an beiden Händen. Drücken Sie dann die Schmerzlinderungspunkte A6, A8 und A9 an beiden Händen. Drücken Sie jedes Akupunkt-Paar etwa 2 Minuten lang.

SCHMERZEN IM BEREICH DER GALLENBLASE

Gallenschmerzen werden häufig durch Gallensteine verursacht, die sich durch eine zu hohen Konzentration von Galle, insbesondere von Cholesterin, in der Gallenblase bilden und dann heftige Schmerzen hervorrufen können. Die Gallenblase kann sich auch entzünden, eine Erkrankung, die als Cholezystitis bezeichnet wird. Eine Entzündung verursacht Bauchschmerzen sowie Verdauungsbeschwerden, Übelkeit und Blähungen, besonders nach fettem Essen.

VORSICHT
GELBSUCHT (GELBFÄRBUNG DER HAUT UND DER AUGEN) KANN AUF EINE STAUUNG DURCH EINEN GALLENSTEIN HINWEISEN. SOFORT ÄRZTLICHEN RAT EINHOLEN.

1. Schritt

Beginnen Sie die Schmerzlinderungsmassage mit dem Öffnen der Meridiane im Brust- und Bauchbereich (siehe S. 50-3).

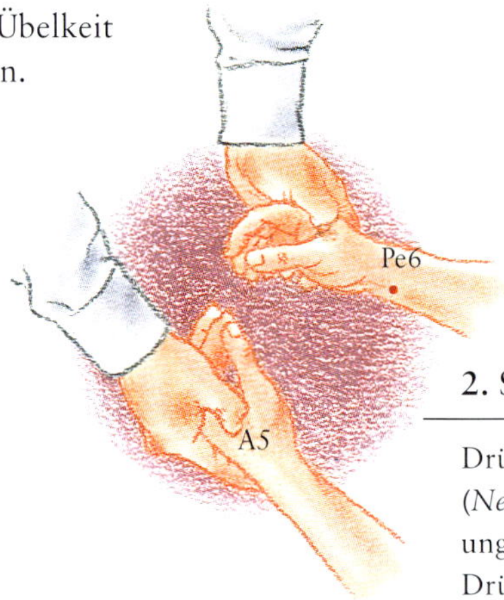

2. Schritt

Drücken Sie die Akupunkte Pe6 (*Neiguan*) an beiden Händen ungefähr 30mal mit dem Daumen. Drücken Sie dann ungefähr zwei Minuten lang beide Schmerzlinderungspunkte A5.

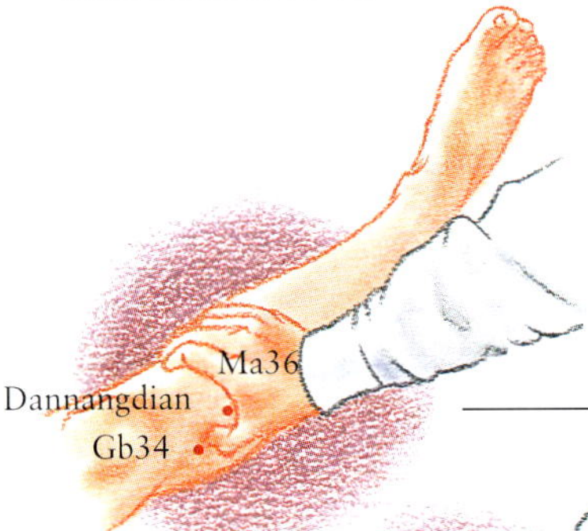

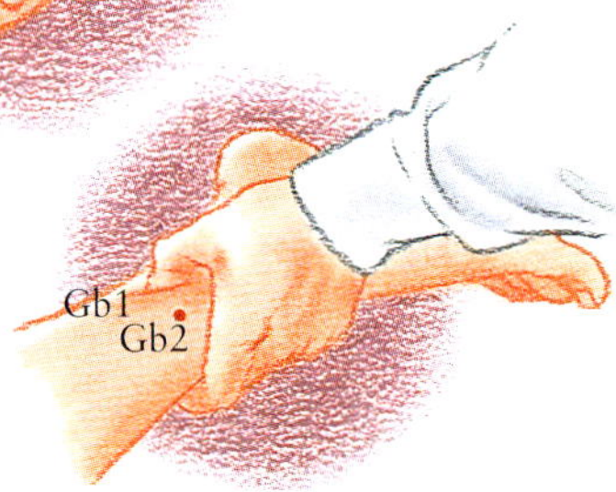

3. Schritt

Drücken Sie mit dem Daumen den Akupunkt Gb34 (*Yanglingquan*), den Punkt außerhalb der Meridiane *Dannangdian*, den Akupunkt Ma36 (*Zusanli*) sowie die Schmerzlinderungspunkte G1 und G2 am Bein der betroffenen Seite oder an beiden Beinen. Drücken Sie jeden Punkt ungefähr 30mal, mit Ausnahme des Punktes *Dannangdian*, der drei Minuten lang fest gedrückt wird.

4. Schritt

Bitten Sie die behandelte Person, sich auf den Bauch zu drehen. Drücken Sie mit Daumen und Mittelfinger gleichzeitig die Akupunkt-Paare Bl18 (*Ganshu*) und Bl19 (*Danshu*). Wiederholen Sie dieses Vorgehen 40 bis 50mal.

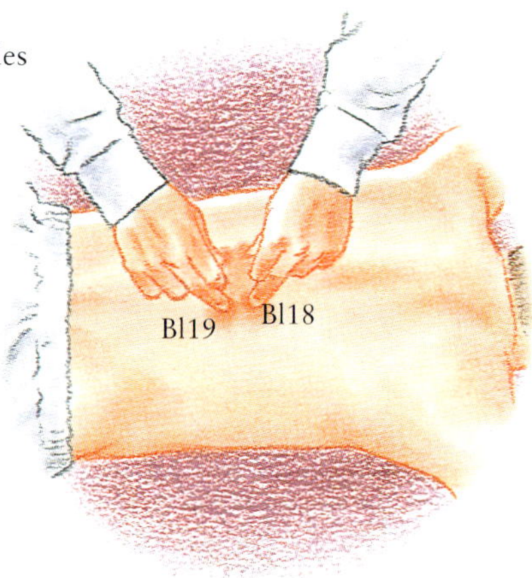

VERSTOPFUNG

Verstopfung wird in der Regel durch einen Mangel an Ballaststoffen in der Nahrung hervorgerufen. Andere Ursachen können jedoch auch mangelnde körperliche Bewegung, Streß und emotionale Faktoren sein. Der Stuhl ist dunkel gefärbt, hart und läßt sich nur unter Anstrengung entleeren. In schweren Fällen kann der Bauchbereich durch die Verdauungsprodukte aufgebläht sein.

In der chinesischen Medizin wird Verstopfung häufig auf einen Mangel an Qi, eine Schwäche des Yang oder eine Qi-Stauung zurückgeführt. Ein Zusammentreffen dieser Störungen wirkt sich negativ auf die Dickdarmfunktion aus. Massage kann den Mangel an Qi ausgleichen und die Stauung auflösen. Auch täglich ein Löffel Honig 10 Minuten vor dem Frühstück kann zur Besserung der Verstopfung beitragen.

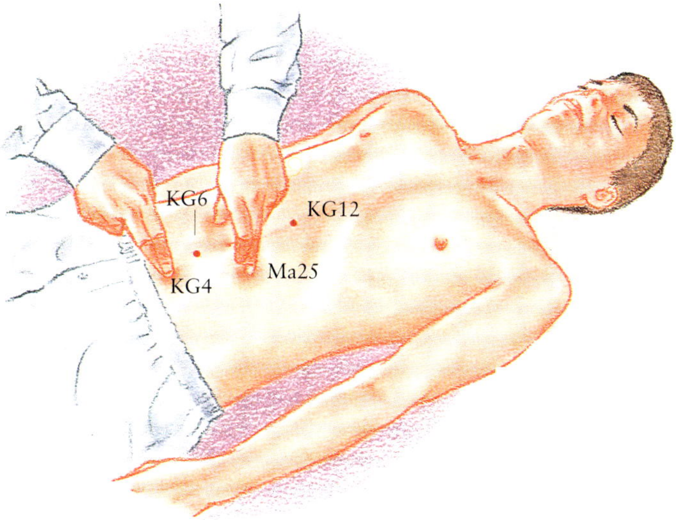

1. Schritt

Drücken Sie mit dem Finger die Akupunkte KG12 (*Zhongwan*), das Akupunkt-Paar Ma25 (*Tianshu*) sowie die Punkte KG6 (*Qihai*) und KG4 (*Guanyuan*). Drücken Sie jeden Punkt ungefähr 30mal, mit Ausnahme von Ma25, der 40 bis 50mal gedrückt wird. Sie können auch je zwei Akupunkte oder Punktpaare gleichzeitig behandeln.

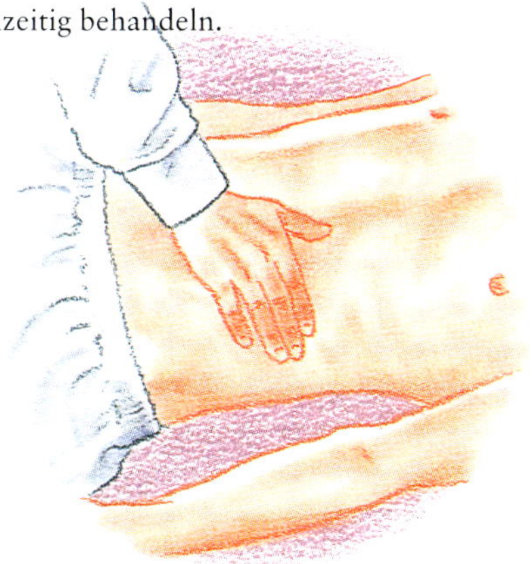

2. Schritt

Massieren Sie den Nabel mit Drücken und kreisendem Drücken mit dem Handballen. Reiben Sie dann mit der Handfläche kreisend um den Nabel herum, bis die behandelte Person in diesem Bereich ein Gefühl der Wärme verspürt.

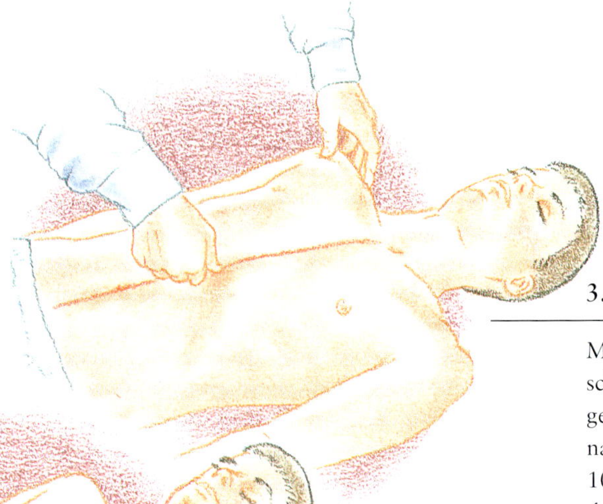

3. Schritt

Massieren Sie mit dem Daumen schiebend entlang des Konzeptionsgefäß-Meridians mehrmals von oben nach unten. Massieren Sie dann 10mal mit kreisendem Reiben mit den Handflächen auf beiden Seiten des Brust- und Bauchbereichs nach unten.

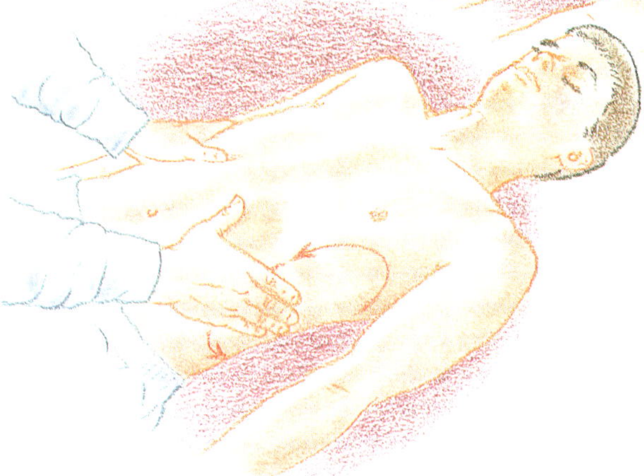

4. Schritt

Drücken Sie mit den Daumen folgende Akupunkte an beiden Händen: 3E6 (*Zhigou*) 40 bis 50mal und Di4 (*Hegu*) ungefähr 30mal. Drücken Sie dann je ungefähr zwei Minuten lang die Schmerzlinderungspunkte A8 und A9 an beiden Händen.

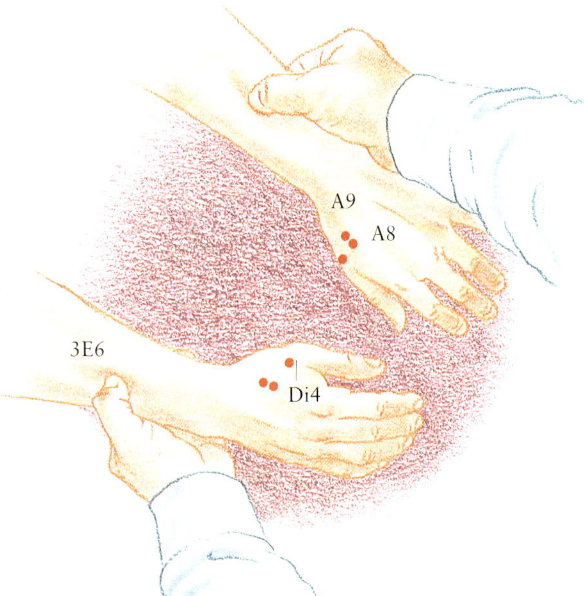

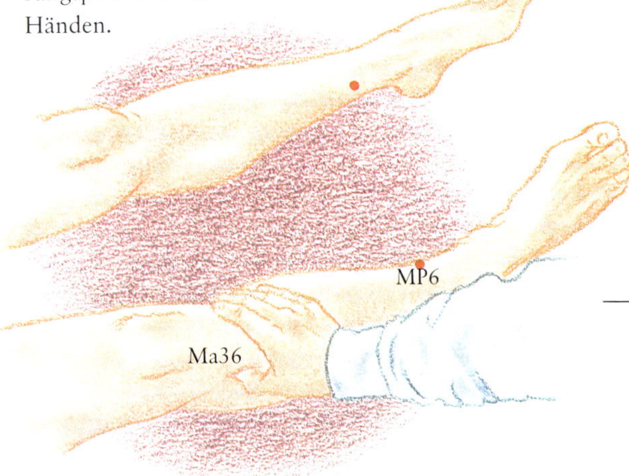

5. Schritt

Drücken Sie die Akupunkte Ma36 (*Zusanli*) und dann MP6 (*Sanyinjiao*) an beiden Beinen. Drücken Sie jeden Punkt ungefähr 30mal mit dem Daumen.

6. Schritt

Drücken Sie die folgenden Akupunkt-Paare beiderseits der Wirbelsäule: Bl20 (*Pishu*), Bl21 (*Weishu*), Bl23 (*Shenshu*), Bl25 (*Dachangshu*) und Bl27 (*Xiaochangshu*). Drücken Sie jedes Paar 30 bis 40mal mit den Daumen.

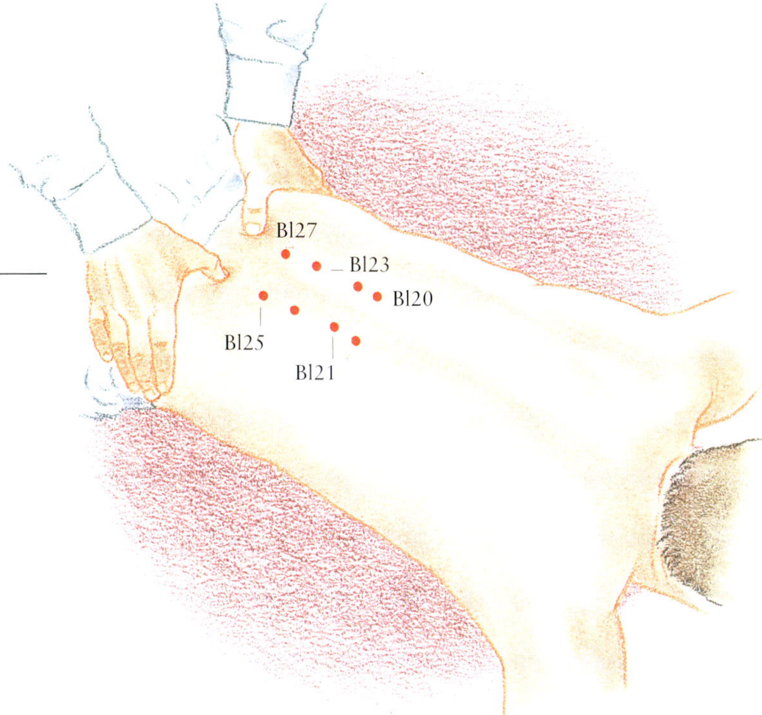

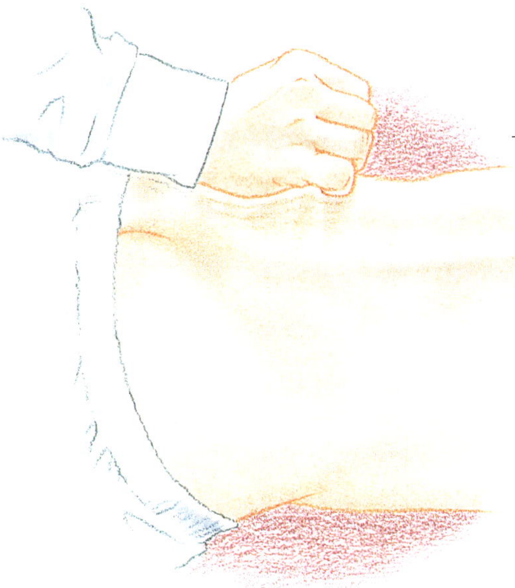

7. Schritt

Trommeln Sie mit einer lockeren Faust (siehe auch S. 43) 20mal auf die Akupunkte Bl31-34 (*Baliao*). Massieren Sie diesen Bereich dann mit kreisendem Reiben mit der Handfläche, bis die behandelte Person dort ein Gefühl der Wärme verspürt.

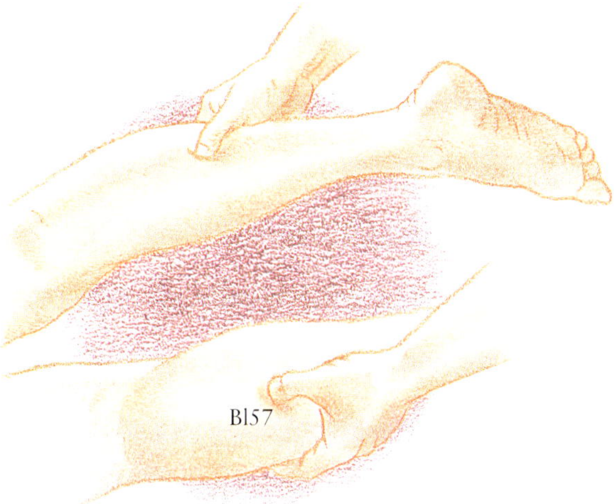

8. Schritt

Drücken Sie 30 bis 40mal mit dem Daumen den Akupunkt Bl57 (*Chengshan*) an beiden Beinen.

CHRONISCHE BECKENENTZÜNDUNG

Diese Erkrankung wird in der Regel durch die Ausbreitung einer Infektion der Vagina oder eines anderen nahe gelegenen Organs und eine daraus resultierende Entzündung der weiblichen Fortpflanzungsorgane hervorgerufen. Symptome sind Schmerzen und Aufgedunsenheit im Unterleib sowie Kreuzschmerzen, eventuell auch Erschöpfung, Schlaflosigkeit, Schwindelgefühl und Appetitverlust. Einer chronischen Beckenentzündung geht häufig eine unbehandelte akute Beckenentzündung voraus. Eine Schmerzlinderungsmassage soll die Milz und die Nieren stärken, das Qi regulieren und Kälte austreiben (siehe S. 9), die häufig diese Beschwerden auslöst.

VORSICHT

SCHMERZLINDERUNGSMASSAGE BEI CHRONISCHER BECKENENTZÜNDUNG AUSSCHLIESSLICH UNTER ÄRZTLICHER ÜBERWACHUNG ANWENDEN.

1. Schritt

Öffnung der Meridiane der Brust- und Bauchbereichs (siehe S. 50-3), wobei Sie KG12 (*Zhongwan*), beide Le13 (*Zhangmen*) KG6 (*Qihai*) und KG4 (*Guanyuan*) als Hauptpunkte nehmen und etwas häufiger drücken als die anderen, also etwa 30 bis 40mal.

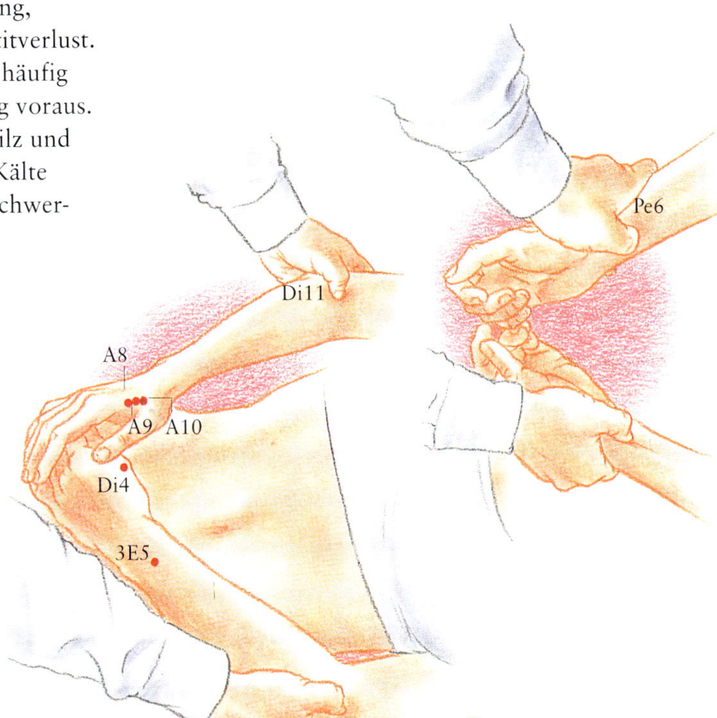

2. Schritt

Drücken Sie mit dem Daumen die Akupunkte Pe6 (*Neiguan*), Di11 (*Quchi*), 3E5 (*Waiguan*) und Di4 (*Hegu*) nacheinander an beiden Armen jeweils ungefähr 30mal. Drücken Sie dann je ungefähr zwei Minuten lang die Schmerzlinderungspunkte A8, A9 und A10 an beiden Händen.

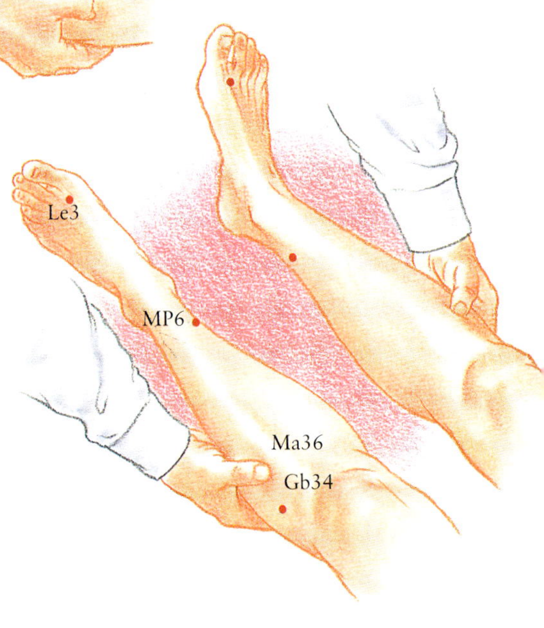

3. Schritt

Drücken Sie die Akupunkt-Paare Ma36 (*Zusanli*), Gb34 (*Yanglingquan*), MP6 (*Sanyinjiao*) und dann Le3 (*Taichong*) mit dem Daumen an beiden Beinen ungefähr 30mal.

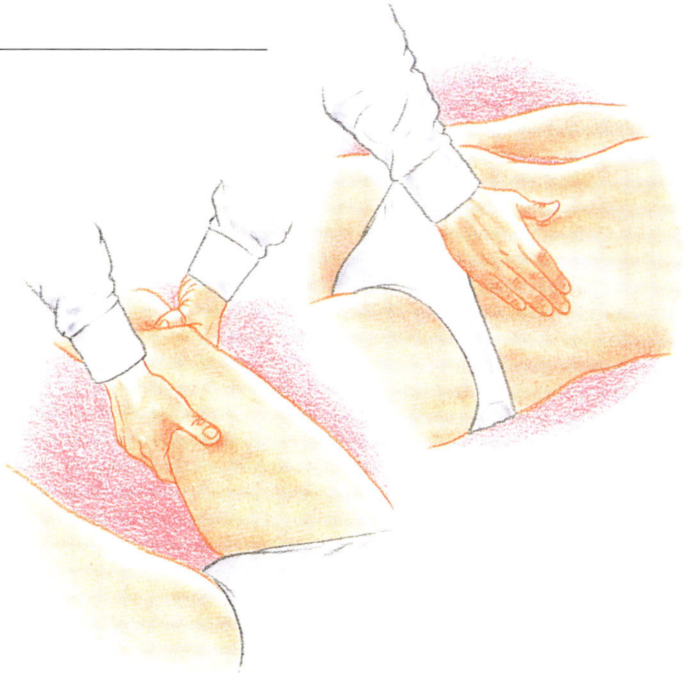

4. Schritt

Massieren Sie den Unterleib mit kreisendem Reiben mit der Handfläche. Massieren Sie dann auf die gleiche Weise die Innenseite des rechten Oberschenkels, bis die behandelte Person ein Gefühl der Wärme verspürt. Wiederholen Sie dieses Vorgehen am linken Oberschenkel.

5. Schritt

Öffnen Sie die Meridiane im Rückenbereich (siehe S. 54-6). Nehmen Sie Bl18 (*Ganshu*), Bl20 (*Pishu*), Bl23 (*Shenshu*) und Bl31-34 (*Baliao*) als Hauptpunkte. Drücken Sie diese Punkte etwas häufiger als die anderen Punkte dieser Übung, also jeweils etwa 30 bis 40mal.

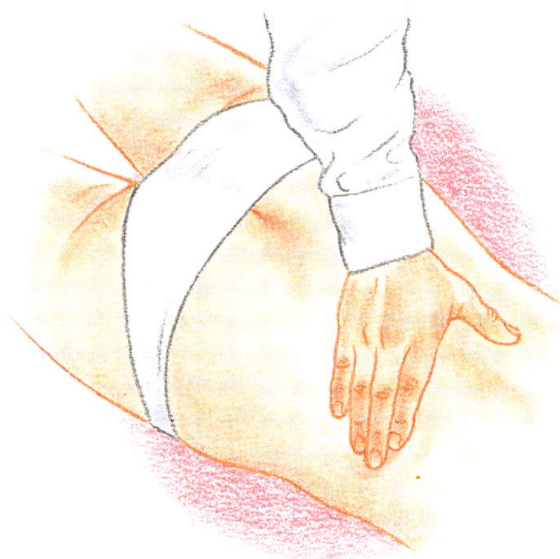

6. Schritt

Massieren Sie mit kreisendem Reiben den unteren Teil des Rückens, bis die behandelte Person an dieser Stelle ein Gefühl der Wärme verspürt.

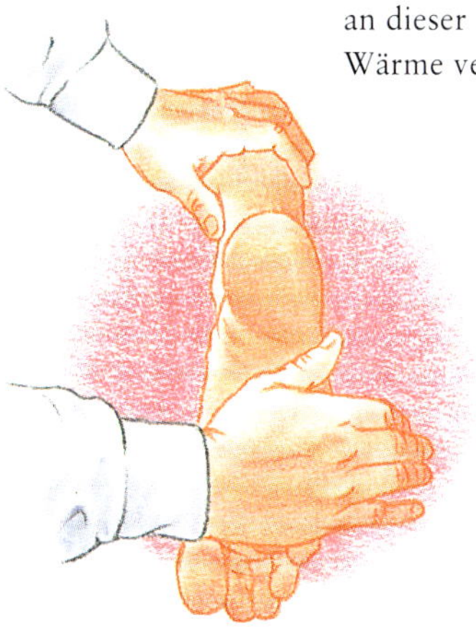

7. Schritt

Massieren Sie mit kreisendem Reiben mit dem Handballen den Akupunkt Ni1 (*Yongquan*) an der rechten Fußsohle auf und ab, bis sich diese Stelle warm anfühlt. Wiederholen Sie dieses Vorgehen am linken Fuß.

MENSTRUATIONSSCHMERZEN

Menstruationsschmerzen, auch Dysmenorrhoe genannt, treten bei sehr vielen Frauen direkt vor oder während der Monatsblutung auf. Die Intensität der Schmerzen reicht von leichten Beschwerden bis zu äußerst schmerzhaften Krämpfen im Unterleib oder im unteren Rückenbereich. In der Regel werden sie durch Anämie, hormonelles Ungleichgewicht, Erkältungen und Erschöpfung oder Entzündung der Fortpflanzungsorgane verursacht.

Nach Auffassung der chinesischen Medizin deuten Menstruationsschmerzen auf Hemmung des Qi, Blutstauung, Qi- und Blutmangel oder Leber- und Nierenschwäche hin. Die Massage soll Leber und Nieren stärken und die Blockade des Meridians auflösen. Am günstigsten ist es, wenn Sie die Massage eine Woche vor dem voraussichtlichen Periodenbeginn der behandelten Person beginnen.

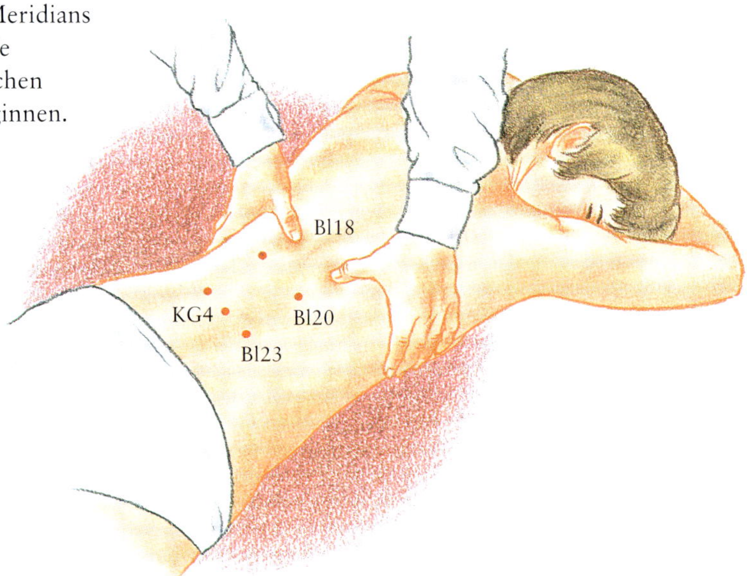

1. Schritt

Drücken Sie die Akupunkt-Paare Bl18 (*Ganshu*), Bl20 (*Pishu*) und dann Bl23 (*Shenshu*) beiderseits der Wirbelsäule. Drücken Sie dann den Akupunkt LG4 (*Mingmen*). Drücken Sie jeden Punkt 30mal mit dem Daumen.

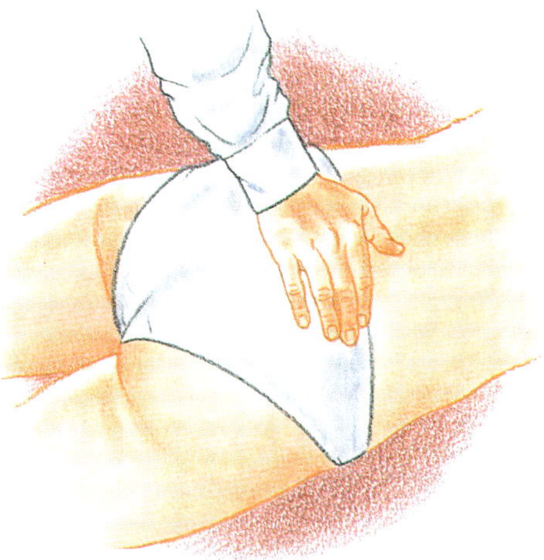

2. Schritt

Massieren Sie die Akupunkte Bl31-34 (*Baliao*) mit kreisendem Reiben mit dem Handballen, bis die behandelte Person ein Gefühl der Wärme in diesem Bereich verspürt.

3. Schritt

Massieren Sie entlang des Konzeptionsgefäß-Meridians, indem Sie mit dem Handballen nach unten schieben. Wiederholen Sie dieses Vorgehen fünfmal. Schieben Sie dann entlang der beiden Blasen-Meridiane beiderseits der Wirbelsäule nach unten. Wiederholen Sie dieses Vorgehen für jeden Meridian fünfmal.

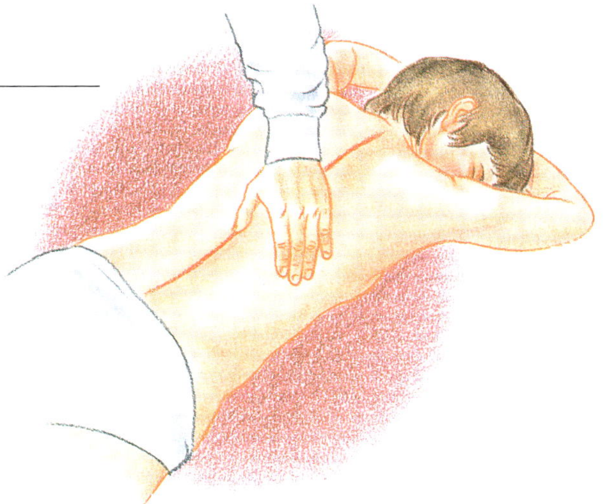

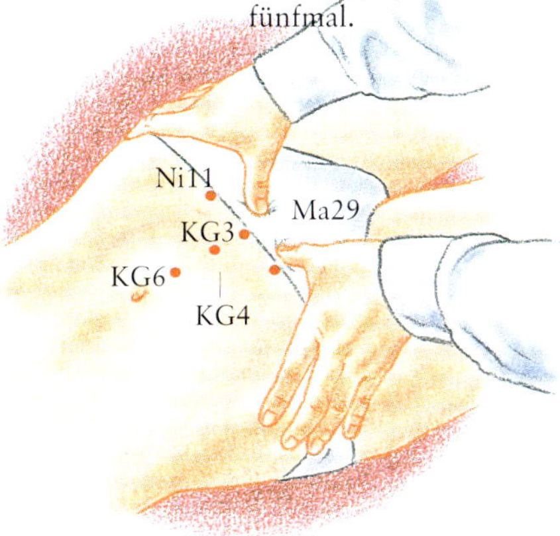

4. Schritt

Massieren Sie die Akupunkte KG6 (*Qihai*), KG4 (*Guanyuan*), KG3 (*Zhongji*), die Akupunkt-Paare Ma29 (*Guilai*) und Ni11 (*Henggu*) nacheinander mit Drücken und kreisendem Drücken. Drücken Sie jeden Punkt 30mal mit dem Daumen.

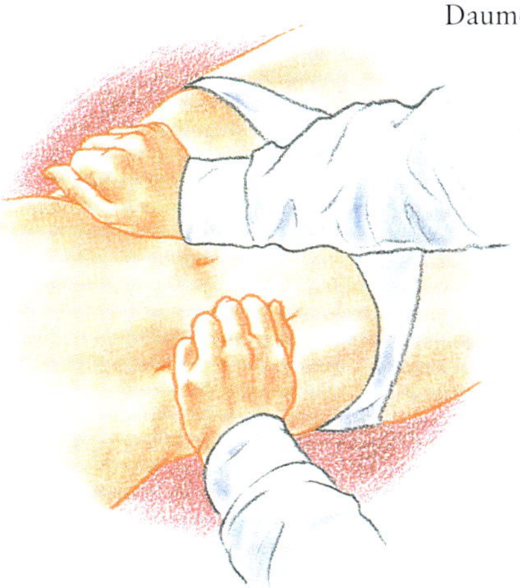

5. Schritt

Kneifen Sie das Akupunkt-Paar Gb26 (*Daimai*) auf beiden Seiten des Bauches. Falten Sie das Gewebe über den Bauch und lassen Sie es dann los. Wiederholen Sie dieses Vorgehen dreimal.

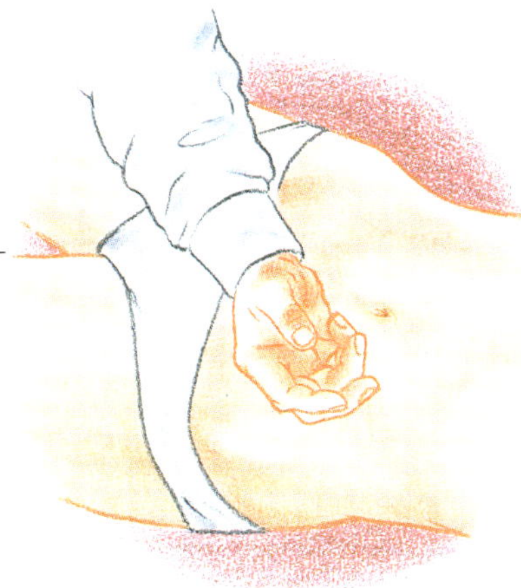

6. Schritt

Massieren Sie mit kreisendem Reiben mit der Handfläche um den Nabel der behandelten Person herum. Rollen Sie dann mit der Handkante vorwärts und rückwärts über den Unterleib (siehe Abbildung rechts). Die Finger Ihrer Hand sollten bei dieser Massagetechnik leicht nach innen gekrümmt sein (siehe auch S. 41).

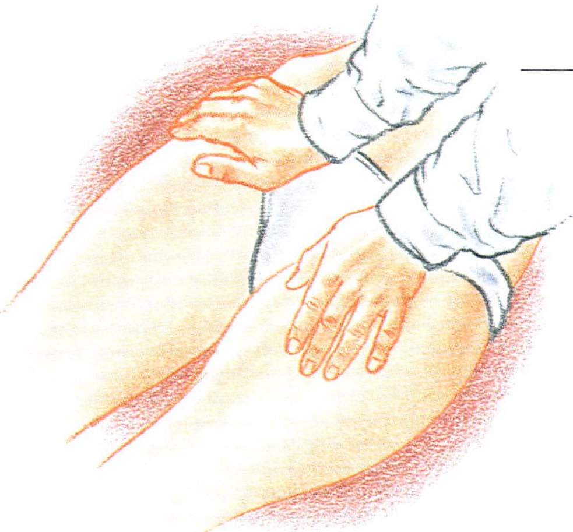

7. Schritt

Drücken Sie das Akupunkt-Paar Ma30 (*Qichong*) eine Minute lang fest mit dem Handballen.

8. Schritt

Drücken Sie die Akupunkt-Paare MP10 (*Xuehai*), MP6 (*Sanyinjiao*), Ma36 (*Zusanli*) und dann Le3 (*Taichong*) an beiden Beinen. Drücken Sie jedes Paar der Reihe nach 30mal mit dem Daumen. Drücken Sie dann ungefähr zwei Minuten lang den Schmerzlinderungspunkt G1 an beiden Beinen.

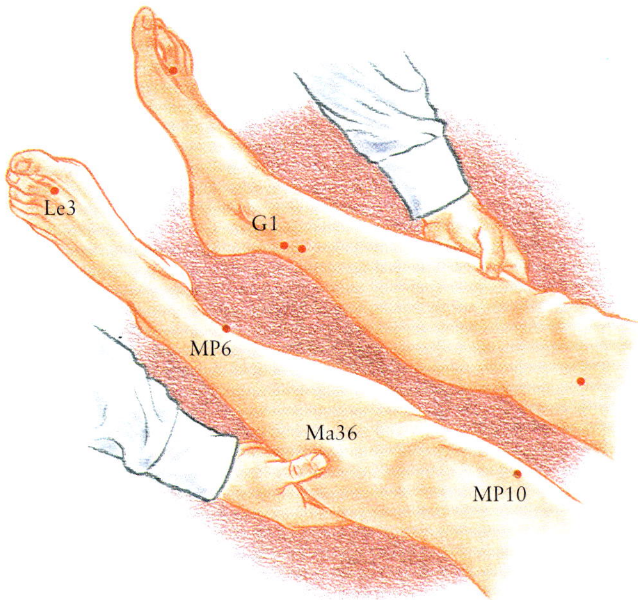

9. Schritt

Massieren Sie den Akupunkt Ni1 (*Yongquan*) am rechten Fuß der behandelten Person mit kreisendem Reiben mit der Handfläche. Massieren Sie weiter, bis sich dieser Punkt warm anfühlt. Wiederholen Sie dieses Vorgehen am linken Fuß.

INTERKOSTALNEURALGIE

Eine Interkostalneuralgie wird durch die Nerven hervorgerufen, die von der Wirbelsäule durch die Zwischenrippenräume nach vorne verlaufen. Einige Stellen, an denen die betroffenen Nerven bis an die Haut reichen, können besonders heftig schmerzen. In der chinesischen Medizin werden diese Beschwerden einfach als Rippenschmerzen bezeichnet. Sie werden auf eine Qi-Hemmung in der Leber zurückgeführt. Die unten dargestellten Massageschritte sollen diese Hemmung beheben. Die betroffenen Stellen im Brust- und Bauchbereich der behandelten Person können besonders berührungsempfindlich sein, deshalb sollten Sie hier besonders vorsichtig massieren.

VORSICHT

MASSIEREN SIE NICHT BEI INTERKOSTALNEURALGIE INFOLGE DRUCK ODER REIZUNG DURCH EINEN TUMOR ODER DURCH TUBERKULOSE .

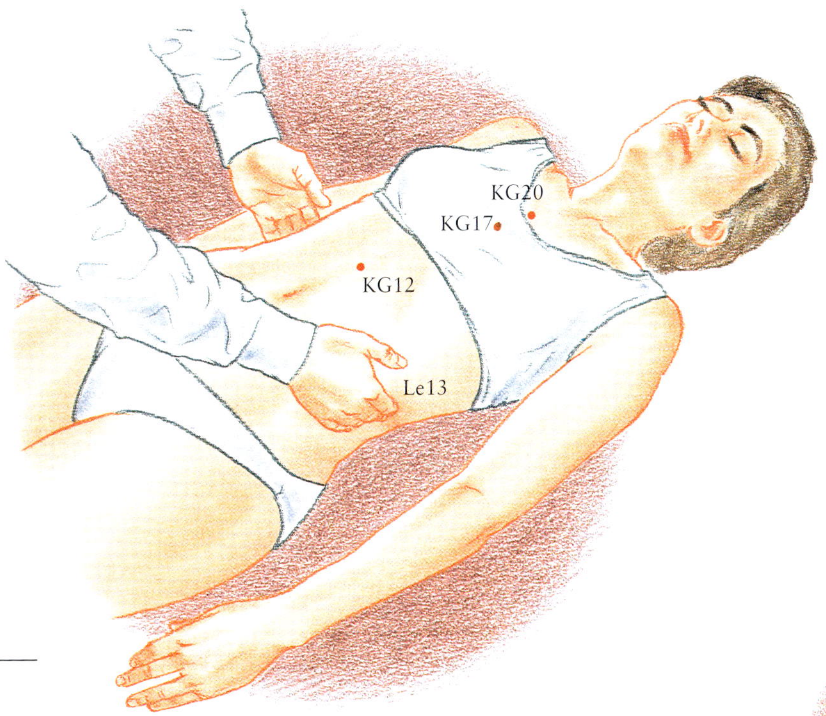

1. Schritt

Drücken Sie nacheinander die Akupunkte KG20 (*Huagai*), KG17 (*Tanzhong*), KG12 (*Zhongwan*) und das Akupunkt-Paar Le13 (*Zhangmen*). Drücken sie jeden Akupunkt 30 bis 40mal.

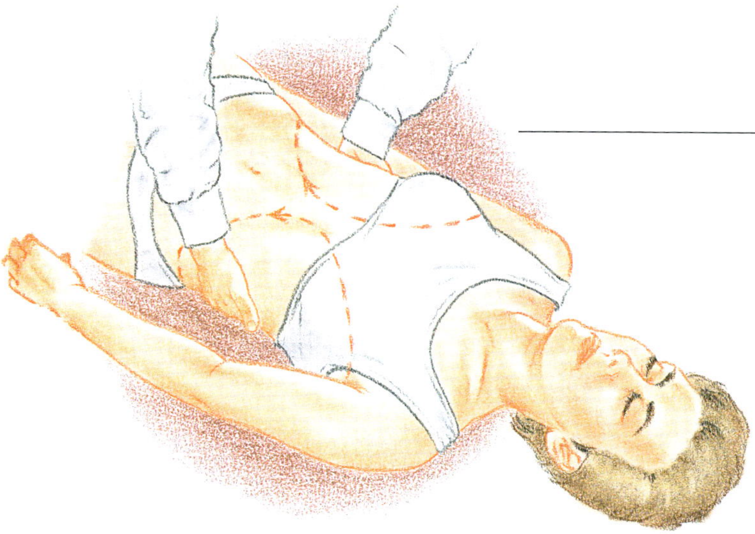

2. Schritt

Massieren Sie mit kreisendem Reiben mit den Handflächen den Oberkörper auf und ab. Wiederholen Sie dieses Vorgehen siebenmal.

3. Schritt

Drücken Sie die folgenden Akupunkt-Paare an beiden Armen: Di11 (*Quchi*), 3E6 (*Zhigou*), 3E5 (*Waiguan*) und Di4 (*Hegu*). Drücken Sie jedes Paar ungefähr 30mal mit dem Daumen. Drücken Sie drei Minuten lang den Schmerzlinderungspunkt A4 an beiden Händen. Drücken Sie dann die Akupunkt-Paare Pe6 (*Neiguan*) und Pe8 (*Laogong*) jeweils ungefähr 30mal.

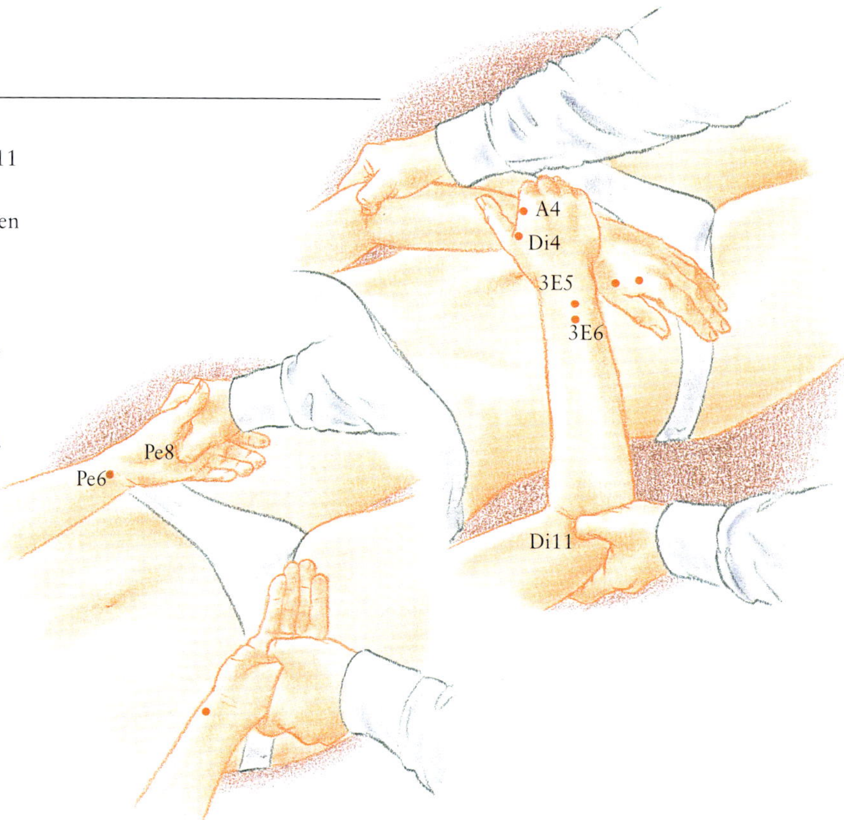

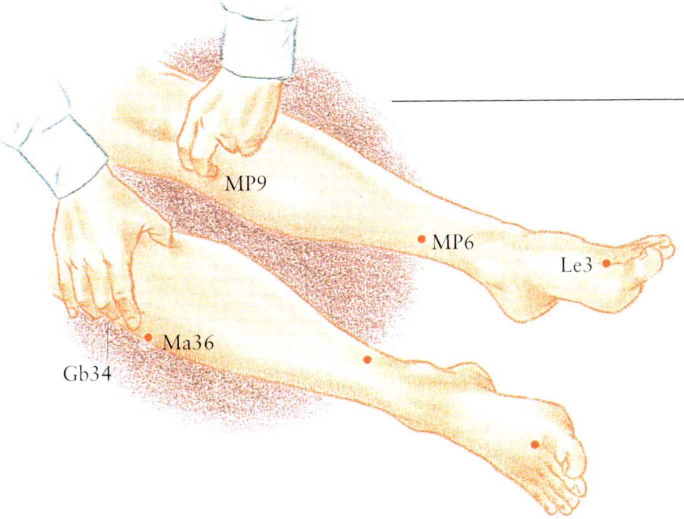

4. Schritt

Drücken Sie gleichzeitig an beiden Beinen die Akupunkte MP9 (*Yinlingquan*) und Gb34 (*Yangling-quan*). Drücken Sie dann nacheinander die Akupunktpaare Ma36 (*Zusanli*), MP6 (*Sanyinjiao*) und Le3 (*Taichong*) an beiden Beinen. Drücken Sie jedes Paar ungefähr 30mal mit dem Daumen.

5. Schritt

Beginnen Sie mit dem Öffnen der Meridiane im Rückenbereich. (siehe S. 54-56). Drücken Sie LG14 (*Dazhui*) und kneifen Sie Gb21 (*Jianjing*) etwas häufiger als die anderen Akupunkte dieser Übung, also je etwa 30 bis 40mal.

6. Schritt

Arbeiten Sie beiderseits der Wirbelsäule vom 1. bis zum 12. Brustwirbel von oben nach unten, indem Sie die Punkte außerhalb der Meridiane *Huatuojiaji* zwicken. Wiederholen Sie dieses Vorgehen 20mal.

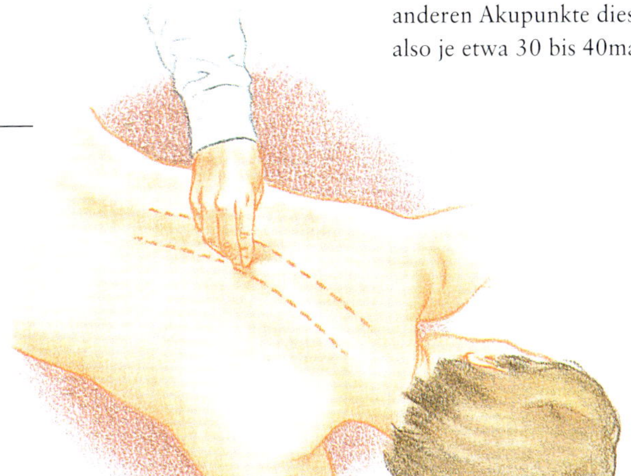

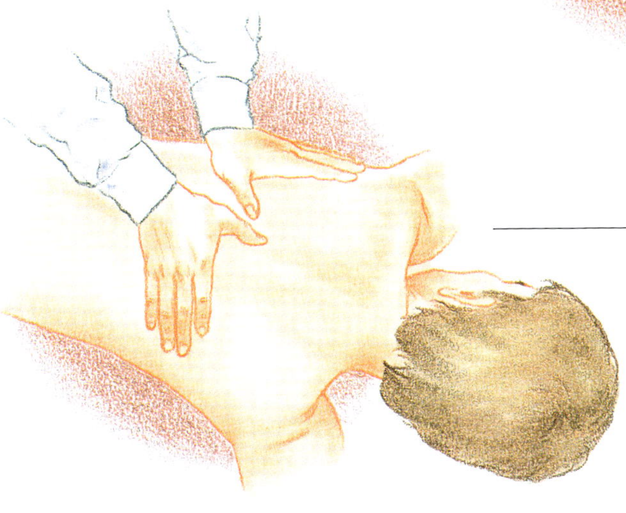

7. Schritt

Massieren Sie den oberen Teil des Rückens mit kreisendem Reiben und Drücken mit beiden Handflächen. Achten Sie besonders auf schmerzhafte Stellen und massieren Sie weiter, bis die behandelte Person ein Gefühl der Wärme verspürt.

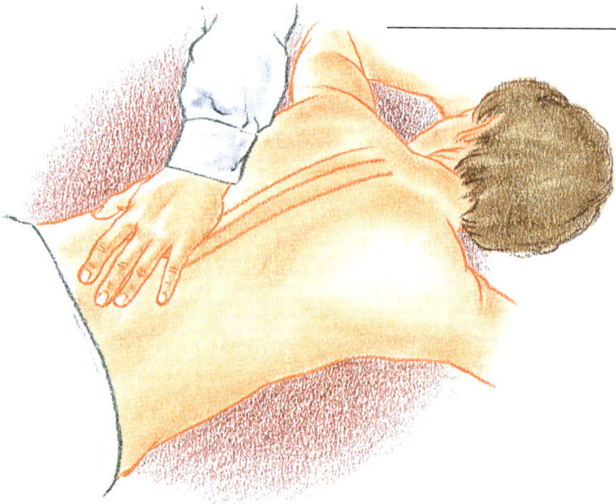

8. Schritt

Schieben und drücken Sie die Wirbelsäule entlang mit dem Handballen nach unten. Massieren Sie dann in gleicher Weise entlang der Blasen-Meridiane, die beiderseits der Wirbelsäule verlaufen. Wiederholen Sie dieses Vorgehen für jeden Meridian fünfmal.

9. Schritt

Trommeln Sie mit einer lockeren Faust auf den Rücken der behandelten Person (siehe auch S. 43). Klopfen Sie dann den Rücken eine Minute lang mit der Handfläche ab (siehe auch S. 42).

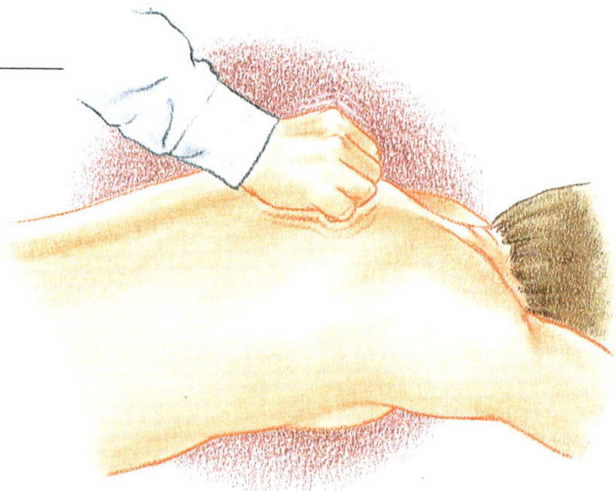

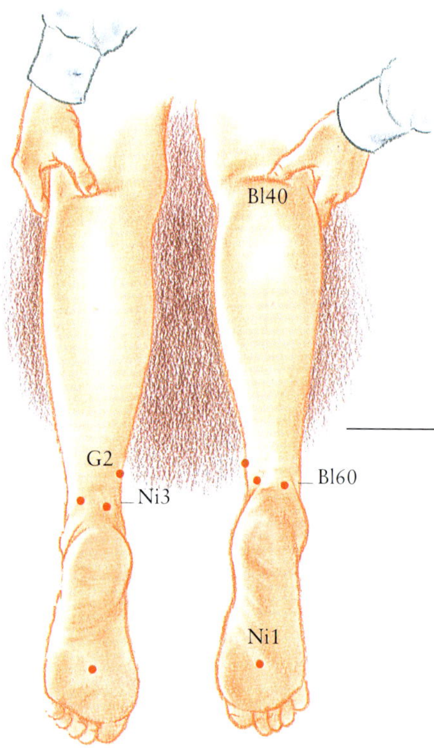

10. Schritt

Drücken Sie die Akupunkt-Paare Bl40 (*Weizhong*), Ni3 (*Taixi*), Bl60 (*Kunlun*) und Ni1 (*Yongquan*) an beiden Beinen. Drücken Sie jedes Paar 30mal mit dem Daumen. Drücken Sie dann ungefähr zwei Minuten lang den Schmerzlinderungspunkt G2 an beiden Beinen.

STEIFER HALS

Bei Streß kommt es zu einer Anspannung der Muskulatur im Hals- und Schulterbereich, was wiederum Steifheit und Schmerzen verursacht. Ein steifer Hals kann auch durch Schlafen in einer unbequemen Position, durch kalten Luftzug oder durch Überanstrengung der Halsmuskulatur hervorgerufen werden.

In der chinesischen Medizin gilt ein steifer Hals als Symptom für das Eindringen von Wind und Kälte in die Meridiane (siehe S. 9), was zu Verspannungen in Muskeln und Sehnen sowie einem Ungleichgewicht des Qi-Blut-Flusses in der Halsregion führt. Die Schmerzlinderungsmassage stellt das Gleichgewicht zwischen Qi und Blut wieder her. Zusätzliche Schmerzlinderung bringt das Auflegen heißer Kompressen auf die schmerzende Stelle nach der Massage (siehe S. 30).

VORSICHT

HOLEN SIE VOR EINER MASSAGEBEHANDLUNG ÄRZTLICHEN RAT EIN, WENN DIE NACKENSCHMERZEN DURCH EINE ZERVIKALE SPONDYLOSE HERVORGERUFEN WERDEN.

1. Schritt

Bei dieser Massage sitzt die behandelte Person auf einem bequemen Stuhl. Massieren Sie den Hals und den oberen Teil des Rückens mit kreisendem Reiben mit der Handfläche, um die Entspannung der Muskulatur zu fördern.

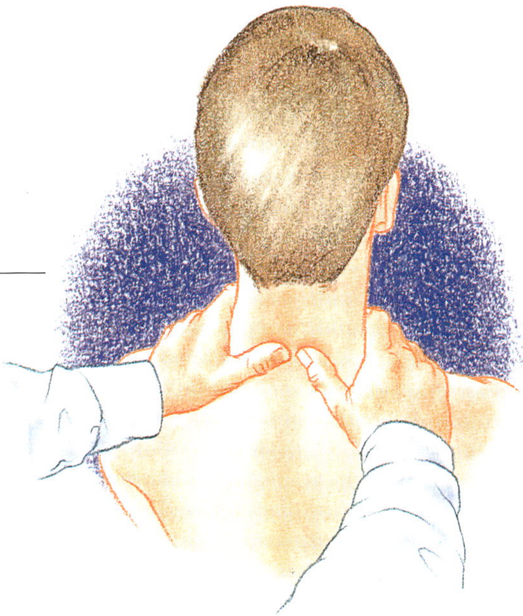

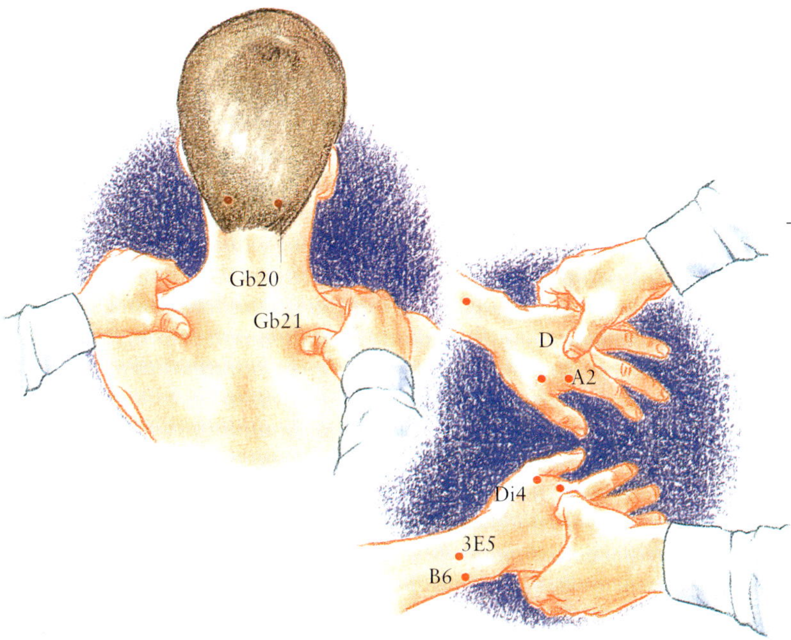

2. Schritt

Kneifen Sie mehrmals den Akupunkt Gb21 (*Jianjing*) an beiden Schultern. Drücken Sie dann mit dem Daumen je 30mal die Akupunkte Gb20 (*Fengchi*), 3E5 (*Waiguan*) und Di4 (*Hegu*) auf beiden Körperseiten. Drücken Sie dann je drei Minuten lang die Schmerzlinderungspunkte A2, B6 und D an beiden Händen. Während Sie den Akupunkt D drücken, sollte die behandelte Person den Kopf langsam hin- und herwiegen.

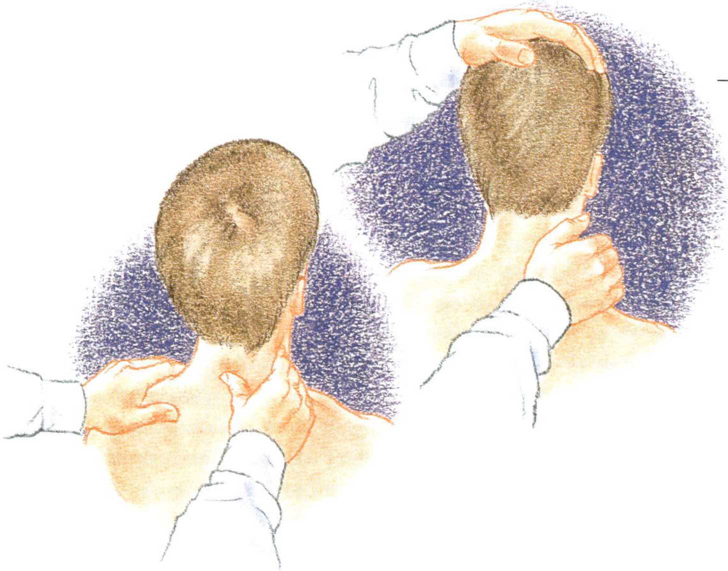

3. Schritt

Massieren Sie den Schmerzdruckpunkt mit Drücken und kreisendem Drücken mit dem Handballen. Kneifen Sie die schmerzende Stelle und massieren Sie die betroffene Region und die Hals- und Schultermuskulatur dann mit kreisendem Reiben unter Verwendung von Massagealkohol (siehe S. 31) bis sich die Muskulatur weich und warm anfühlt.

4. Schritt

Halten Sie den Kopf der behandelten Person, indem Sie ihn unter dem Kinn und am Hinterkopf stützen. Heben Sie den Kopf leicht nach oben, und drehen Sie ihn dann langsam und vorsichtig mehrmals von einer Seite zur anderen.

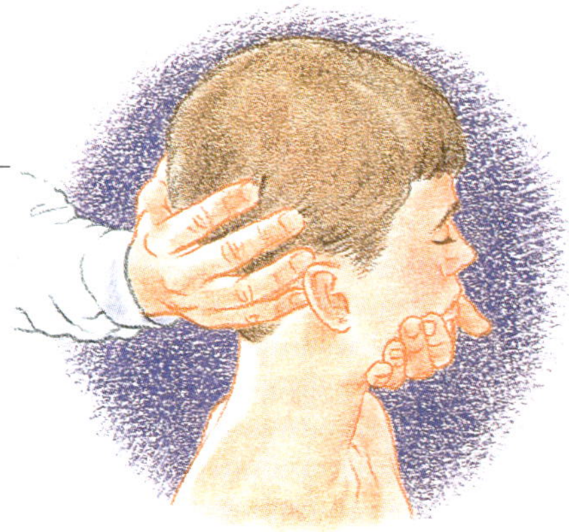

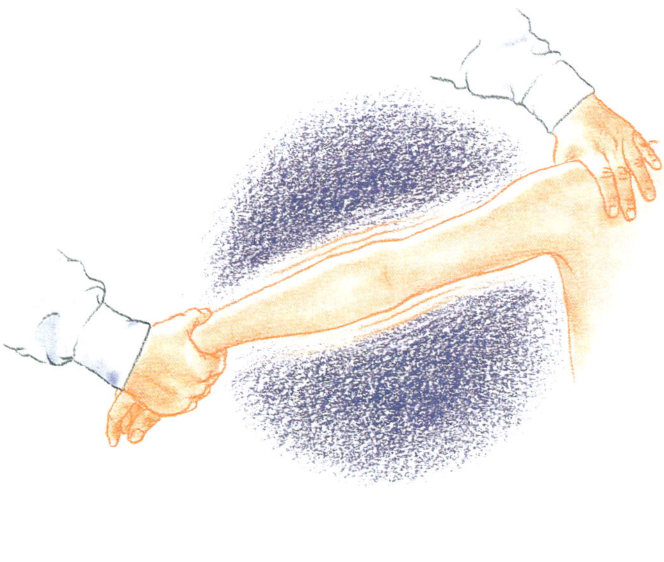

5. Schritt

Halten Sie den rechten Arm der behandelten Person an der Schulter und am Handgelenk. Schütteln Sie den Arm vorsichtig zehnmal auf und ab (siehe auch S. 44). Wiederholen Sie dieses Vorgehen zehnmal am linken Arm. Kneifen Sie dann erneut das Akupunkt-Paar Gb21 (*Jianjing*), wie im 2. Schritt (siehe S. 93).

AKUTE RÜCKENSCHMERZEN

Akute Rückenschmerzen oder eine Zerrung im Lendenwirbelbereich treten in der Regel plötzlich auf, zum Beispiel nach dem Tragen schwerer Gegenstände, nach ungeschickten Bewegungen oder nach Arbeiten in falscher Haltung.

Massage ist ein sehr wirksames Mittel zur Linderung von Rückenschmerzen. Sie stärkt den Rücken, fördert die Nierenfunktion, verbessert den Qi-Blut-Fluß und treibt Kälte und Feuchtigkeit aus (siehe S. 9). Nach der Massage wird zur zusätzlichen Schmerzlinderung eine heiße Kompresse auf die schmerzende Stelle gelegt (siehe S. 30).

VORSICHT

IN DEN ERSTEN 48 STUNDEN NACH EINER VERLETZUNG ODER ZERRUNG KEINE SCHMERZLINDERUNGSMASSAGE DURCHFÜHREN.

1. Schritt

Drücken Sie die Schmerzlinderungspunkte F1, F2, A8 und A9 an beiden Händen. Üben Sie festen Druck mit dem Daumen aus, und drücken Sie jedes Akupunkt-Paar zwei bis drei Minuten lang.

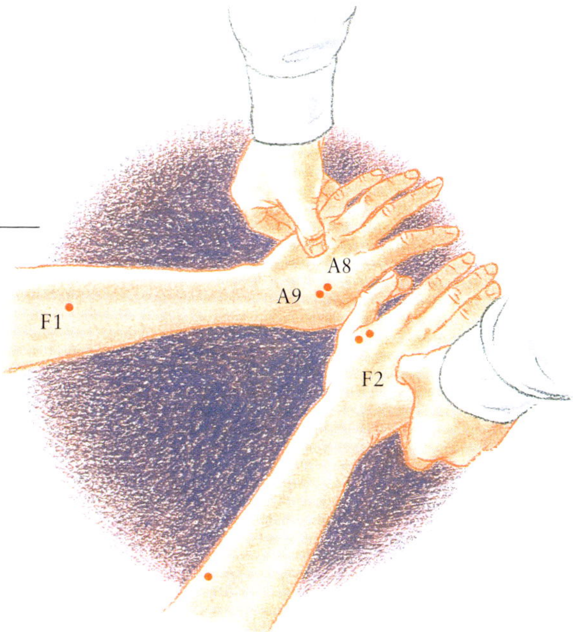

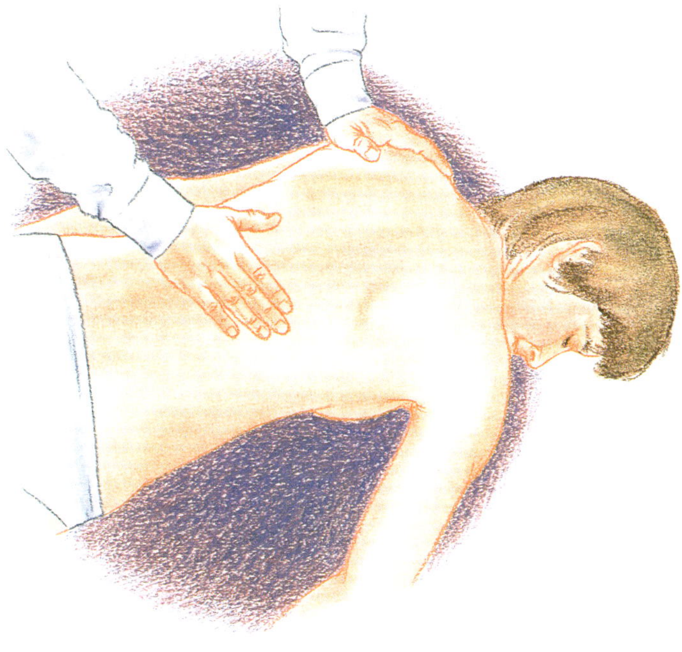

2. Schritt

Massieren Sie den schmerzenden Bereich des Rückens mit kreisendem Reiben mit der ganzen Hand. Massieren Sie zur Entspannung der Rückenmuskulatur mit sanften, großflächigen, reibenden Bewegungen.

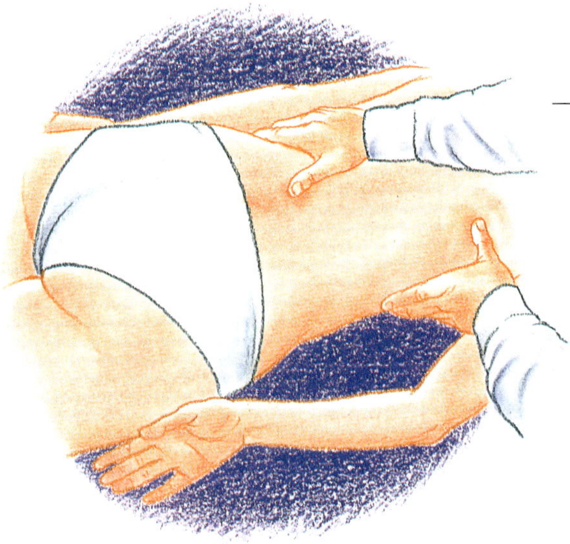

3. Schritt

Drücken und schieben Sie die Muskeln im schmerzenden Rückenbereich und in dessen Umgebung mit der Handfläche. Verwenden Sie Massagealkohol, um die Wirkung der Massage zusätzlich zu verbessern (siehe S. 31). Massieren Sie weiter, bis die behandelte Person an dieser Stelle ein warmes und angenehmes Gefühl verspürt.

4. Schritt

Massieren Sie die Schmerzdruckpunkte mit Drücken und kreisendem Drücken mit dem Handballen. Verwenden Sie Massagealkohol, um die Wirkung der Massage zusätzlich zu verbessern (siehe S. 31). Massieren Sie weiter, bis die behandelte Person an dieser Stelle ein warmes und angenehmes Gefühl verspürt.

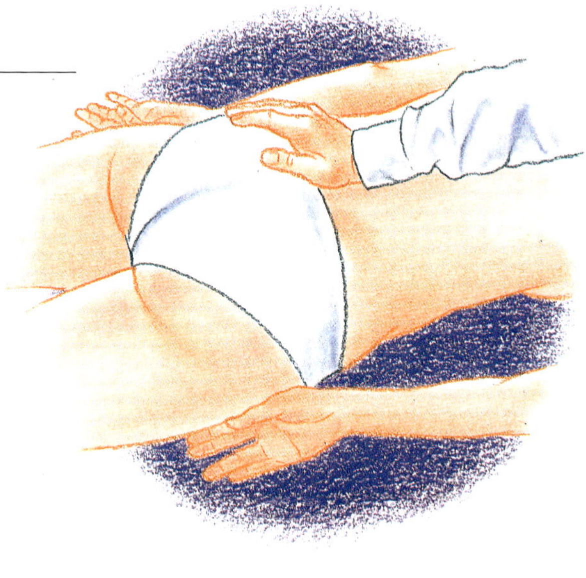

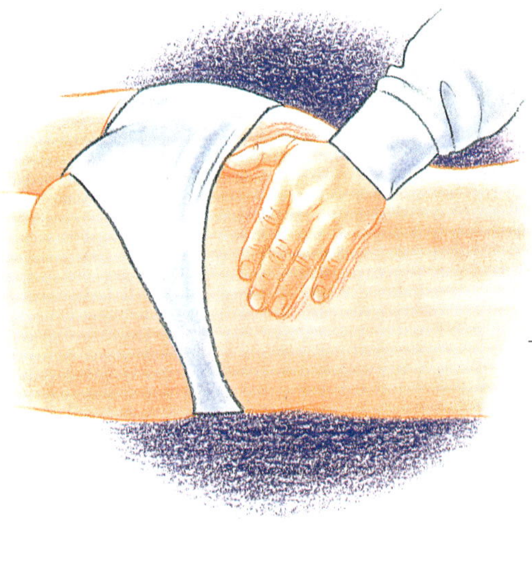

5. Schritt

Legen Sie die Hand auf den schmerzenden Bereich des Rückens, und lassen Sie diese Stelle ungefähr eine Minute lang vibrieren (siehe auch S. 41).

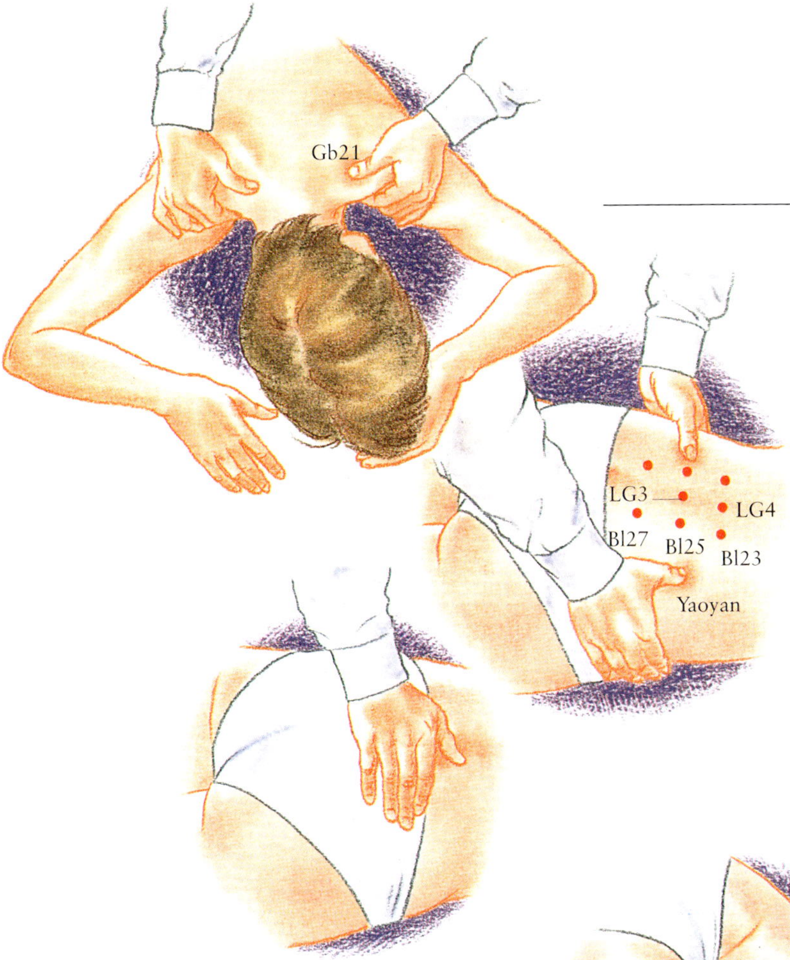

6. Schritt

Kneifen Sie die beiden Akupunkte Gb21 (Jianjing) ungefähr 40mal. Drücken Sie dann nacheinander jeweils ungefähr 40mal die Akupunkte LG4 (*Mingmen*) und LG3 (*Yaoyangguan*), die Akupunkt-Paare Bl23 (*Shenshu*), Bl25 (*Dachangshu*) und Bl27 (*Xiaochangshu*) sowie die Punkte *Yaoyan* außerhalb der Meridiane mit den Daumen. Drücken Sie dann die Akupunkte Bl31-34 (*Baliao*) ungefähr 40mal mit dem Handballen.

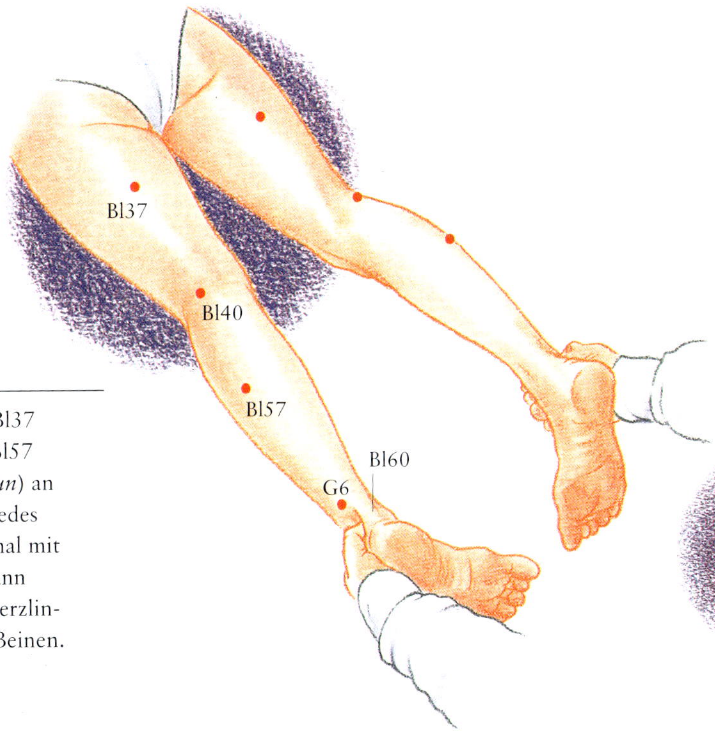

7. Schritt

Drücken Sie die Akupunkte Bl37 (*Yinmen*), Bl40 (*Weizhong*), Bl57 (*Chengshan*) und Bl60 (*Kunlun*) an beiden Beinen. Drücken Sie jedes Akupunkt-Paar ungefähr 40mal mit den Daumen. Drücken Sie dann zwei Minuten lang den Schmerzlinderungspunkt G6 an beiden Beinen.

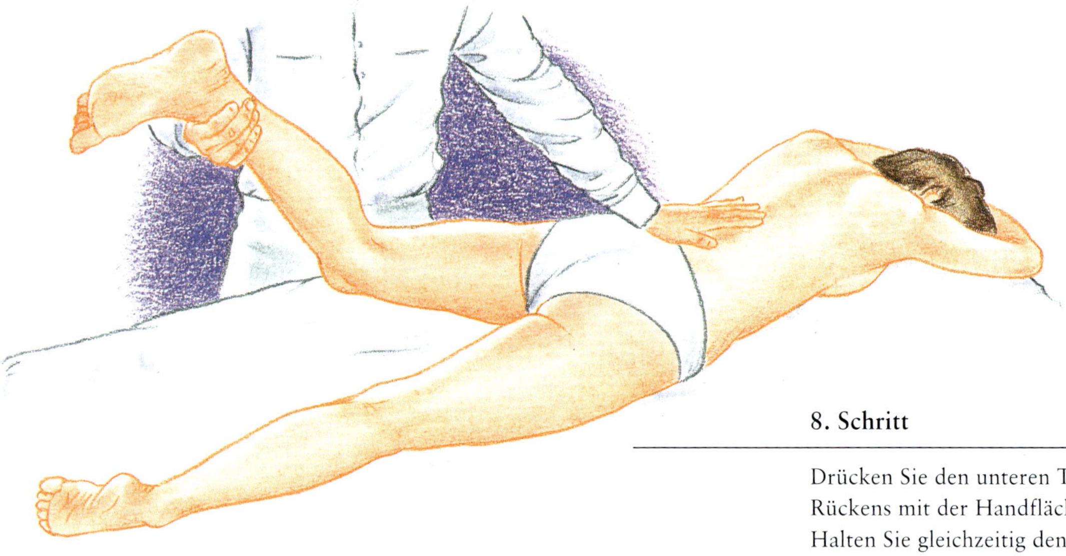

8. Schritt

Drücken Sie den unteren Teil des Rückens mit der Handfläche. Halten Sie gleichzeitig den rechten Knöchel der behandelten Person von unten und heben Sie das rechte Bein an. Bewegen Sie das Bein fünf- bis zehnmal auf und ab. Wiederholen Sie dieses Vorgehen am linken Bein.

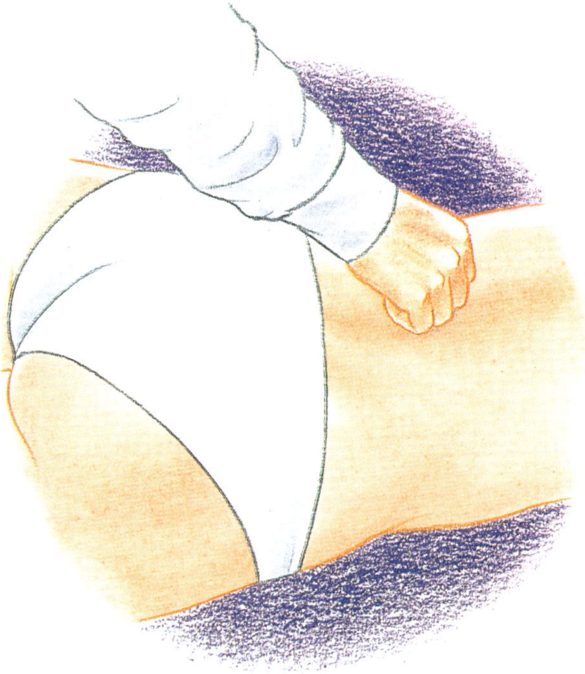

9. Schritt

Trommeln Sie mit einer lockeren Faust ungefähr 20mal auf den Rücken (siehe auch S. 43).

CHRONISCHE RÜCKENSCHMERZEN

Darunter versteht man lang anhaltende Beschwerden, die in der Regel komplexere Ursachen als akute Rückenschmerzen (siehe S. 95) haben. Sie können zum Beispiel durch eine Muskelzerrung im Lendenwirbelbereich, einen Bandscheibenvorfall, rheumatisch bedingten Hexenschuß, Ischias (siehe S. 101) oder eine unbehandelte akute Überlastung der Lendenwirbelsäule hervorgerufen werden.

Nach Auffassung der chinesischen Medizin werden Rückenschmerzen durch Verletzung oder Eindringen von Kälte und Feuchtigkeit (siehe S. 9) verursacht. Sie können auch durch Nierenschwäche, Neurose, Erschöpfung oder sehr häufigen Geschlechtsverkehr verursacht werden.

Die hier beschriebene Behandlung soll eine Stärkung des Rückens und der Nieren bewirken. Sie führt auch zu einer Besserung des Qi-Blut-Flusses und zur Austreibung von Kälte und Feuchtigkeit. Legen Sie nach der Massage eine heiße Kompresse auf den schmerzenden Bereich, um eine zusätzliche Schmerzlinderung zu erreichen (siehe S. 30).

1. Schritt

Kneifen Sie das Akupunkt-Paar Gb20 (*Fengchi*) am Hinterkopf. Kneifen Sie dann 20 bis 30mal das Akupunkt-Paar Gb21 (*Jiangjing*).

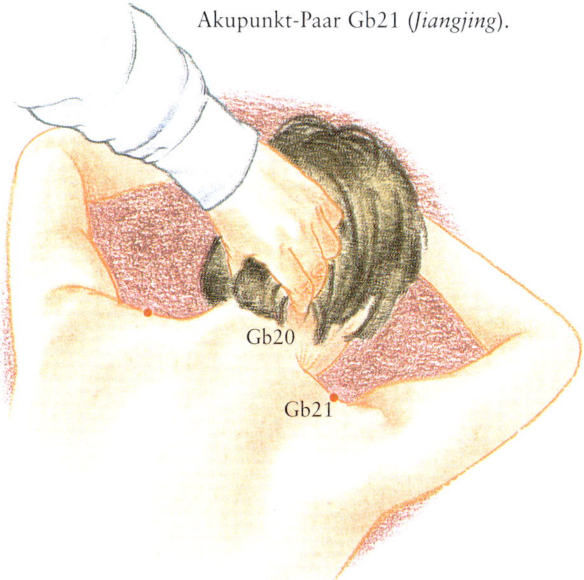

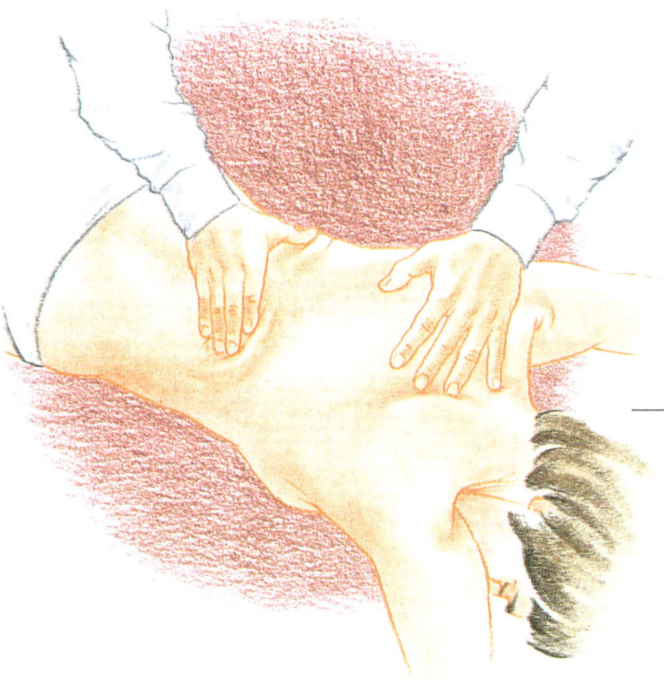

2. Schritt

Öffnen Sie die Meridiane im Rückenbereich (siehe S. 54-6). Nehmen Sie die Akupunkte LG4 (*Mingmen*) und Bl23 (*Shenshu*) als Hauptpunkte, und drücken Sie diese etwas häufiger als die anderen Punkte dieser Übung, also je etwa 40 bis 50mal.

3. Schritt

Massieren Sie den schmerzenden Teil des Rückens mit Schieben und kreisendem Reiben mit einer oder beiden Handflächen, bis die behandelte Person dort ein Gefühl der Wärme verspürt.

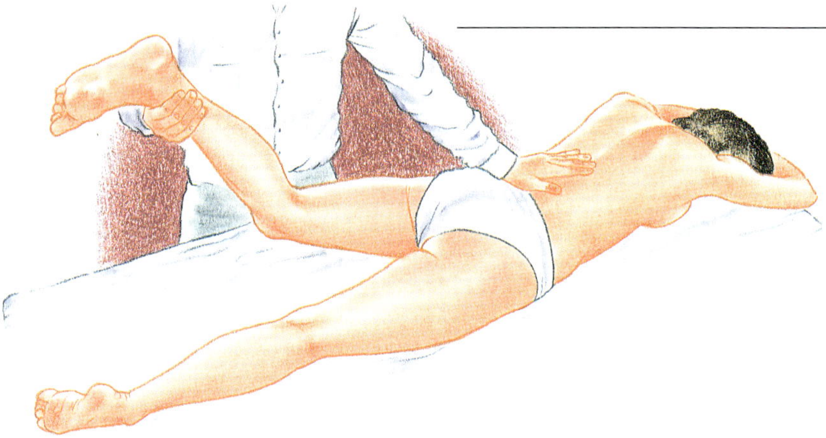

4. Schritt

Drücken Sie mit der Handfläche auf den unteren Teil des Rückens. Halten Sie gleichzeitig den rechten Knöchel der behandelten Person, und heben Sie das rechte Bein hoch. Bewegen Sie das Bein fünfmal auf und ab. Wiederholen Sie dieses Vorgehen am linken Bein.

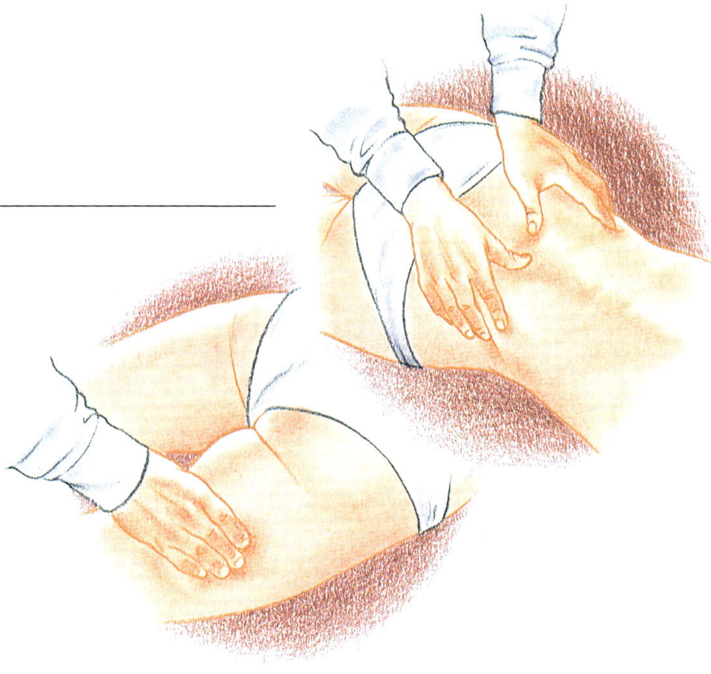

5. Schritt

Kneifen Sie die Muskeln beiderseits der Wirbelsäule, und massieren Sie auf diese Weise nach unten. Halten Sie dann ihre Hand wie eine Art Kneifzange, und massieren Sie damit kneifend die Muskeln auf der Unterseite der Beine nach unten. Achten Sie besonders auf die Muskeln in der schmerzenden Region, und kneifen Sie diese etwas länger.

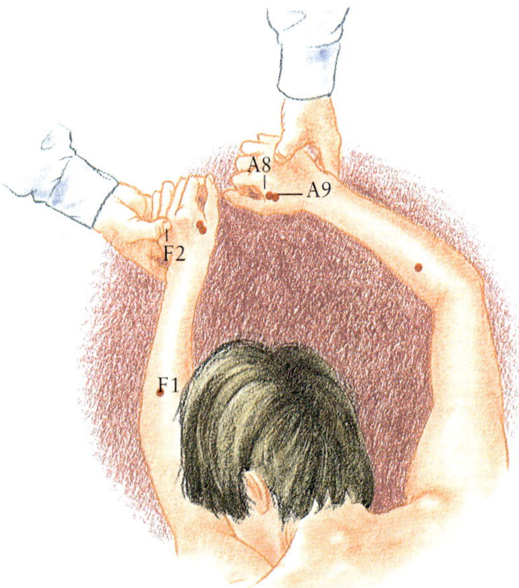

6. Schritt

Drücken Sie die Schmerzlinderungspunkte F1, F2, A8 und A9 an beiden Händen und Armen. Üben Sie Druck mit dem Daumen aus, und drücken Sie jedes Akupunkt-Paar zwei bis drei Minuten lang.

Ischias

Zur Schmerzlinderung bei Ischias beginnen Sie mit den Schritten 1 bis 6 für chronische Rückenschmerzen, wie auf S. 99-100 beschrieben. Führen Sie zusätzlich die folgenden drei Schritte aus:

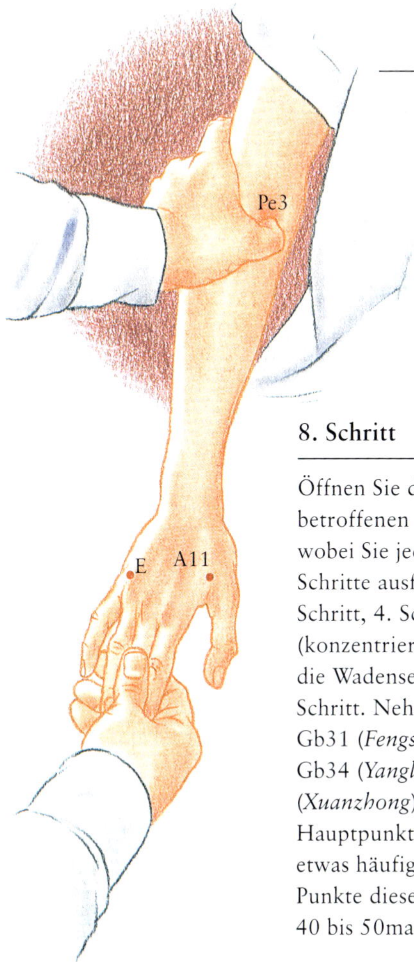

7. Schritt

Üben Sie mit dem Daumen Druck auf den Akupunkt Pe3 (*Quze*) und die Schmerzlinderungspunkte E und A11 aus. Drücken Sie jeden Punkt zwei bis drei Minuten lang. Da Ischias häufig Schmerzen in einem Bein verursacht, brauchen Sie nur die Punkte auf der betroffenen Körperseite drücken.

8. Schritt

Öffnen Sie die Meridiane im betroffenen Bein (siehe S. 61-3), wobei Sie jedoch nur die folgenden Schritte ausführen: 1. Schritt, 3. Schritt, 4. Schritt, 7. Schritt (konzentrieren Sie sich stärker auf die Wadenseite), 8. Schritt und 9. Schritt. Nehmen Sie die Akupunkte Gb31 (*Fengshi*), Ma34 (*Liangqiu*), Gb34 (*Yanglingquan*), Gb39 (*Xuanzhong*) und Gb40 (*Qiuxu*) als Hauptpunkte, und drücken Sie diese etwas häufiger als die anderen Punkte dieser Übung, also je etwa 40 bis 50mal.

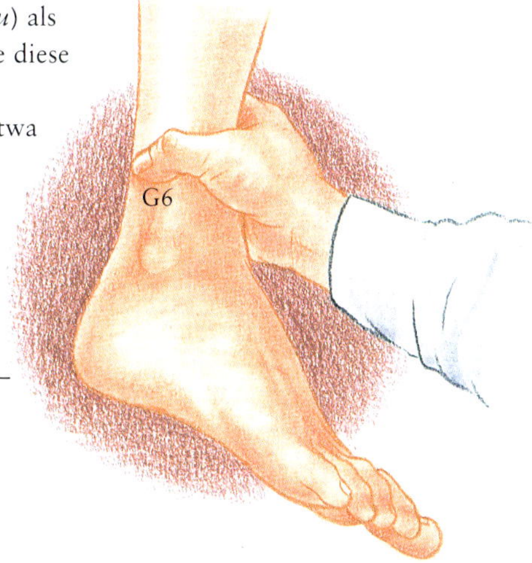

9. Schritt

Drücken Sie den Schmerzlinderungspunkt G6 zwei Minuten lang mit dem Daumen.

AKUTE SCHULTERSCHMERZEN

Nach Auffassung der chinesischen Medizin werden Schulterschmerzen durch eine Gewebeverletzung, das Eindringen von Kälte und Feuchtigkeit (siehe S. 9) oder eine Hormonstörung hervorgerufen. Sie können auch durch Unsicherheit und Schwäche oder einen Mangel an Qi und Blut verursacht werden. In der chinesischem Medizin wird diese Art von Schulterschmerzen als „Schulterschmerzen der Fünfziger" bezeichnet, da sie häufig in mittleren Lebensjahren auftreten.

Wenden Sie diese Massage an, wenn die Schulterschmerzen nicht länger als einige Monate bestehen. Wenn die behandelte Person bereits länger als drei Monate Schmerzen hat, sollten Sie die Massage für chronische Schulterschmerzen anwenden (siehe S. 104-106). Massieren Sie bei der Behandlung akuter Schulterschmerzen mit sehr sanften Strichen.

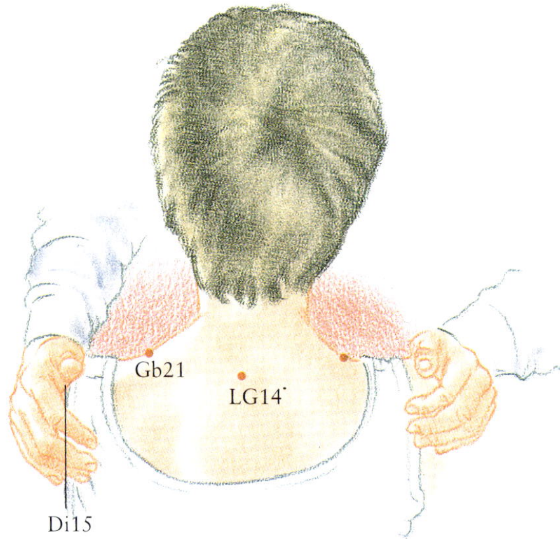

1. Schritt

Die behandelte Person sollte bei dieser Massage auf einem bequemen Stuhl sitzen. Drücken Sie den Akupunkt LG14 (*Dazhui*) mit dem Daumen. Kneifen Sie den Akupunkt Gb21 (*Jiangjing*) an beiden Schultern. Drücken Sie mit dem Handballen den Akupunkt Di15 (*Jianyu*) an beiden Schultern. Drücken Sie dann die Akupunkte Di11 (*Quchi*) und 3E5 (*Waiguan*) am Arm der betroffenen Schulter. Wiederholen Sie jeden Griff 40 bis 50mal.

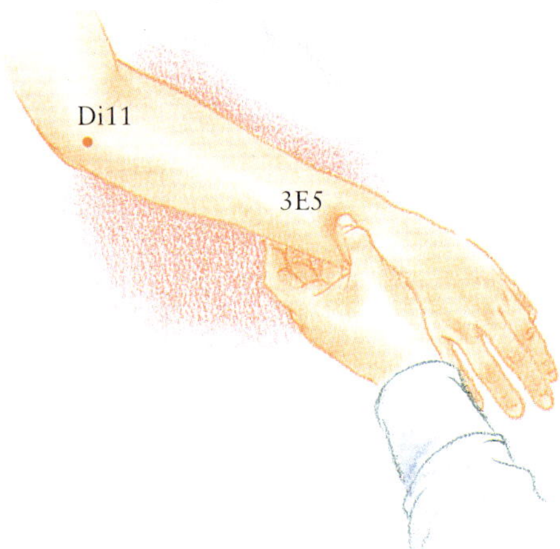

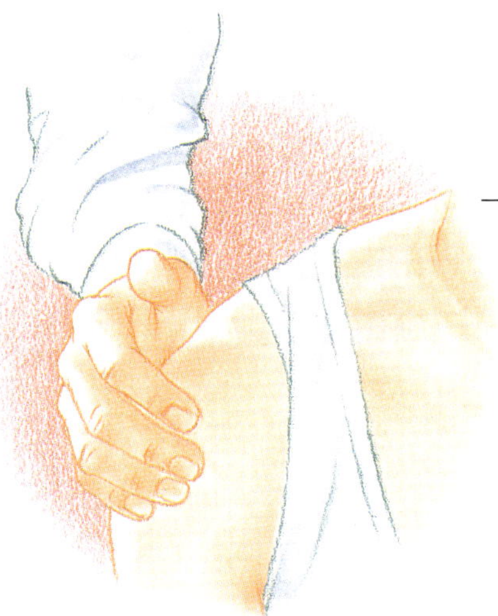

2. Schritt

Massieren Sie den Schmerzdruckpunkt mit Drücken und kreisendem Drücken mit dem Handballen. Am günstigsten ist es, wenn Sie Massagealkohol verwenden (siehe S. 31), um die Wirkung dieser Massage zu verstärken. Massieren Sie den Schmerzdruckpunkt weiter, bis die behandelte Person an dieser Stelle ein Gefühl der Wärme verspürt.

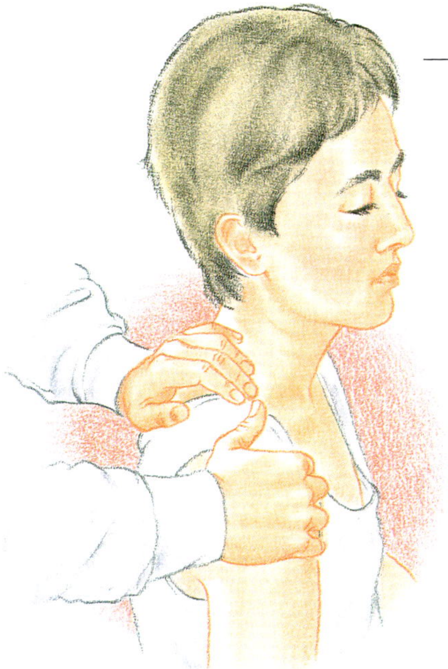

3. Schritt

Massieren Sie die schmerzende Schulter sanft mit kreisendem Drücken und kreisendem Reiben mit beiden Händen. Verwenden Sie Massagealkohol, um die Wirkung dieser Massage zu verstärken (siehe S. 31). Massieren Sie so weiter, bis die behandelte Person an der betroffenen Schulter ein Gefühl der Wärme verspürt.

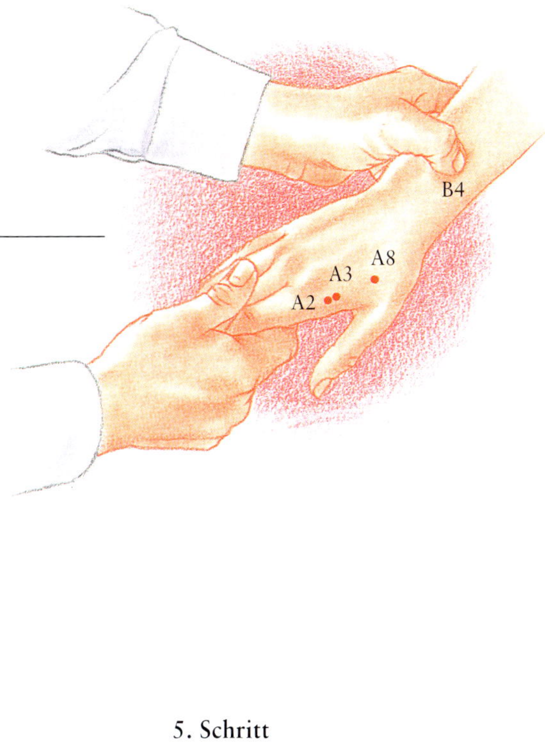

4. Schritt

Drücken Sie die Schmerzlinderungspunkte B4, A2, A3 und A8 der betroffenen Körperseite. Drücken Sie die Punkte der Reihe nach zwei bis drei Minuten mit dem Daumen.

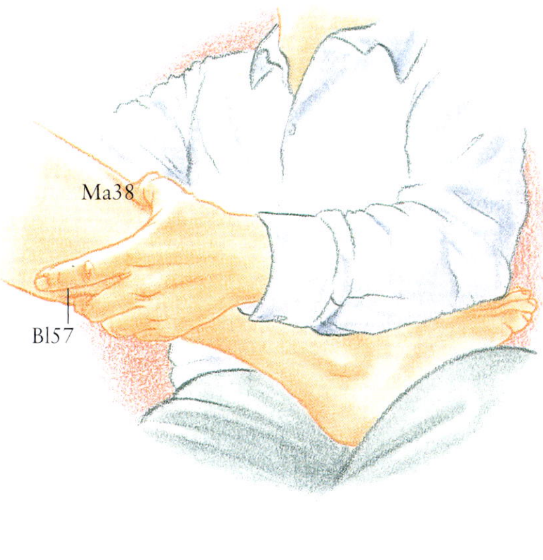

5. Schritt

Kneifen und drücken Sie die Akupunkte Ma38 (*Tiaokou*) und Bl57 (*Chengshan*) am Bein der betroffenen Körperseite. Kneifen Sie die beiden Punkte gleichzeitig 50 bis 100mal.

CHRONISCHE SCHULTERSCHMERZEN

Chronische Schulterschmerzen haben die gleichen Ursachen wie akute Schulterschmerzen (siehe S. 102). Wenden Sie diese Massageschritte an, wenn die Schmerzen bereits drei Monate oder länger andauern. Wenn die Schmerzen nur in einer Schulter bestehen, werden die Akupunkte nur dieser Seite massiert.

1. Schritt

Massieren Sie das Akupunkt-Paar Bl20 (*Fengchi*), die Akupunkte LG16 (*Fengfu*) und LG14 (*Dazhui*) sowie die Akupunkt-Paare Gb21 (*Jiangjing*) und Dü15 (*Jianzhongshu*) mit Drücken, kreisendem Drücken oder Kneifen. Wiederholen Sie dieses Vorgehen an jedem Akupunkt oder Akupunkt-Paar 40 bis 50mal.

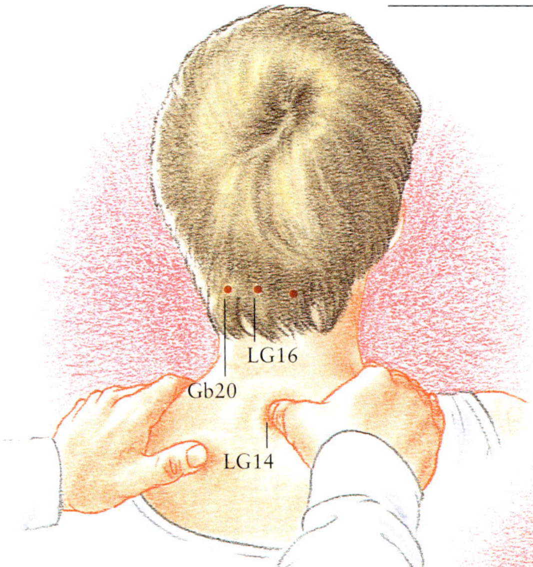

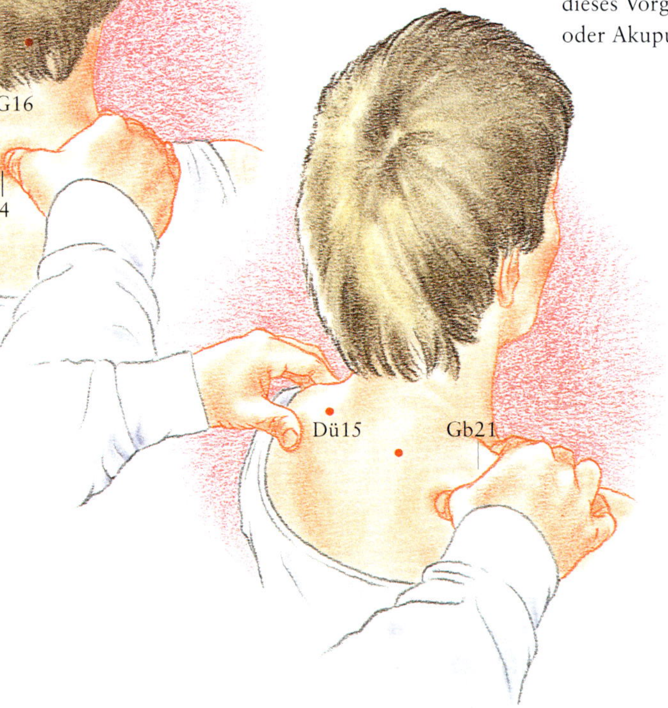

2. Schritt

Führen Sie die Schritte 1 bis 3 für das Öffnen der Meridiane im Armbereich aus (siehe S. 57-58).

3. Schritt

Heben Sie den Arm der schmerzenden Schulter hoch, und kneifen Sie den Akupunkt He1 (Jiquan) 10mal. Drücken Sie dann die Schmerzlinderungspunkte A3 und B4 am gleichen Arm jeweils zwei bis drei Minuten lang.

4. Schritt

Kneifen Sie die Akupunkte Ma38 (*Tiaokou*) und Bl57 (*Chengshan*) am Bein der betroffenen Körperseite. Kneifen Sie beide Punkte gleichzeitig, und wiederholen Sie dieses Vorgehen 50 bis 100mal.

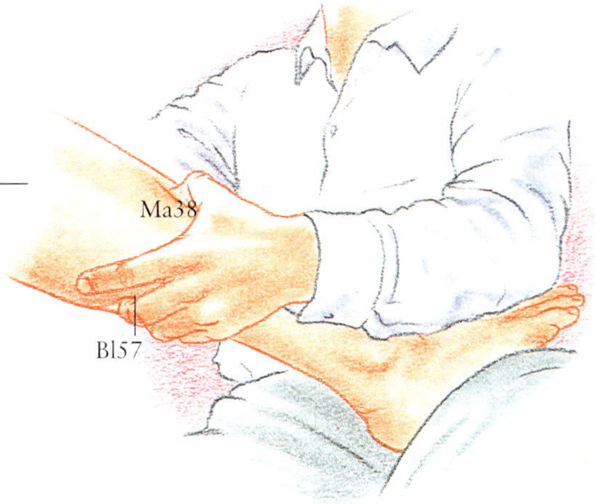

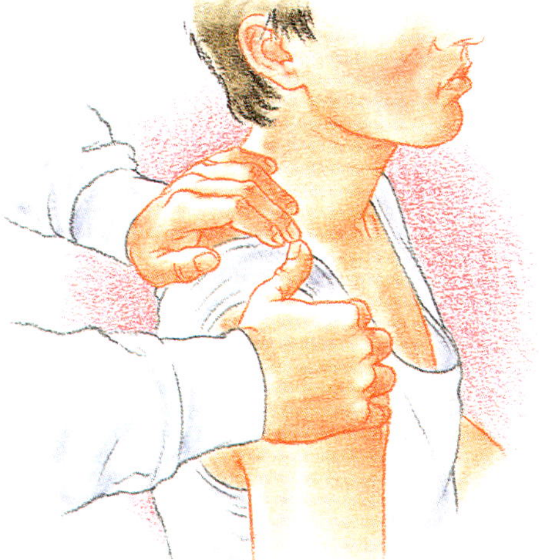

5. Schritt

Massieren Sie die schmerzende Schulter mit Kneifen, kreisendem Drücken und kreisendem Reiben mit beiden Handflächen. Am günstigsten ist es, wenn Sie Massagealkohol verwenden (siehe S. 31), um die Wirkung dieser Massage zu verstärken. Massieren Sie weiter, bis die behandelte Person im Schulterbereich ein Gefühl der Wärme verspürt.

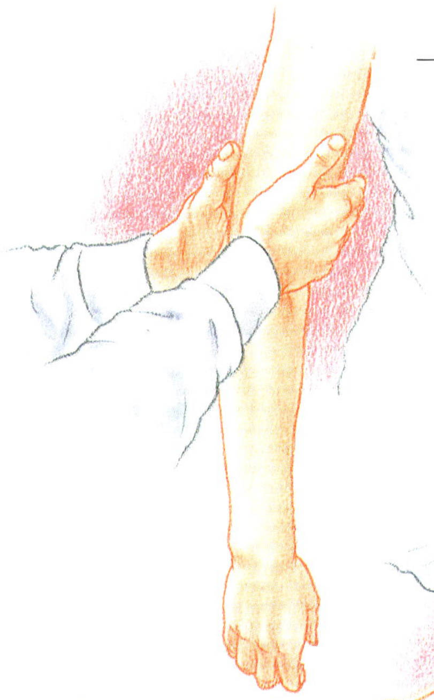

6. Schritt

Halten Sie den Arm der betroffenen Schulter zwischen den Handflächen. Zwirbeln Sie den Arm dann, indem Sie die Handflächen in entgegengesetzter Richtung vor- und zurückbewegen (siehe auch S. 43). Halten Sie den Arm der behandelten Person an Schulter und Handgelenk fest, und schütteln Sie ihn vorsichtig auf und ab (siehe auch S. 44).

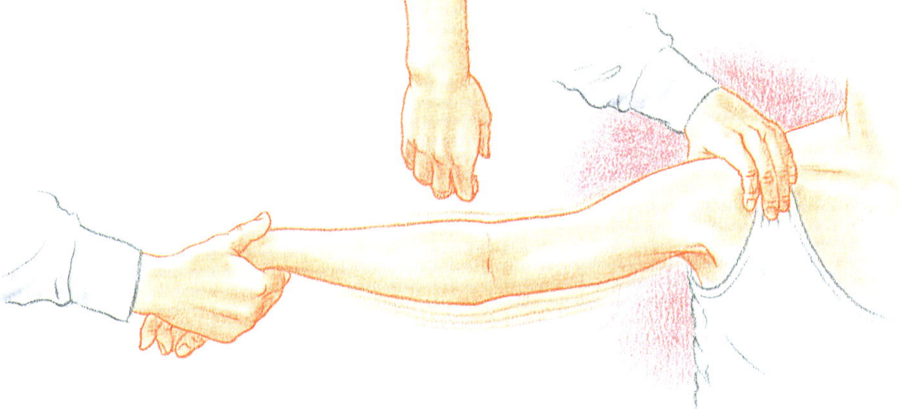

7. Schritt

Halten Sie den betroffenen Arm an Schulter und Handgelenk fest, und lassen Sie ihn 10mal im Uhrzeigersinn kreisen. Vergrößern Sie den Radius allmählich. Lassen Sie dann den Arm 10mal entgegen dem Uhrzeigersinn kreisen. Vergrößern Sie auch hier den Radius allmählich.

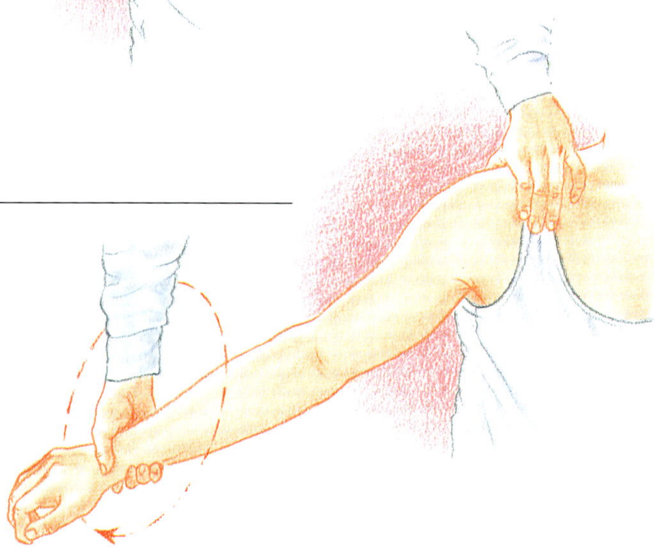

8. Schritt

Kneifen Sie mehrmals das Akupunkt-Paar Gb21 (*Jiangjing*), wie im 1. Schritt gezeigt (siehe S. 104).

SCHMERZEN IM ELLENBOGEN

Der Ellenbogen ist ein flaches Scharniergelenk, das eine Vielzahl von Bewegungen ausführen kann. Es wird durch überlappende Bänder und Sehnen stabilisiert. Schnelle, ruckartige oder kleine, ständig wiederholte Bewegungen können diese stabilisierenden Gewebe schädigen. Die folgenden Massageschritte eignen sich zur Behandlung von Tennisellenbogen, Arthritis, Verstauchungen, Überlastungen, Krämpfen sowie allgemeineren Schmerzen im Ellenbogengelenk.

VORSICHT

STELLEN SIE EIN VERLETZTES GELENK 48 STUNDEN LANG RUHIG, BEVOR SIE ES BEHANDELN, UND HOLEN SIE BEI EINER VERRENKUNG DES ELLENBOGENGELENKS VOR EINER MASSAGE ÄRZTLICHEN RAT EIN.

1. Schritt

Bei dieser Massage kann die behandelte Person eine sitzende Position einnehmen. Drücken Sie den Schmerzdruckpunkt vorsichtig mit der Handfläche. Massieren Sie dann den gesamten schmerzenden Bereich mit kreisendem Drücken.

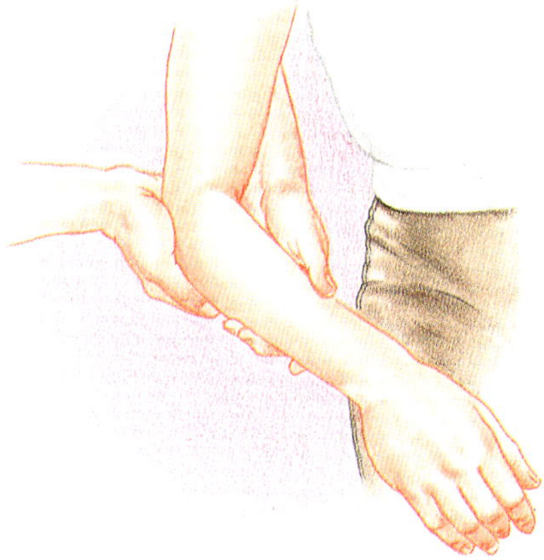

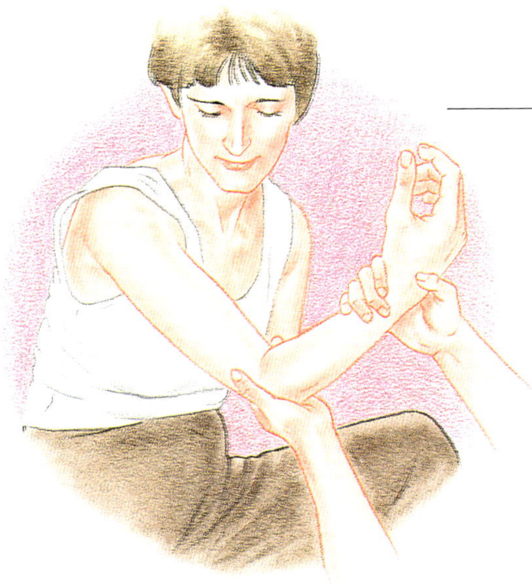

2. Schritt

Halten Sie den Arm der behandelten Person an Handgelenk und Ellenbogen fest, und beugen und strecken Sie den Arm 30mal. Beim Strecken den Arm jedesmal etwas dehnen. Lassen Sie dann den Unterarm im Ellenbogengelenk langsam kreisen (siehe Abbildung links). Lassen Sie ihn 10mal im Uhrzeigersinn und anschließend 10mal gegen den Uhrzeigersinn kreisen.

3. Schritt

Kneifen Sie 20mal den Akupunkt Gb21 (*Jiangjing*) auf der betroffenen Körperseite.

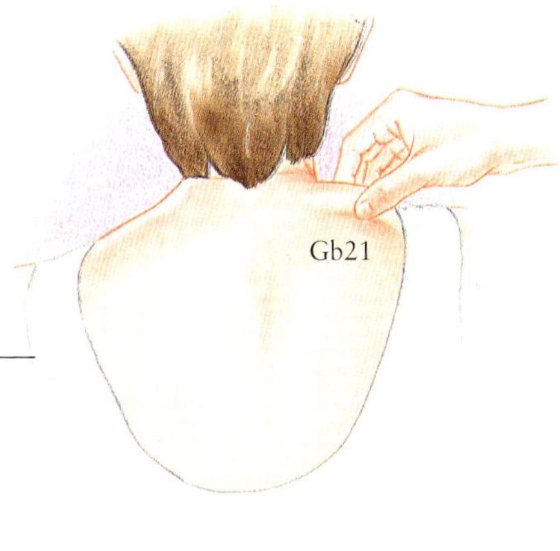

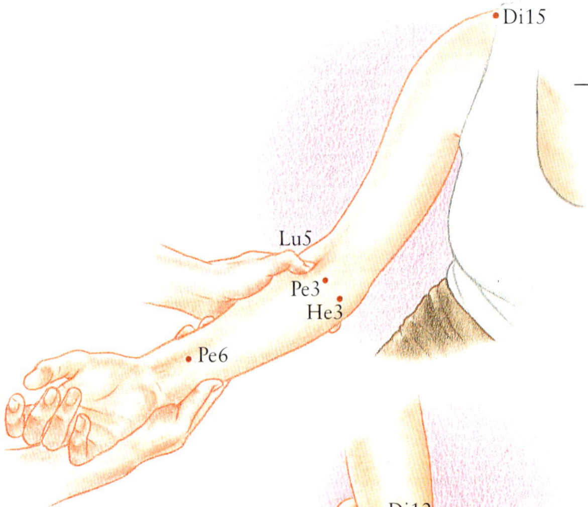

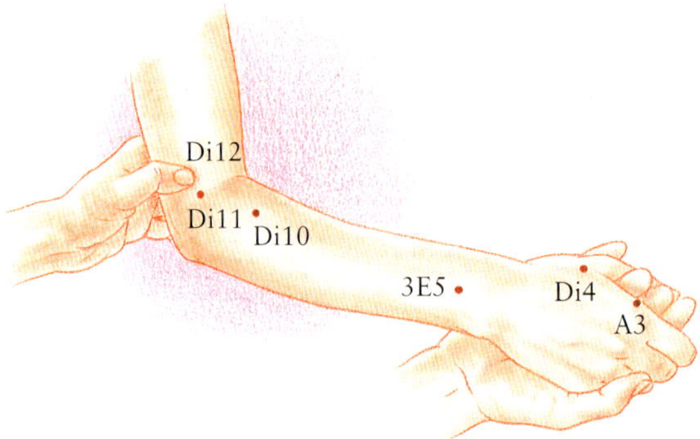

4. Schritt

Drücken Sie die Akupunkte Di15 (*Jianyu*), Pe3 (*Quze*), Di12 (*Zhouliao*), Di11 (*Quchi*), Di10 (*Shousanli*), Di4 (*Hegu*), Pe6 (*Neiguan*), 3E5 (*Waiguan*), Lu5 (*Chize*) und He3 (*Shaohai*) am betroffenen Arm der Reihe nach jeweils ungefähr 30mal mit dem Daumen. Drücken Sie dann drei Minuten lang den Schmerzlinderungspunkt A3 an der betroffenen Hand.

Bemerkung: Bei Arthritis ersetzen Sie den 4. Schritt durch das Öffnen der Meridiane im Rückenbereich (siehe S. 54-6) und im Armbereich (siehe S. 57-60). Drücken Sie dann drei Minuten lang den Schmerzlinderungspunkt A3 am betroffenen Arm.

5. Schritt

Massieren Sie den schmerzenden Ellenbogen mit Schieben und kreisendem Reiben mit der Handfläche. Sie können auch Massagealkohol verwenden (siehe S. 31), um die Wirkung dieser Massage zu verstärken. Massieren Sie den Ellenbogen weiter, bis die behandelte Person dort ein Gefühl der Wärme verspürt.

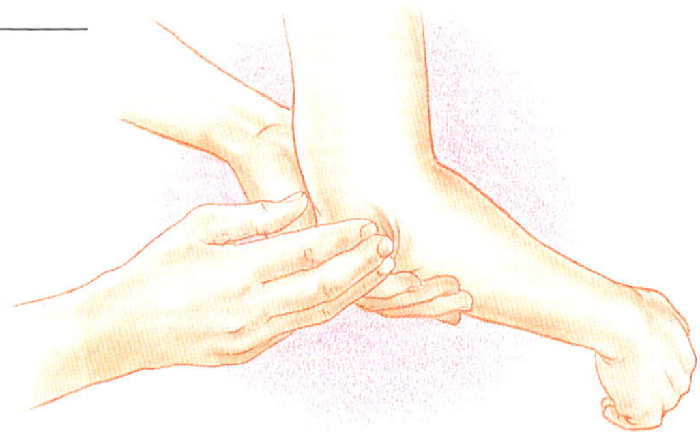

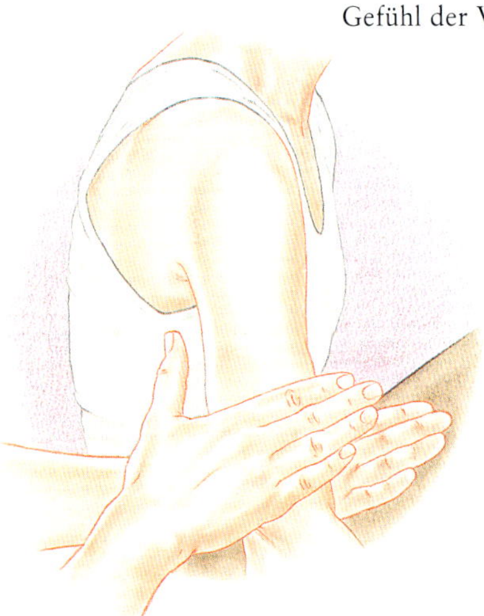

6. Schritt

Halten Sie den schmerzenden Ellenbogen zwischen den Handflächen. Zwirbeln Sie dann den Arm (siehe auch S. 43), indem Sie die Handflächen in entgegengesetzter Richtung vor- und zurückbewegen.

SCHMERZEN IM HANDGELENK

Die Gelenke der Hand bestehen aus einem komplexen System von Zug- und Hebelkräften. Sie sind kräftig und ermöglichen eine Vielzahl unterschiedlicher Bewegungen. Das Handgelenk ist jedoch auch sehr anfällig für Verletzungen, da man beim Sturz automatisch versucht, sich mit der Hand abzufangen. Am Handgelenk kann auch ein sogenannter Schreibkrampf auftreten, das ist ein schmerzhafter Krampf, der durch ständig wiederholte Bewegungen verursacht wird, wie sie zum Beispiel beim Schreiben oder beim Spielen eines Musikinstruments erforderlich sind. Arthritis führt ebenfalls häufig zu Schmerzen und Beschwerden im Handgelenk.

Vorsicht
Stellen Sie ein verletztes Handgelenk vor einer Schmerzlinderungsmassage 48 Stunden lang ruhig.

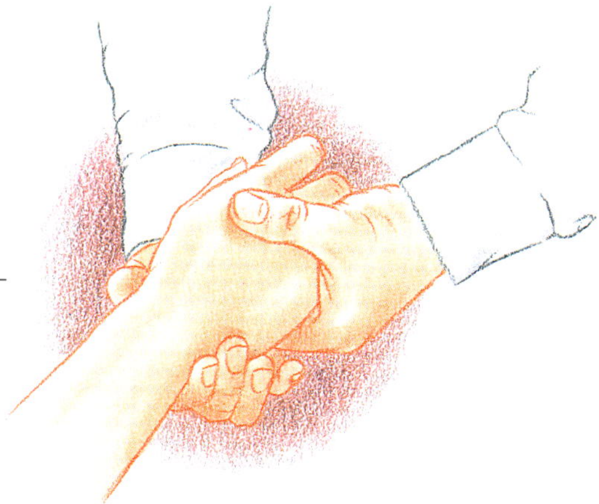

1. Schritt

Drücken und kneifen Sie vorsichtig den Schmerzdruckpunkt. Drücken und kneifen Sie dann den gesamten Bereich des Handgelenks.

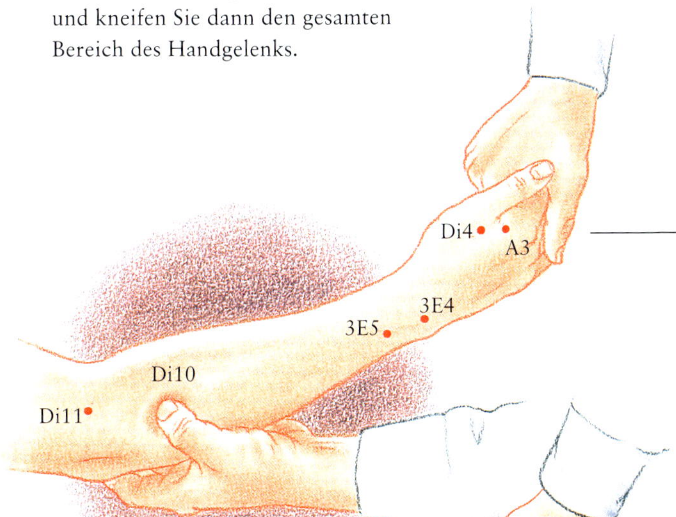

2. Schritt

Drücken Sie die Akupunkte Di11 (*Quchi*), Di10 (*Shousanli*), 3E5 (*Waiguan*), Pe6 (*Neiguan*), 3E4 (*Yangchi*), Pe7 (*Daling*) und Di4 (*Hegu*) am betroffenen Arm mit dem Daumen. Drücken Sie die Punkte der Reihe nach jeweils 30 bis 40mal. Drücken Sie dann drei Minuten lang den Schmerzlinderungspunkt A3.

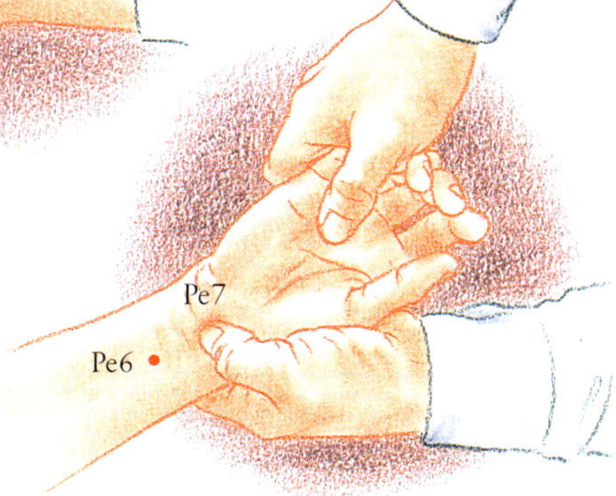

Bemerkung: Bei Fingerschmerzen durch Arthritis ersetzen Sie den 2. Schritt durch die Schrittfolge für das Öffnen der Meridiane im betroffenen Armbereich (siehe S. 57-60) und im Rückenbereich (siehe S. 54-6). Drücken Sie dann drei Minuten lang den Schmerzlinderungspunkt A3 am betroffenen Arm.

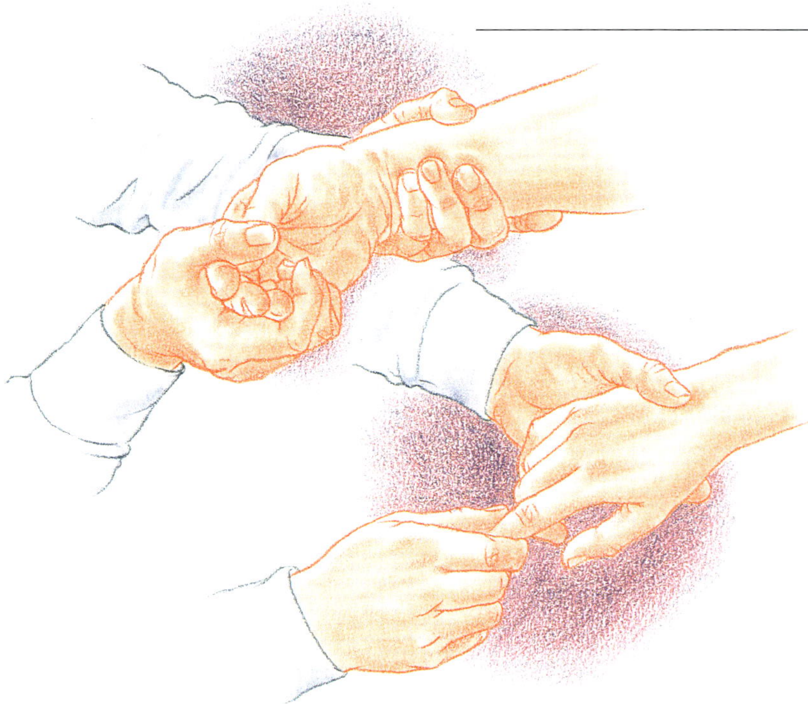

3. Schritt

Halten Sie die schmerzende Hand am Handgelenk, und halten Sie die Finger fest. Lassen Sie dann das Handgelenk 10mal im Uhrzeigersinn und dann 10mal gegen den Uhrzeigersinn kreisen. Halten Sie den Zeigefinger der behandelten Person fest, und ziehen Sie drei- bis fünfmal vorsichtig daran. Wiederholen Sie dieses Vorgehen an jedem Finger der betroffenen Hand.

4. Schritt

Massieren Sie das Handgelenk der behandelten Person mit kreisendem Drücken mit dem Daumen. Massieren Sie dann den Handgelenkbereich mit kreisendem Reiben mit der Handfläche, bis die behandelte Person dort ein Gefühl der Wärme verspürt. Um die Wirkung dieser Massage zu verstärken, können Sie auch Massagealkohol verwenden (siehe S. 31).

SCHMERZEN IN DEN FINGERN

Die Finger sind unser nützlichstes Werkzeug im Alltag und können bei falscher oder übermäßiger Benutzung leicht überlastet werden. Sowohl Sehnenscheidenentzündung in der Hand als auch Arthritis können zu Schmerzen in den Fingern führen. Üben Sie zur Behandlung dieser Beschwerden nur sehr sanften Druck aus.

1. Schritt

Drücken Sie die Akupunkte Di11 (*Quchi*), 3E5 (*Waiguan*), 3E4 (*Yangchi*), Lu10 (*Yuji*), Pe8 (*Laogong*), Di4 (*Hegu*) und Dü3 (*Houxi*) am betroffenen Arm mit dem Daumen. Drücken Sie die Punkte der Reihe nach jeweils 30 bis 40mal.

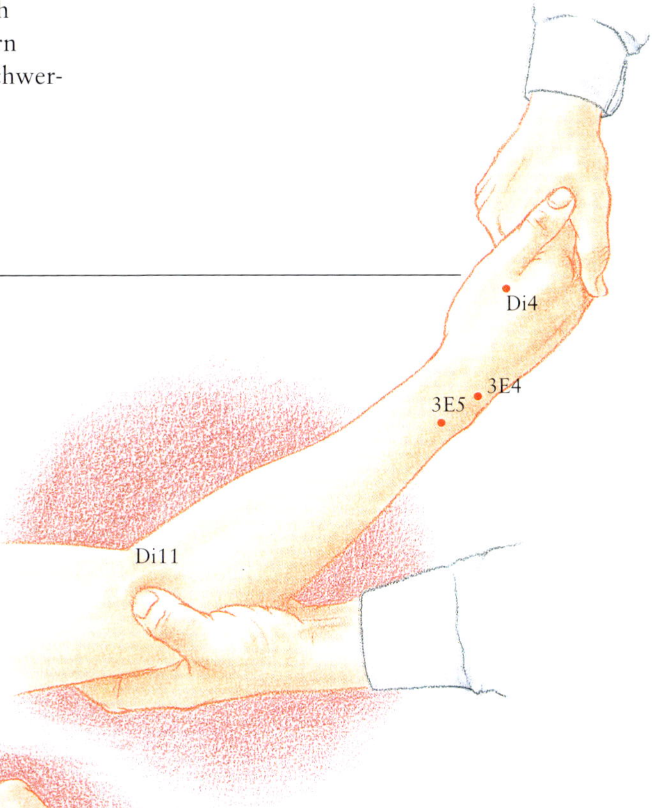

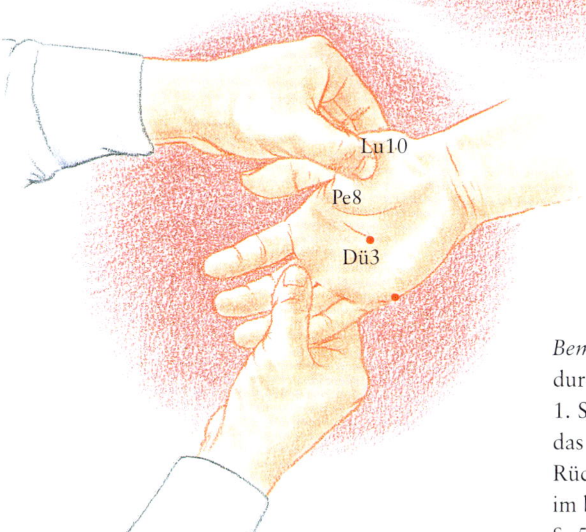

Bemerkung: Bei Fingerschmerzen durch Arthritis ersetzen Sie den 1. Schritt durch die Schrittfolge für das Öffnen der Meridiane im Rückenbereich (siehe S. 54-6) und im betroffenen Armbereich (siehe S. 57-60).

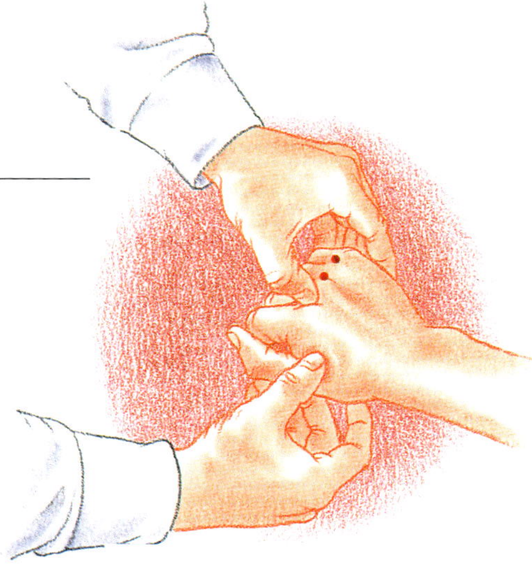

2. Schritt

Drücken Sie mit dem Daumen zwei bis drei Minuten lang die Punkte außerhalb der Meridiane *Baxie* zwischen den Knöcheln. Wenn Sie wollen, können Sie auch zwei Punkte gleichzeitig drücken.

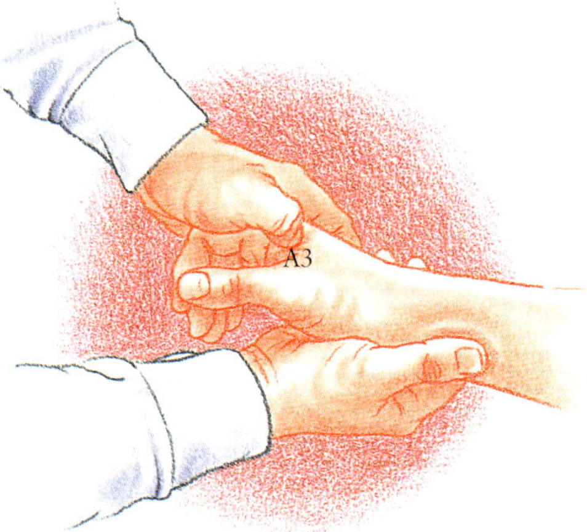

3. Schritt

Üben Sie mit dem Daumen drei Minuten lang Druck auf den Schmerzlinderungspunkt A3 an der betroffenen Hand aus.

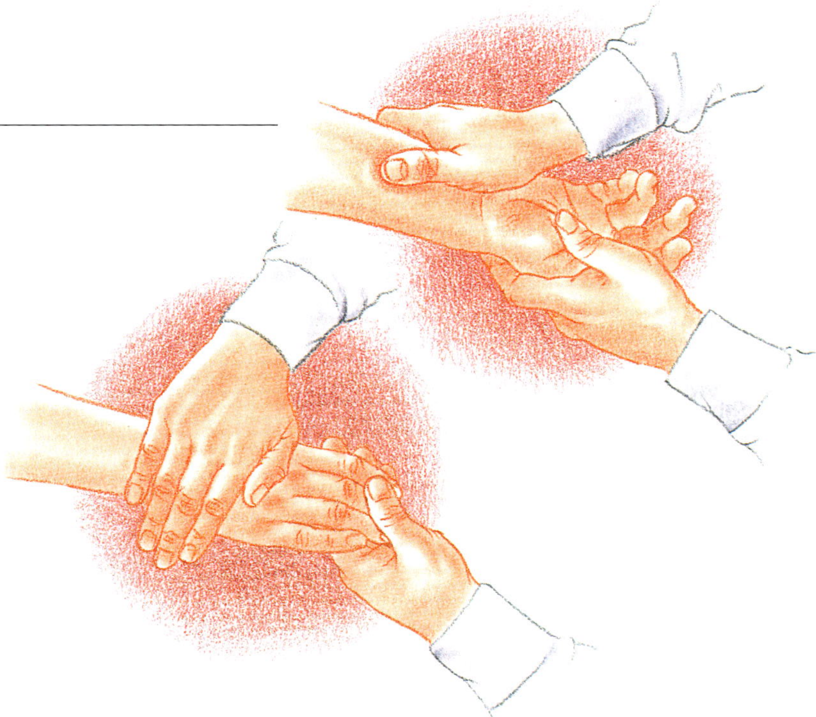

4. Schritt

Kneifen Sie die Muskeln auf beiden Seiten des betroffenen Arms. Massieren Sie dann die Handfläche und den Handrücken der behandelten Person mit kreisendem Reiben mit der Handfläche. Um die Wirkung dieser Massage zu verstärken, können Sie Massagealkohol verwenden (siehe S. 31). Massieren Sie die Hand weiter, bis die behandelte Person dort ein Gefühl der Wärme verspürt.

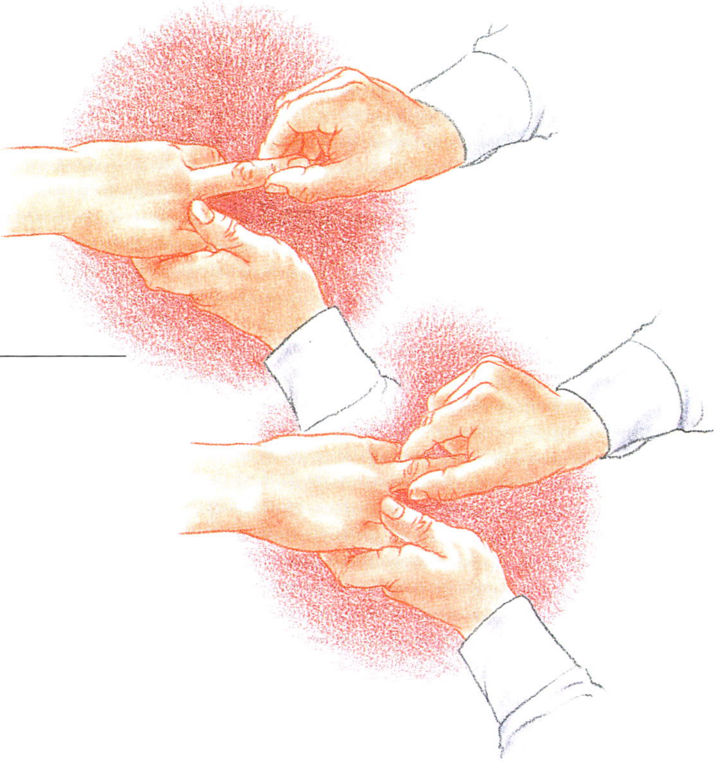

5. Schritt

Halten Sie einen Finger der behandelten Person vorsichtig fest, und massieren Sie schiebend von der Fingerspitze aus mehrmals den Finger nach oben. Wiederholen Sie dieses Vorgehen an jedem Finger der betroffenen Hand.

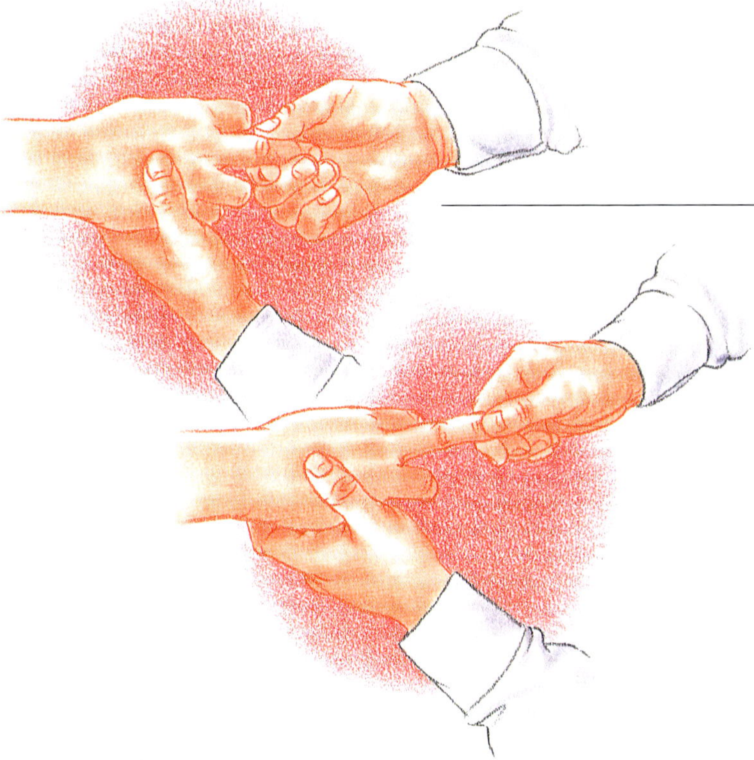

6. Schritt

Zwicken und ziehen Sie mehrmals sanft an jedem Finger.

SCHMERZEN IM KNIE

Da das Knie einen großen Teil des Körpergewichts tragen muß, ist es einer großen Belastung ausgesetzt. Wenden Sie die Schmerzlinderungsmassage zur Behandlung verletzter oder überlasteter Knie und zur Linderung bei müden und schmerzenden Knien an. Diese Massage lindert auch Schmerzen, die durch Arthritis verursacht werden.

VORSICHT
STELLEN SIE EIN VERLETZTES KNIE VOR EINER SCHMERZLINDERUNGSMASSAGE 48 STUNDEN LANG RUHIG.

1. Schritt

Massieren Sie das Knie und die umgebende Muskulatur mit kreisendem Drücken und Reiben. Massieren Sie ziemlich energisch, achten Sie jedoch immer darauf, daß es für die behandelte Person angenehm bleibt.

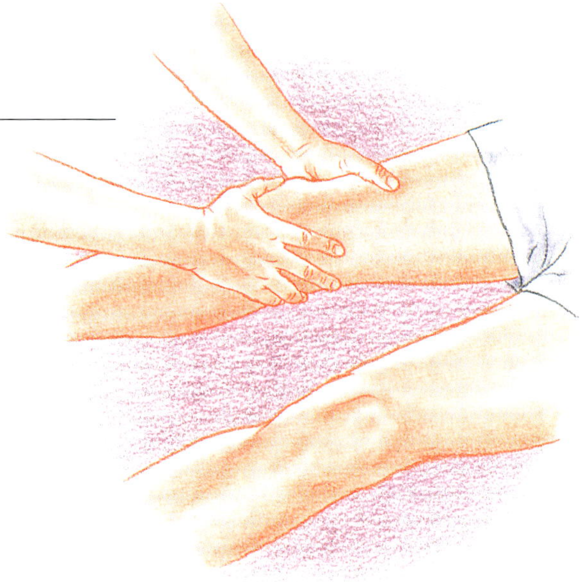

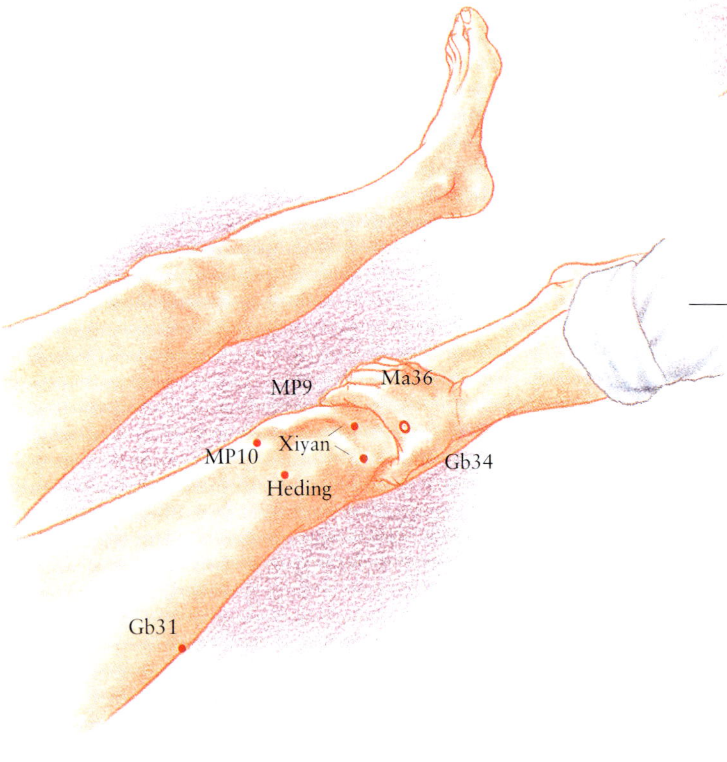

2. Schritt

Drücken Sie den Akupunkt Gb31 (*Fengshi*), den Punkt außerhalb der Meridiane *Heding* und die Akupunkte MP10 (*Xuehai*) und Ma36 (*Zusanli*) am betroffenen Bein. Drücken Sie die Punkte der Reihe nach 30 bis 40mal mit dem Daumen. Drücken Sie dann am betroffenen Bein folgende Akupunkte gleichzeitig: die Punkte außerhalb der Meridiane *Xiyan*, MP9 (*Yinlingquan*) und Gb34 (*Yanglingquan*). Wiederholen Sie dieses Vorgehen 30 bis 40mal.

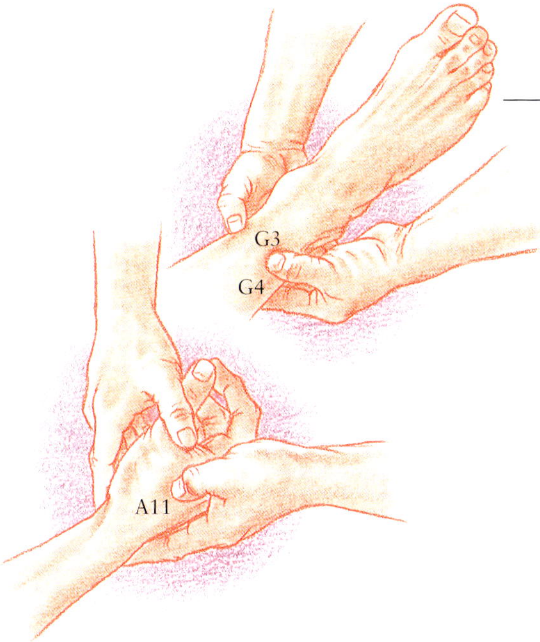

3. Schritt

Drücken Sie zwei bis drei Minuten lang gleichzeitig die Schmerzlinderungspunkte G3 und G4 am betroffenen Bein. Drücken Sie dann zwei bis drei Minuten lang den Schmerzlinderungspunkt A11 auf der betroffenen Seite.

4. Schritt

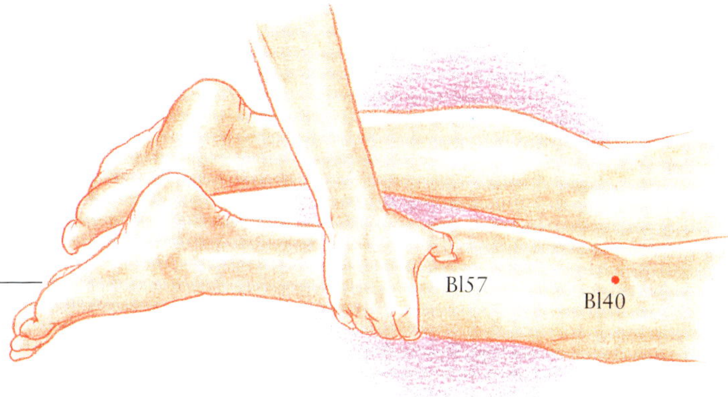

Drücken Sie den Akupunkt Bl40 (*Weizhong*) und dann Bl57 (*Chengshan*) am betroffenen Bein. Üben Sie Druck mit dem Daumen aus, und drücken Sie jeden Punkt 30 bis 40mal.

Bemerkung: Wenn die Schmerzen im Knie durch Arthritis verursacht werden, ersetzen Sie den 2. und 4. Schritt durch die Schrittfolge für das Öffnen der Meridiane im Rückenbereich (siehe S. 54-6) und im betroffenen Beinbereich (siehe S. 61-3). Nehmen Sie die Punkte außerhalb der Meridiane *Heding* und *Xiyan* als Hauptpunkte, und drücken Sie diese etwas häufiger als die anderen Punkte dieser Übung, also je etwa 40 bis 50mal.

5. Schritt

Drücken Sie mit dem Daumen den Schmerzdruckpunkt des Knies, und halten Sie den Druck. Halten Sie gleichzeitig das Bein am Knöchel fest, und beugen und strecken Sie das Kniegelenk. Wiederholen Sie dieses Vorgehen 20mal.

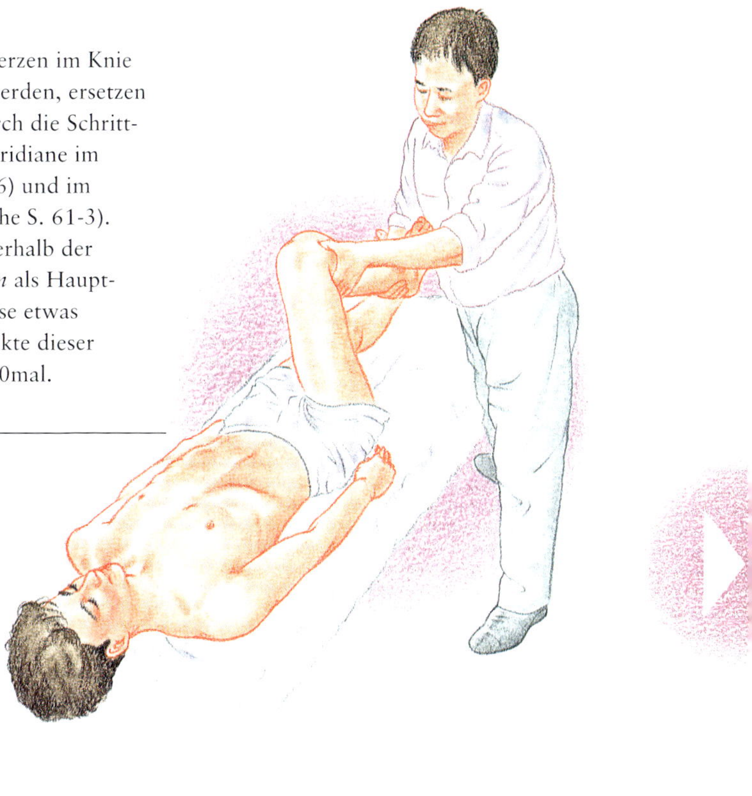

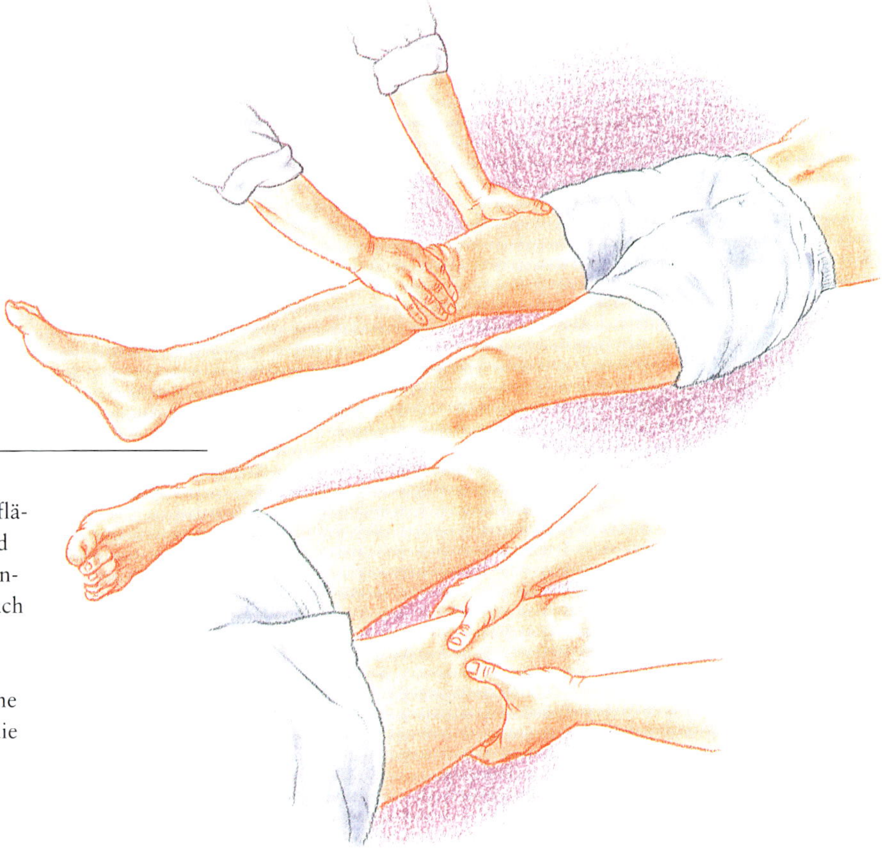

6. Schritt

Massieren Sie mit energischem kreisendem Reiben mit der Handfläche das schmerzende Knie auf und ab. Massieren Sie dann mit kreisendem Drücken die Beinmuskeln nach unten. Verwenden Sie am Knie Massagealkohol, um die Wirkung dieser Massage zu verstärken (siehe S. 31). Massieren Sie weiter, bis die behandelte Person im Knie ein Gefühl der Wärme verspürt.

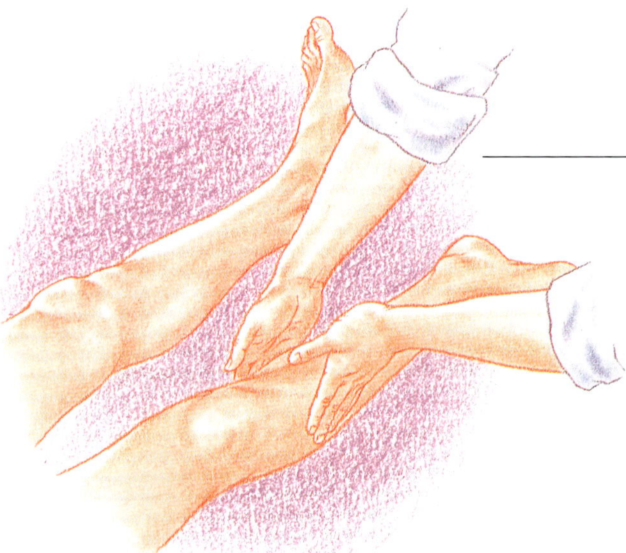

7. Schritt

Halten Sie das betroffene Knie der behandelten Person zwischen den Handflächen. Zwirbeln Sie das Knie ungefähr eine Minute lang, indem Sie die Handflächen in entgegengesetzter Richtung vor- und zurückbewegen (siehe auch S. 43).

SCHMERZEN IM KNÖCHEL

Der Knöchel ist ein sehr kräftiges Gelenk, dessen knöcherne Bestandteile durch starke Bänder zusammengehalten werden. Er ist darauf ausgelegt, das ganze Körpergewicht zu tragen. Dieses Gelenk kann jedoch leicht verdreht werden, was häufig zu einer Verstauchung oder einer Verletzung der Bänder führt. Ein verstauchter Knöchel ist geschwollen und schmerzhaft. Arthritis kann ebenfalls zu Schmerzen im Knöchel führen.

VORSICHT
STELLEN SIE EINEN VERLETZTEN KNÖCHEL VOR EINER SCHMERZLINDERUNGSMASSAGE 48 STUNDEN LANG RUHIG.

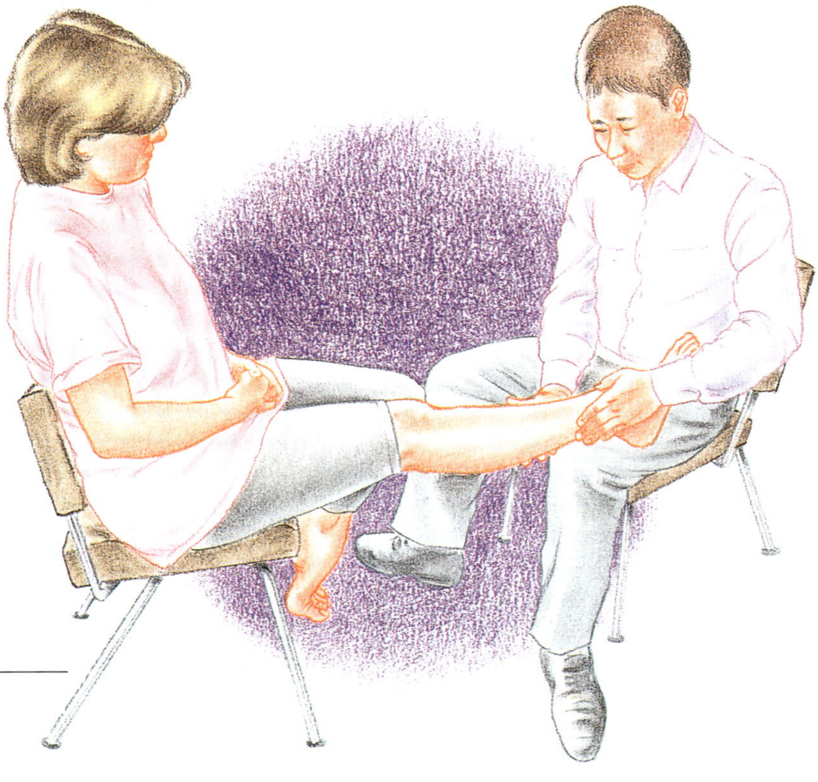

1. Schritt

Bei dieser Massage kann die behandelte Person auf einem Stuhl sitzen und dabei den schmerzenden Knöchel auf Ihrem Knie ablegen. Massieren Sie den Knöchel mit den Handflächen in zentripetaler Richtung schiebend, also nach oben zum Herzen hin (siehe S. 29).

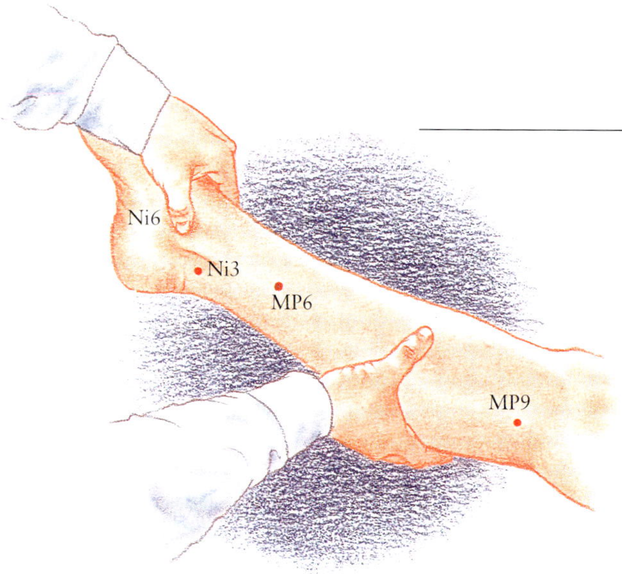

2. Schritt

Drücken Sie mit dem Daumen die Akupunkte MP9 (*Yinlingquan*), MP6 (*Sanyinjiao*), Ni6 (*Zhaohai*) und Ni3 (*Taixi*) am betroffenen Bein. Drücken Sie die Punkte der Reihe nach jeweils 30 bis 40mal.

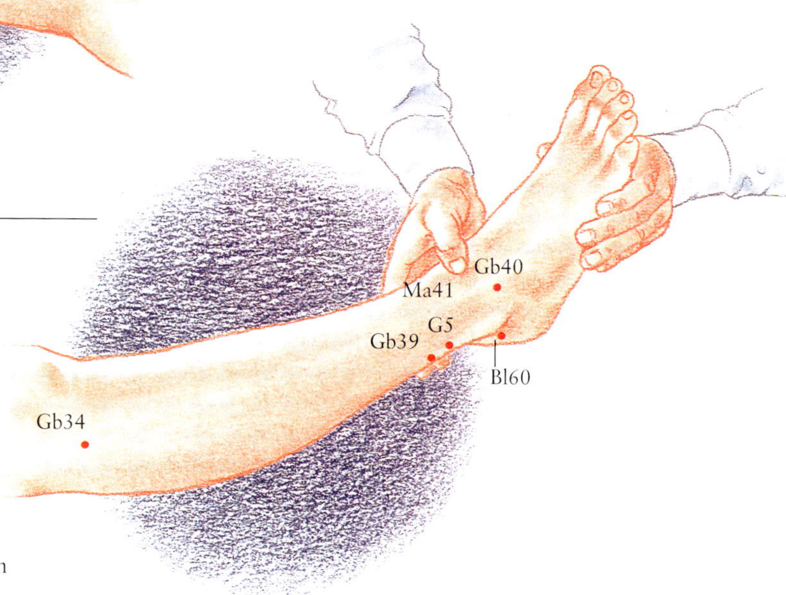

3. Schritt

Drücken Sie mit dem Daumen die Akupunkte Gb34 (*Yanglingquan*), Gb39 (*Xuanzhong*), Ma41 (*Jiexi*), Gb40 (*Qiuxu*) und Bl60 (*Kunlun*) am betroffenen Bein. Drücken Sie die Punkte nacheinander jeweils 30 bis 40mal. Drücken Sie dann ungefähr zwei Minuten lang den Schmerzlinderungspunkt G5.

Bemerkung: Wenn die Schmerzen im Knöchel durch Arthritis verursacht werden, ersetzen Sie den 2. Schritt durch die Schrittfolge für das Öffnen der Meridiane im Rückenbereich (siehe S. 54-56) und den 3. Schritt durch die Schrittfolge für das Öffnen der Meridiane im betroffenen Beinbereich (siehe S. 61-63). Drücken Sie dann den Schmerzlinderungspunkt G5 zwei Minuten lang mit dem Daumen.

4. Schritt

Drücken Sie drei Minuten lang mit dem Daumen den Schmerzlinderungspunkt A12 auf der betroffenen Körperseite.

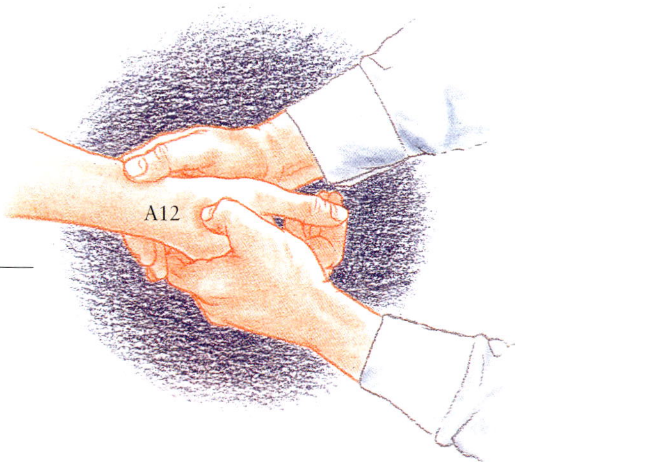

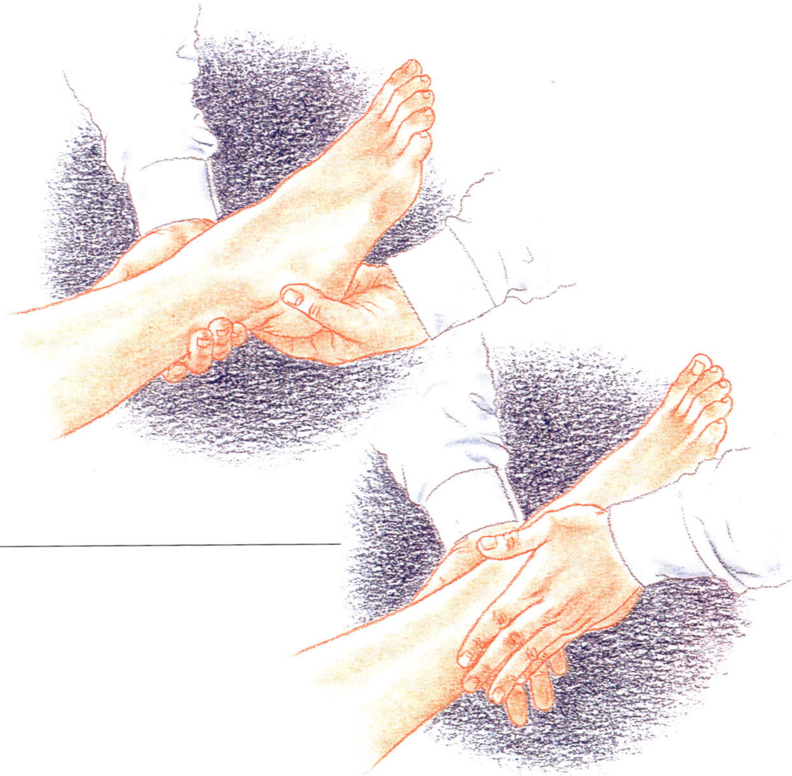

5. Schritt

Drücken Sie den Schmerzdruckpunkt, und massieren Sie dann den Knöchelbereich mit Schieben und kreisendem Drücken, bis die behandelte Person dort ein Gefühl der Wärme verspürt.
Am günstigsten ist es, wenn Sie Massagealkohol verwenden, um die Wirkung dieser Massage zu verstärken (siehe S. 31).

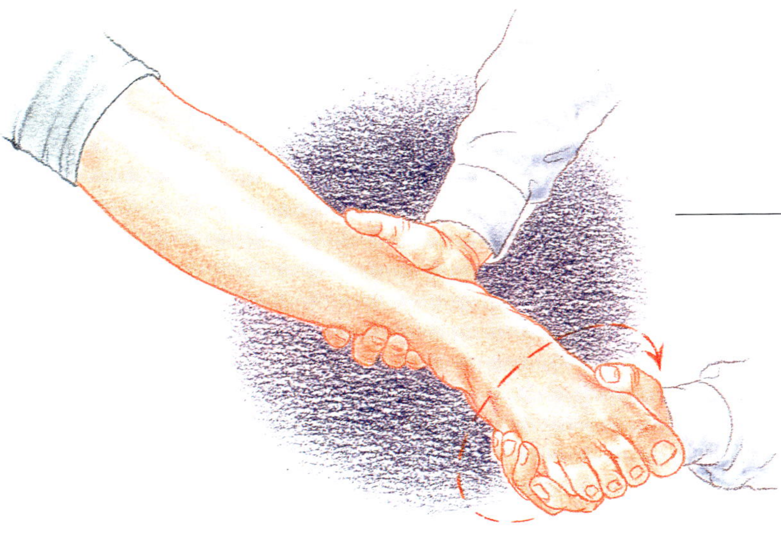

6. Schritt

Lassen Sie das Knöchelgelenk vorsichtig 10mal im Uhrzeigersinn kreisen. Wiederholen Sie dieses Vorgehen entgegen dem Uhrzeigersinn. Beugen und strecken Sie den Knöchel dann 10mal.

SCHMERZEN IN DER FERSE

Schmerzen im Fersenbereich treten im mittleren und höheren Lebensalter häufig auf. Sie werden oft durch eine Atrophie des Fettpolsters unter dem Fersenbein verursacht. Auch übergewichtige Personen können häufig unter diesen Beschwerden leiden.

Eine Schmerzlinderungsmassage kann hier helfen. Um die Wirkung dieser Massage zu verstärken, sollte die behandelte Person den betroffenen Fuß jeden Abend 20 Minuten lang in heißem Wasser baden.

1. Schritt

Bei dieser Massage sollte die behandelte Person auf dem Rücken liegen. Halten Sie den Knöchel fest, und heben Sie das Bein leicht an. Drücken und kneifen Sie dann den Schmerzdruckpunkt.

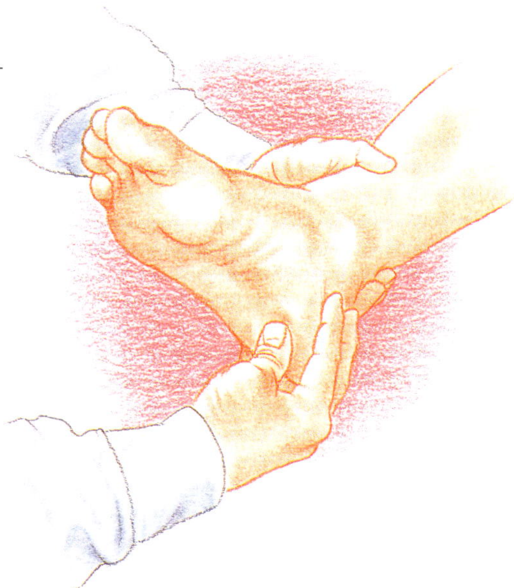

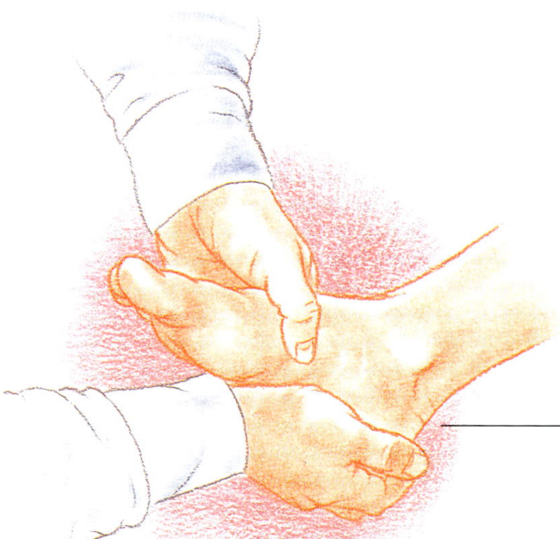

2. Schritt

Schieben Sie dann mit der Handfläche das Gewebe der Fußsohle langsam von den Zehen in Richtung Ferse. Üben Sie etwas Druck aus, und wiederholen Sie das Vorgehen 30mal.

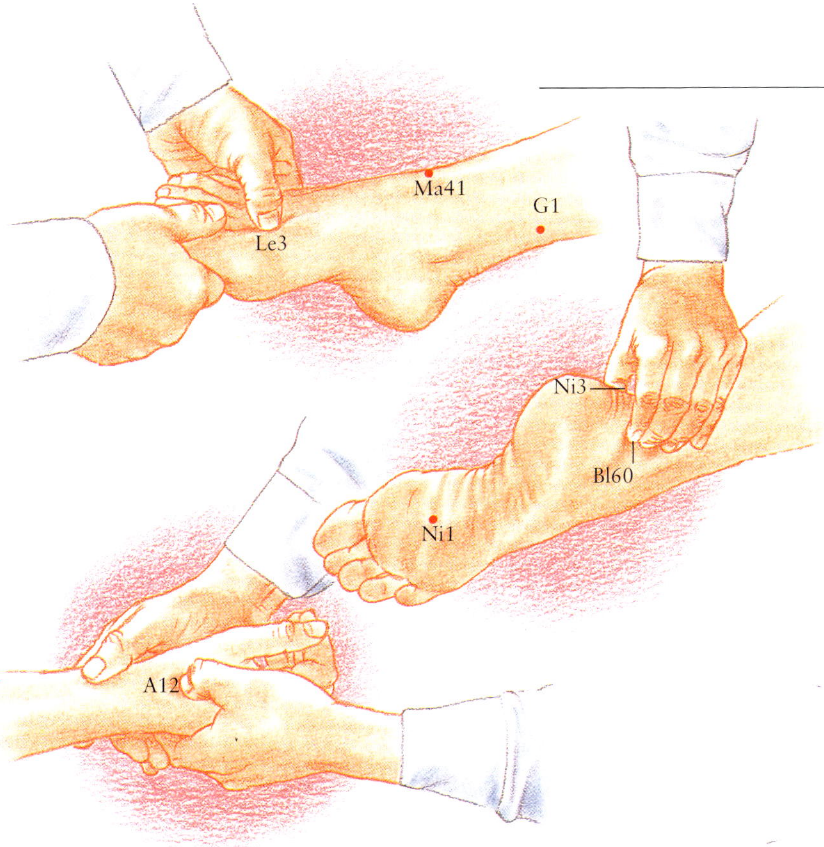

3. Schritt

Drücken Sie die Akupunkte Ma41 (*Jiexi*), Ni3 (*Taixi*), Bl60 (*Kunlun*), Le3 (*Taichong*) und Ni1 (*Yongquan*) am betroffenen Bein mit dem Daumen. Drücken Sie jeden Punkt 30 bis 40mal. Wenn Sie wollen, können Sie die Punkte Ni3 und Bl60 auch gleichzeitig drücken. Drücken Sie dann die Schmerzlinderungspunkte G1 und A12 nacheinander jeweils zwei Minuten lang.

4. Schritt

Kneifen Sie den gesamten Fersenbereich 20mal.

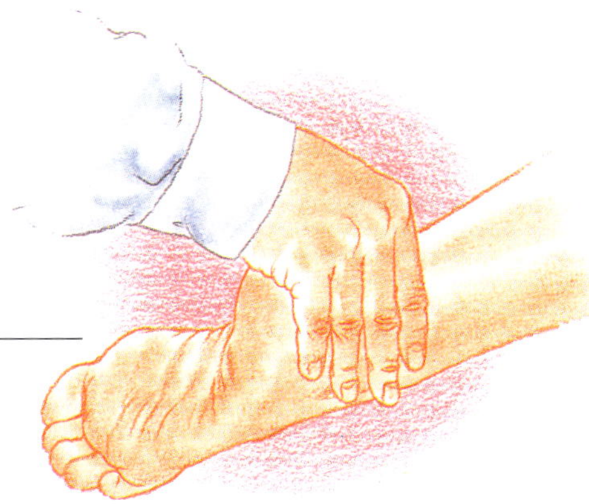

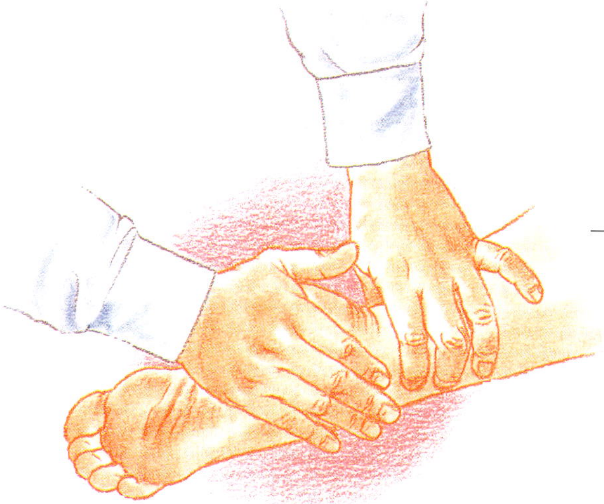

5. Schritt

Reiben Sie die Fußsohle und Ferse mit der Handfläche auf und ab. Wiederholen Sie dies ungefähr 50mal.

ANHANG

DIE MERIDIANE

JEDER MERIDIAN ZIEHT SICH AUF EINER EIGENEN BAHN DURCH DEN KÖRPER. DIE ABBILDUNGEN ZEIGEN DEN VERLAUF JEDES MERIDIANS AN DER KÖRPEROBERFLÄCHE. IN DEN DAZUGEHÖRIGEN BESCHREIBUNGEN WERDEN DARÜBER HINAUS EINZELHEITEN ÜBER DEN VERLAUF IM KÖRPERINNERN ERLÄUTERT. AUßERDEM WIRD AN DIESER STELLE AUF DIE TYPISCHEN SYMPTOME VON FUNKTIONSSTÖRUNGEN DER MERIDIANE NÄHER EINGEGANGEN (SIEHE S.8-13).

Der Lungen-Meridian – Hand-Taiyin

Ausgehend vom mittleren Drei-Erwärmer (siehe S. 9), führt er nach unten zum Dickdarm, dem entsprechenden Yangorgan, und von dort zum Magen und zu den Lungen. Danach verläuft er an der Achselhöhle vorbei und tritt auf der Vorderseite der Schulter erstmals an die Oberfläche. Anschließend zieht sich der Lungen-Meridian über den Innenarm, die Speiche entlang, bis zur medialen Seite des Daumennagels. Auf dem Lungen-Meridian liegen elf Akupunkte.

Symptome dieses Meridians: Durst, Husten oder Bluthusten, Beklemmungsgefühle und Druck auf der Brust, Atembeschwerden, Unwohlsein, häufiges Wasserlassen und dunkler Harn, Schmerzen im Schlüsselbein- sowie im Schulter- und oberen Rückenbereich, fiebrig schwitzende Handflächen und lokale Symptome im Verlauf des Meridians.

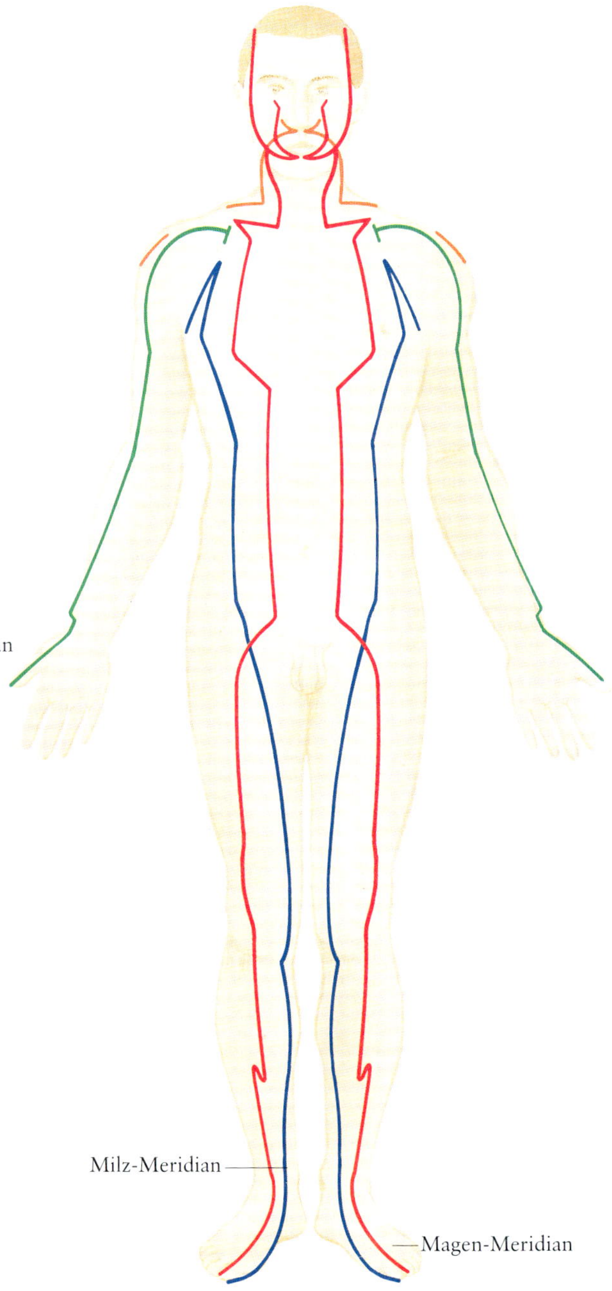

Der Dickdarm-Meridian – Hand-Yangming

Der Dickdarm-Meridian beginnt an der Spitze des Zeigefingers und verläuft über den Handrücken und den äußeren Vorderarm entlang, bis zur Schulter und zum 7. Halswirbel. Anschließend beschreibt er eine Kurve durch die Vertiefung hinter dem Schlüsselbein und führt dann im Körperinnern nach unten zu den Lungen und seinem eigenen Organ, dem Dickdarm. Ein Seitenast steigt von der Schulter zum Hals und zur Oberlippe hoch und endet neben dem Nasenflügel. Auf dem Dickdarm-Meridian liegen 20 Akupunkte.

Krankheitssymptome dieses Meridians: Durchfall, Verstopfung, Zahnschmerzen, trockener Mund, Nasenbluten, Hals- und Nackenschmerzen sowie andere lokale Symptome auf dem Meridian.

Der Magen-Meridian – Fuß-Yangming

Von seinem Ausgangspunkt bei den Nasenflügeln öffnet sich der Magen-Meridian in U-Form zum einen zum Nasenrücken hin und zum anderen über die Wangen zur Stirn. Vom Kiefer aus verläuft der Meridian dann dem Hals entlang zum Schlüsselbeinbereich, wo er sich teilt. Ein Seitenast sinkt ins Körperinnere ab und führt zum Magen und zur Milz hin. Der andere Seitenast verläuft über den Bauch in den Schambereich, wo er am Akupunkt Ma30 (*Qichong*) auf einen zweiten, innen verlaufenden Seitenast trifft. Anschließend zieht der Magenmeridian über die Vorderseite des Beins bis in die Spitze der zweiten Zehe. Auf dem Magen-Meridian liegen 45 Akupunkte.

Krankheitssymptome dieses Meridians: Magenschmerzen, Blähungen, Erbrechen, Durst, Halsschmerzen, Nasenbluten, Herzklopfen, Nackenschwellungen, Fieber und örtliche Schmerzen entlang dem Verlauf des Meridians.

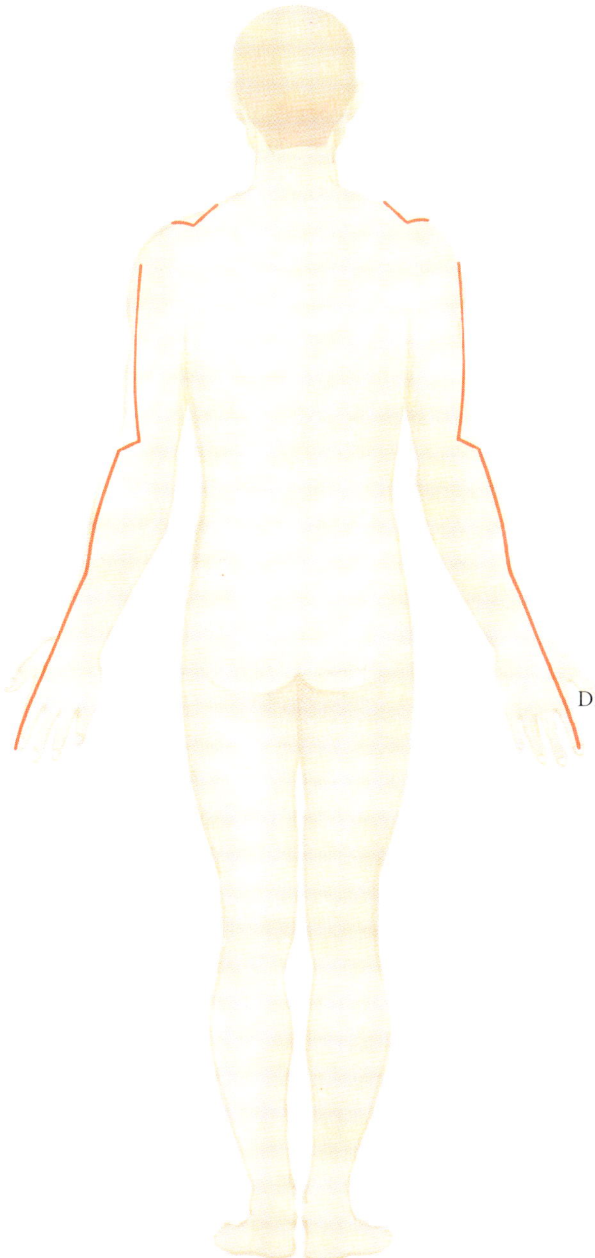

Dickdarm-Meridian

Der Milz-Pankreas-Meridian – Fuß-Taiyin

Der Milz-Pankreas-Meridian beginnt an der Spitze der Großzehe und steigt an der Innenseite des Beins nach oben. Danach tritt er in die Bauchhöhle ein und erreicht die Milz und den Magen, wo er sich teilt. Der im Körperinnern verlaufende Seitenast führt zum Herzen hin, während der Hauptast über den Bauch zur Zunge emporzieht. Auf dem Milz-Meridian liegen 21 Akupunkte.

Krankheitssymptome dieses Meridians: Magenschmerzen, Verdauungsstörungen, Erbrechen, aufgeblähter Bauch, Appetitlosigkeit, schmerzhafte Zungenstarre, Gelbsucht, allgemeines Erschöpfungsgefühl und bleierne Schwere des Körpers.

Der Herz-Meridian – Hand-Shaoyin

Dieser Meridian beginnt bei seinem eigenen Organ, dem Herzen, und fällt im Körperinnern zum Dünndarm ab, seinem Yang-Organ. Ein Seitenast steigt vom Herzen auf und bildet ein Netz um die Augen. Ein anderer Seitenast führt durch die Lunge und tritt bei der Achselhöhle an die Körperoberfläche. Danach verläuft er über den Innenarm der Elle entlang bis zur Spitze des kleinen Fingers. Auf dem Herz-Meridian liegen neun Akupunkte.

Krankheitssymptome dieses Meridians: Herzschmerzen, Brustschmerzen, Durst, trockener Hals, Gelbfärbung der Augen, fiebrig schwitzende Handflächen und örtliche Symptome entlang dem Verlauf des Meridians.

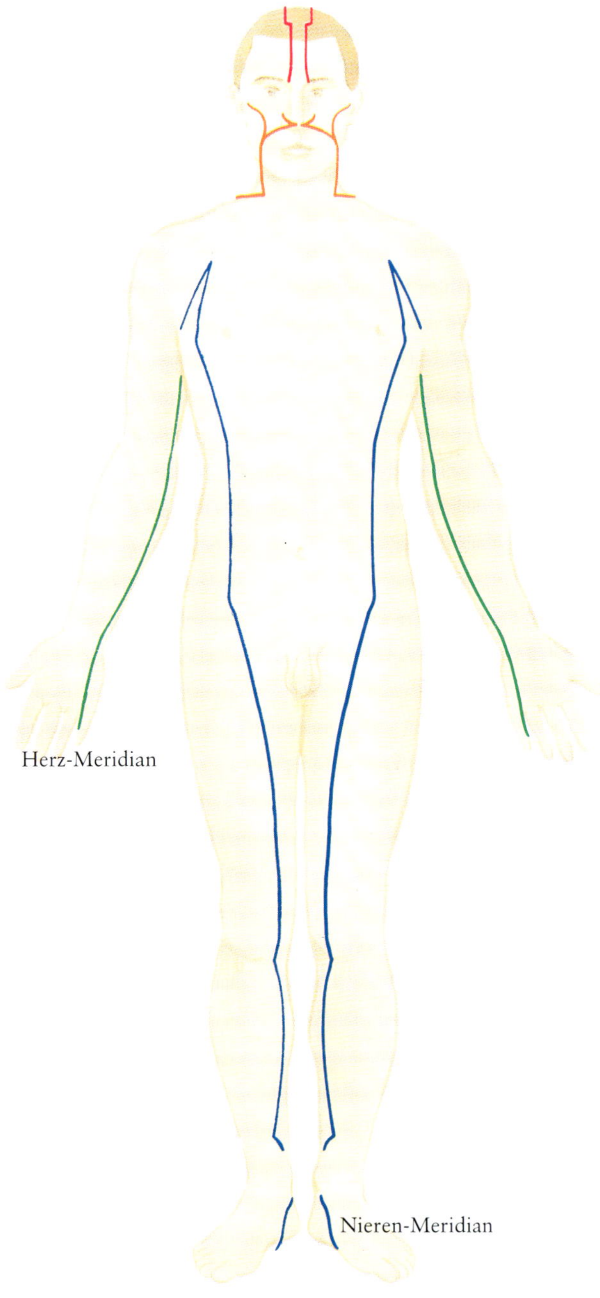

Der Dünndarm-Meridian – Hand-Taiyang

Dieser Meridian beginnt an der Spitze des kleinen Fingers und verläuft über den Innenarm, der Elle entlang, zur Schulter und dem 7. Halswirbel. Im Schlüsselbeinbereich verzweigt er sich. Ein innen verlaufender Seitenast führt zum Herzen, Magen und schließlich zu seinem eigenen Organ, dem Dünndarm, hin. Vom Schlüsselbein aus steigt ein anderer Seitenast seitlich über den Hals zur Wange hoch, wo er sich abermals verzweigt – ein Seitenast zieht sich über den äußeren Augenwinkel zum Ohr hin, während der andere Seitenast zum inneren Augenwinkel führt. Auf dem Dickdarm-Meridian liegen 19 Akupunkte.

Krankheitssymptome dieses Meridians: Hörstörungen, Gelbfärbung der Augen, Schwellungen des Kiefers und der Backen, und andere örtlich auftretende Symptome, wie Schmerzen im Kiefer-, Nacken-, Schulter-, Ellenbogen- und Armbereich.

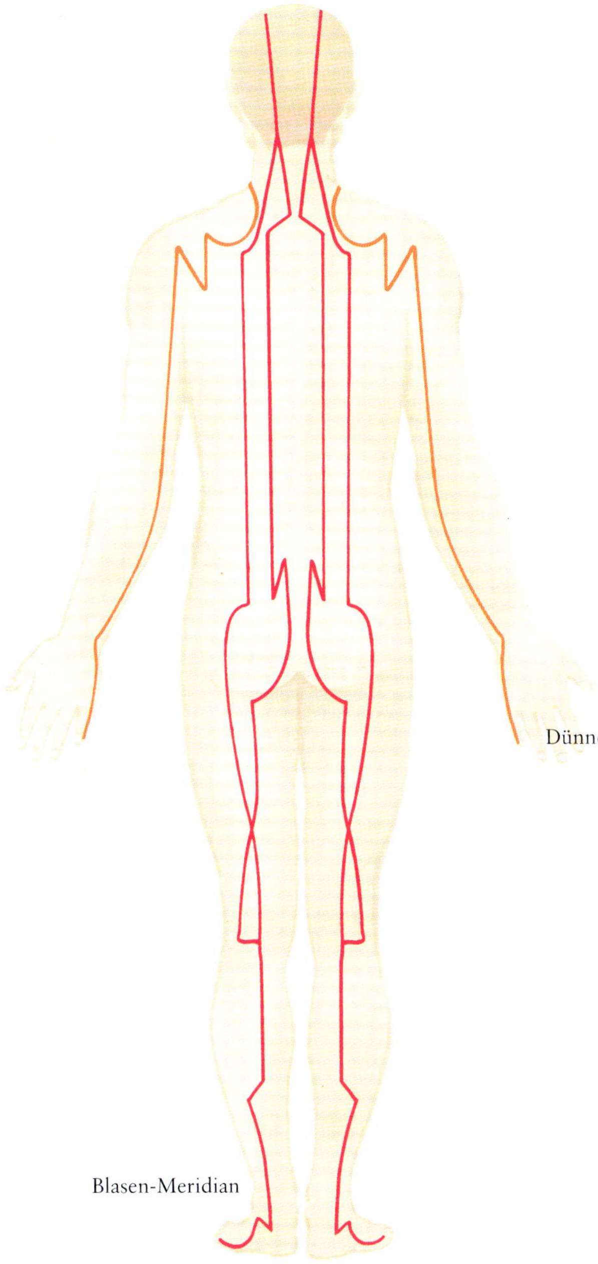

Der Blasen-Meridian – Fuß-Taiyang

Der Blasenmeridian steigt vom inneren Augenwinkel über die Stirn zum Scheitel, wo er sich verzweigt. Ein Seitenast führt zum Ohr hin; der zweite Seitenast zieht direkt zum Hinterhauptbein hinunter, wo er in den Schädel eintritt und sich mit dem Gehirn verbindet. Nach Passieren des Nackens verläuft er parallel zur Wirbelsäule bis in den Lendenbereich. Am Akupunkt Bl23 (*Shensu*) tritt er in den Körper ein, um zur Blase und den Nieren zu gelangen. Ein dritter Seitenast führt vom Lendenbereich bis in die Kniekehle, und ein vierter Seitenast zweigt bereits im Nackenbereich von dem Hauptmeridian ab, verläuft ebenfalls parallel zur Wirbelsäule (die zweite Linie von der Wirbelsäule aus gesehen). Anschließend gelangt er über die Rückseite des Beins in die Kniekehle, wo er in den dritten Seitenast mündet und schließlich in der Spitze der kleinen Zehe endet. Auf dem Blasen-Meridian liegen 67 Akupunkte.

Krankheitssymptome dieses Meridians: Fieber, Augenbeschwerden einschließlich Gelbfärbung der Augen und tränende Augen, Nasenbluten, Kopfschmerzen, Steifheit und Schmerzen im Nacken-, Rücken- und Beinbreich, häufiges Wasserlassen und Schwierigkeiten oder Schmerzen beim Wasserlassen.

Der Nieren-Meridian – Fuß-Shaoyin

Dieser Meridian beginnt bei der kleinen Zehe und führt über die Fußsohle und über die Innenseite des Beins zum oberen Wadenende hin. Von dort aus folgt er einem tieferen, weiter innen liegenden Verlauf, der in schließlich zu den Nieren und der Blase bringt. Ein Seitenast beginnt bei der Niere und führt über die Leber, die Lunge und den Hals zur Zunge hinauf. Ein anderer Seitenast zweigt bei der Lunge ab und führt zum Herzen. Auf dem Nieren-Meridian liegen 27 Akupunkte.

Krankheitssymptome dieses Meridians: Trockene Zunge, Halsschmerzen, Bluthusten und Blutspucken, Atembeschwerden, Durchfall, Verstopfung, Ödeme und lokal auf dem Meridian auftretende Symptome.

Der Perikard-Meridian – Hand-Jueyin

Der Perikard-Meridian beginnt in der Brust und führt zunächst zum Perikard (Herzbeutel). Danach passiert er das Zwerchfell und die Zone des Drei-Erwärmers (siehe S. 9). Sein Hauptast verläuft über den Bauch, tritt bei den Brustwarzen an die Körperoberfläche und zieht dann den Arm hinunter in die Spitze des Mittelfingers. Auf dem Perikard-Meridian liegen neun Akupunkte.

Krankheitssymptome dieses Meridians: Herzschmerzen, Herzklopfen, Beklemmungsgefühle in der Brust, gerötetes Gesicht, Gelbfärbung der Augen, Unwohlsein, Geistesstörung und lokale Symptome auf dem Meridian.

Der Drei-Erwärmer-Meridian – Hand-Shaoyang

Der Merdian des Drei-Erwärmers beginnt an der Spitze des Ringfingers und führt über den Handrücken, dann zwischen Elle und Speiche dem Außenarm entlang zur Schulter hoch. Anschließend zieht er sich über die Schulter in den Schlüsselbeinbereich, wo er sich verzweigt. Ein Seitenast sinkt ins Körperinnere ab und führt zum Drei-Erwärmer, der andere zieht sich den Nacken hoch, hinter dem Ohr vorbei bis zum äußeren Augenwinkel. Auf dem Meridian des Drei-Erwärmers liegen 23 Akupunkte.

Krankheitssymptome dieses Meridians: Hörstörungen, Ohrensausen, Hals- und Augenschmerzen sowie Bindehautentzündung, geschwollene Backe, und örtliche Symptome auf dem Meridian, wie etwa Schmerzen in der Schulter, im Ellenbogen und im Arm.

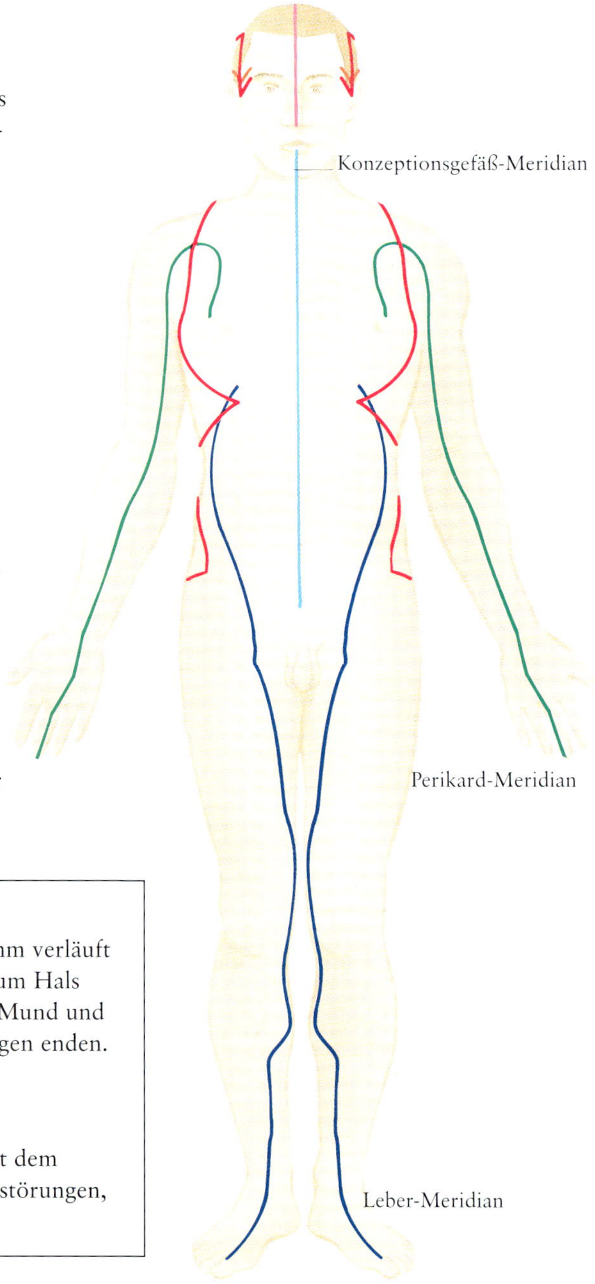

Der Konzeptionsgefäß-Meridian – Ren

Dieser Meridian beginnt im Unterleib. Vom Damm verläuft er über den Schambereich und die Bauchmitte zum Hals hoch. Danach beschreibt er einen Kreis um den Mund und verzweigt sich in zwei Seitenäste, die bei den Augen enden. Auf dem Ren-Meridian liegen 24 Akupunkte.

Krankheitssymptome dieses Meridians:
Magen- und Darmkrankheiten und Probleme mit dem Fortpflanzungsorganen, wie etwa Menstruationsstörungen, Unfruchtbarkeit und Ausfluß.

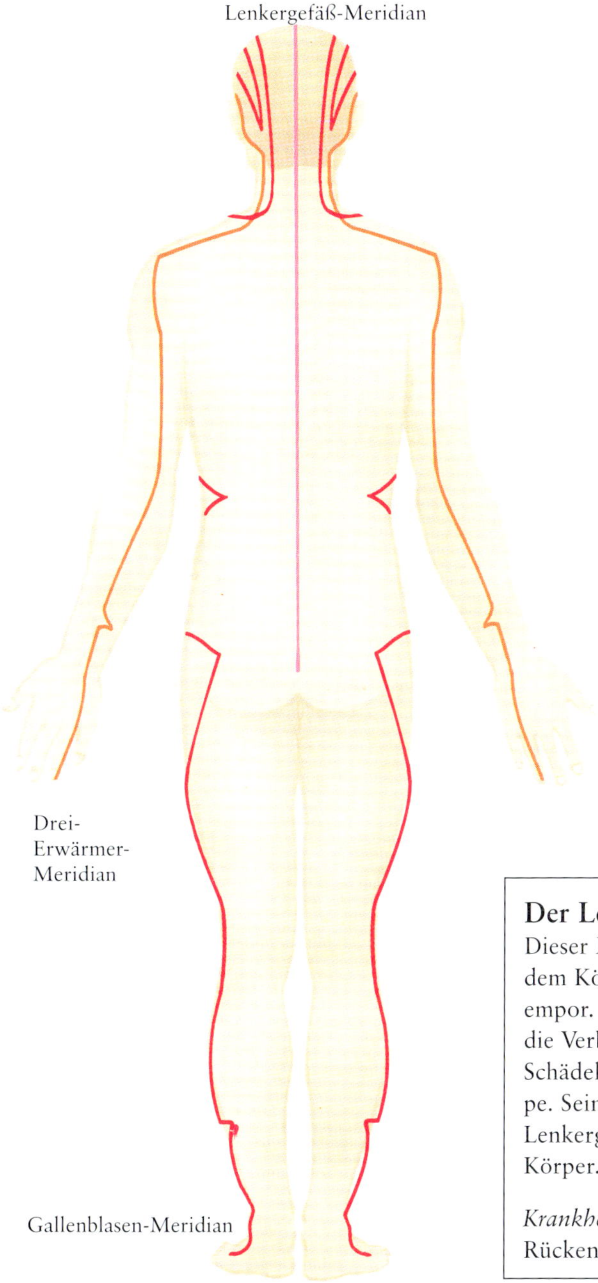

Der Gallenblasen-Meridian – Fuß-Shaoyang

Dieser Meridian beginnt beim äußeren Augenwinkel und zieht sich über den Kopf, den Nacken hinunter in den 7. Halswirbel und schließlich ins Schlüsselbein. Der Hauptast zweigt beim Schlüsselbein ab und verläuft in einer Zick-Zack-Linie den Rumpf hinunter und dann das Bein entlang bis in die Spitze der vierten Zehe. Auf dem Gallenblasen-Meridian liegen 44 Akupunkte.

Krankheitssymptome dieses Meridians: Kopf- und Augenschmerzen, bitterer Geschmack im Mund, Schwellungen und Schmerzen im Bereich des Schlüsselbeins und der Achselhöhle, sowie lokale Symptome auf dem Meridian.

Der Leber-Meridian – Fuß-Jueyin

Der Leber-Meridian zieht sich von der Großzehe, über den Fußrücken, die Innenseite des Beins hinauf bis in die Leistengegend. Dort beschreibt der Leber-Meridian einen Kreis um die Fortpflanzungsorgane und folgt anschließend einem tieferliegenden Verlauf im Unterleib bis zur Leber und zur Gallenblase. Danach führt er an den Rippen vorbei, durch Hals, Nase und Augen und endet schließlich auf dem Scheitel. Auf dem Leber-Meridian liegen 14 Akupunkte.

Krankheitssymptome dieses Meridians: Engegefühl in der Brust, Schluckauf, Hexenschuß, Hernie, Menstruationsbeschwerden und Probleme beim Wasserlassen, wie Harninkontinenz und Schwierigkeiten oder Schmerzen beim Wasserlassen.

Der Lenkergefäß-Meridian – LG

Dieser Meridian beginnt im Unterleib, tritt beim Damm aus dem Körperinnern hervor und zieht der Wirbelsäule entlang empor. Im Nackenbereich tritt er in den Schädel ein und stellt die Verbindung zum Gehirn her. Danach verläuft er über die Schädelmitte vom Hinterkopf über Stirn und Nase zur Oberlippe. Seine Seitenäste ziehen zur Niere und zum Herzen. Der Lenkergefäß-Meridian „lenkt" die 6 Yang-Meridiane im Körper. Es gibt 28 Akupunkte auf diesem Meridians.

Krankheitssymptome dieses Meridians: Wirbelsäulen- und Rückenschmerzen, Kopfschmerzen, Impotenz, Ausfluß.

DIE AKUPUNKTE

Die folgenden Seiten erläutern die Lage und Funktion der am häufigsten verwendeten Akupunkte. Die Akupunkte werden meist nur für eine Körperseite beschrieben, doch es sei daran erinnert, daß die meisten auf beiden Körperseiten vorkommen. Zur Lagebestimmung der Akupunkte siehe Seite 32-33 und zur Übersicht über die anatomischen Merkpunkte die Körperdiagramme auf Seite 140.

Abkürzungen der Meridiane
Die Abkürzungen der Meridiannamen werden zur Bezeichnung der Akupunkte mit Kürzeln benutzt, die angeben, auf welchem Meridian sich der Akupunkt befindet (siehe auch S. 10).

Lu	Lungen-Meridian	Pe	Perikard-Meridian
Di	Dickdarm-Meridian	3E	Drei-Erwärmer-Meridian
Ma	Magen-Meridian	Gb	Gallenblasen-Meridian
MP	Milz-Pankreas-Meridian	Le	Leber-Meridian
He	Herz-Meridian	LG	Lenkergefäß-Meridian
Dü	Dünndarm-Meridian	KG	Konzeptionsgefäß-Meridian
Bl	Blasen-Meridian	PaM	Punkt außerhalb der Meridiane
Ni	Nieren-Meridian		

AKUPUNKTE IM KOPF- UND GESICHTSBEREICH

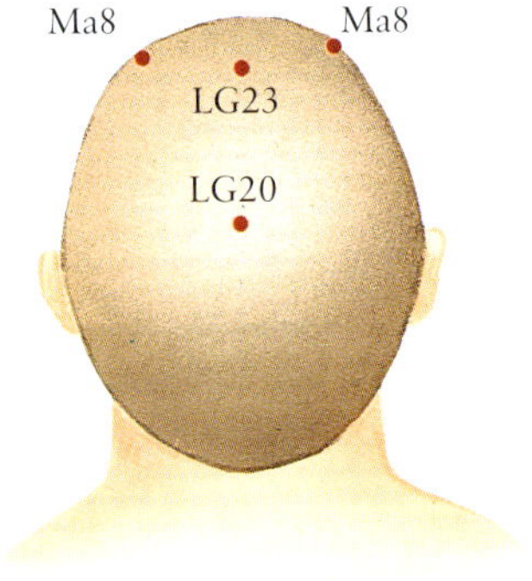

LG20 – Baihui
Lage: Auf der Scheitellinie genau in der Mitte zwischen den Ohren.
Indikation: Kopfschmerzen, Schwindelgefühl, Ohrensausen, Gedächtnisverlust, Schlaflosigkeit und Bluthochdruck.

LG23 – Shangxing
Lage: Auf der Scheitellinie, von der Stirn aus gesehen 1 Cun (= 1 Daumenbreite; siehe S.32 Lokalisierung der Akupunkte) hinter dem Haaransatz.
Indikation: Kopfschmerzen, Schwindelgefühl, Ohrensausen, Gedächtnisverlust, Schlaflosigkeit und Bluthochdruck.

Bl2 – Zanzhu
Lage: Am inneren Ende der Augenbraue.
Indikation: Kopfschmerzen, Schlaflosigkeit, Augenkrankheiten und Gesichtslähmungen.

Ma8 – Touwei
Lage: Direkt hinter dem Haaransatz an der Stirnecke.
Indikation: Kopfschmerzen, Migräne, Schwindelgefühl und Gesichtslähmungen.

Gb14 – Yangbai
Lage: 1 Cun über der Augenbraue, direkt über der Pupille.
Indikation: Kopfschmerzen, Gesichtslähmungen und Augenkrankheiten.

Yintang (PaM)
Lage: Direkt über der Nase zwischen den Augenbrauen.
Indikation: Kopfschmerzen im Stirnbereich, Migräne, Schwindelgefühl, Bluthochdruck, Schlaflosigkeit, Augenkrankheiten, Rhinitis und normale Erkältung.

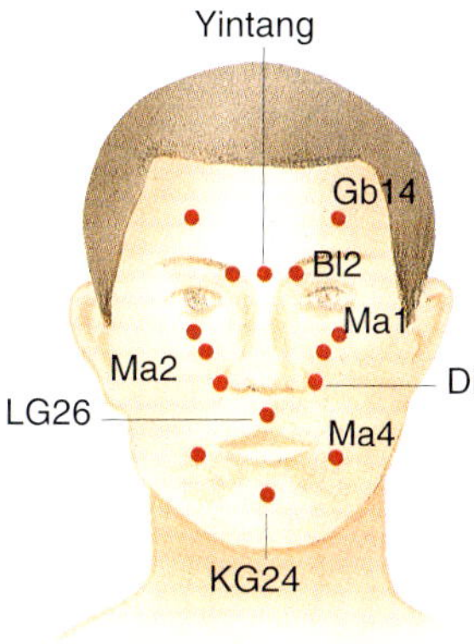

Ma1 – Chengqi
Lage: Direkt unter der Pupille am unteren Rand der Augenhöhle.
Indikation: Augenbeschwerden wie Bindehautentzündung, tränende Augen, Kurzsichtigkeit, Weitsichtigkeit, Astigmatismus, Optikusatrophie, Optikusneuritis, Netzhautentzündung und grauer Star.

Ma2 – Sibai
Lage: In der Vertiefung etwa 1 Cun direkt unter der Pupille.
Indikation: Gesichtslähmungen, Trigeminusneuralgie, Nebenhöhlenentzündung, Kurzsichtigkeit und Schlaflosigkeit.

Di20 – Yingxiang
Lage: Am unteren Nasenrand direkt neben den beiden Nasenflügeln.
Indikation: Nasenobstruktion, Rhinitis, Nasennebenhöhlenentzündung und Gesichtslähmungen.

LG26 – Renzhong
Lage: In der kleinen Mulde zwischen Nase und Oberlippe etwa nach 1/3 des Abstands zur Nase hin.
Indikation: Gehirnschlag, Schock, Epilepsie, Gesichtsödeme und akute Verrenkung des Rückens im Lendenbereich, Notfälle.

Ma4 – Dicang
Lage: Unmittelbar neben dem Mundwinkel direkt unter der Pupille.
Indikation: Gesichtslähmungen, Trigeminusneuralgie und Zahnschmerzen.

KG24 – Chengjiang
Lage: In der Mitte zwischen der Unterlippe und dem Kinnvorsprung.
Indikation: Kopfschmerzen, Zahnschmerzen und Gesichtslähmungen.

Gb8 – Shuaigu
Lage: 1,5 Cun direkt über der Ohrspitze.
Indikation: Migräne (seitlich auftretende Kopfschmerzen).

Taiyang (PaM)
Lage: An den Schläfen etwa 1 Cun hinter der Augenhöhle, auf der Linie zwischen Augenbraue und dem oberen Rand des Ohrs.
Indikation: Kopfschmerzen, Migräne, Schwindelgefühl, Schlaflosigkeit, Augenkrankheiten, Gesichtslähmungen, Trigeminusneuralgie, Bluthochdruck und normale Erkältung.

Dü19 – Tinggong
Lage: Zwischen dem Kiefergelenk und der Vorderseite des Ohrs, in der Vertiefung, die sich bildet, wenn man den Mund öffnet.
Indikation: Ohrensausen, altersbedingte Hörbeschwerden, Schwindelgefühl, Gesichtslähmungen und Zahnschmerzen.

Gb2 – Tinghui
Lage: Zwischen dem Kiefergelenk und der Vorderseite des Ohrs, genau unter der Vertiefung, die sich bildet, wenn man den Mund öffnet.
Indikation: Ohrensausen, altersbedingte Hörbeschwerden, Schwindelgefühl, Gesichtslähmungen und Zahnschmerzen.

Ma7 – Xiaguan
Lage: Etwa 1 Cun vor dem Ohr in der Vertiefung, die sich bildet, wenn sich der Mund schließt.
Indikation: Zahnschmerzen, Gesichtslähmungen, Trigeminusneuralgie, Spasmus der Gesichtsmuskeln, Schmerzen im Unterkiefer und Ohrensausen.

Ma6 – Jiache
Lage: Von der Biegung des Unterkiefers 1 Cun diagonal nach oben.
Indikation: Zahnschmerzen, Gesichtslähmungen, Trigeminusneuralgie, Spasmus der Gesichtsmuskeln, Schmerzen im Unterkiefer und Ohrensausen.

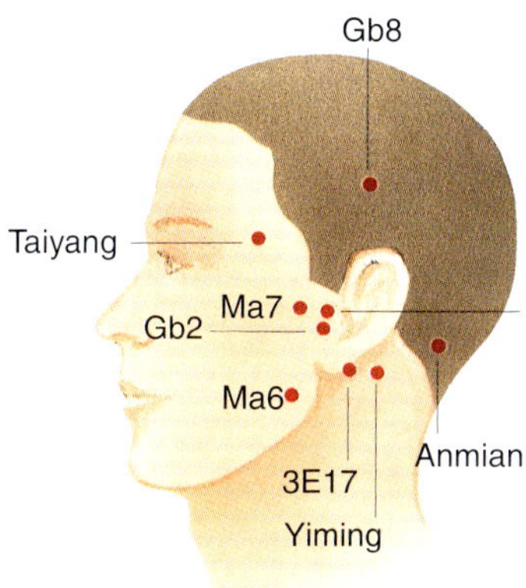

3E17 – Yifeng
Lage: In der Mulde hinter dem Ohrläppchen zwischen dem Warzenfortsatz und dem Unterkiefer.
Indikation: Ohrensausen, altersbedingte Hörbeschwerden, Schwindelgefühl, Augenkrankheiten, Kopfschmerzen, Zahnschmerzen und Gesichtslähmungen.

Yinming (PaM)
Lage: In der Mulde unterhalb des Warzenfortsatzes, etwa 1 Cun hinter 3E17 (*Yifeng*).
Indikation: Ohrensausen, Schwindelgefühl, Kopfschmerzen, Schlaflosigkeit, Weit- und Kurzsichtigkeit, Nachtblindheit, grauer Star und Optikusatrophie.

Anmian (PaM)
Lage: In der Mitte zwischen Gb20 (*Fengchi*) und *Yinming* (PaM).
Indikation: Schlaflosigkeit, Schwindelgefühl und Kopfschmerzen.

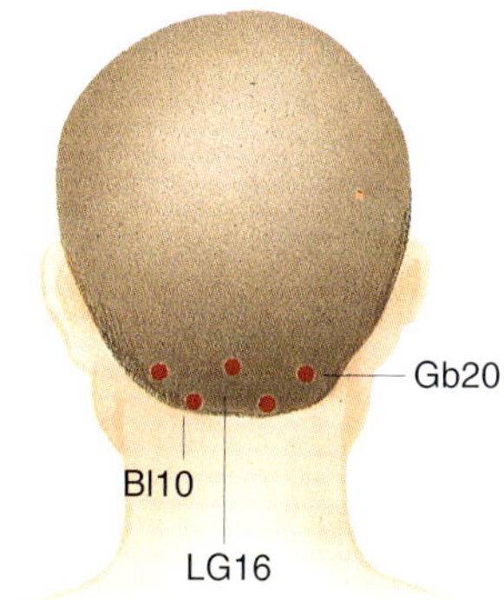

LG16 -Fengfu
Lage: In der Vertiefung unter dem Auswuchs des Hinterhauptbeins auf der Scheitellinie am Hinterkopfs, etwa 1 Cun über dem Haaransatz.
Indikation: Kopfschmerzen, Schwindelgefühl, Bluthochdruck und Nackenschmerzen.

Gb20 – Fengchi
Lage: Am unteren Schädelrand in der Vertiefung am Haaransatz, genau in der Mitte zwischen dem Warzenfortsatz und der Vertiefung auf der Scheitellinie.
Indikation: Normale Erkältung, Kopfschmerzen, Schwindelgefühl, Augenkrankheiten, Bluthochdruck und Schlaflosigkeit.

Bl10 – Tianzhu
Lage: 0,5 Cun über dem Haaransatz am Hinterkopf, jeweils etwa 1,3 Cun seitlich der Scheitellinie.
Indikation: Kopfschmerzen in der Hinterhauptzone, steifer Hals und Schmerzen im Nacken.

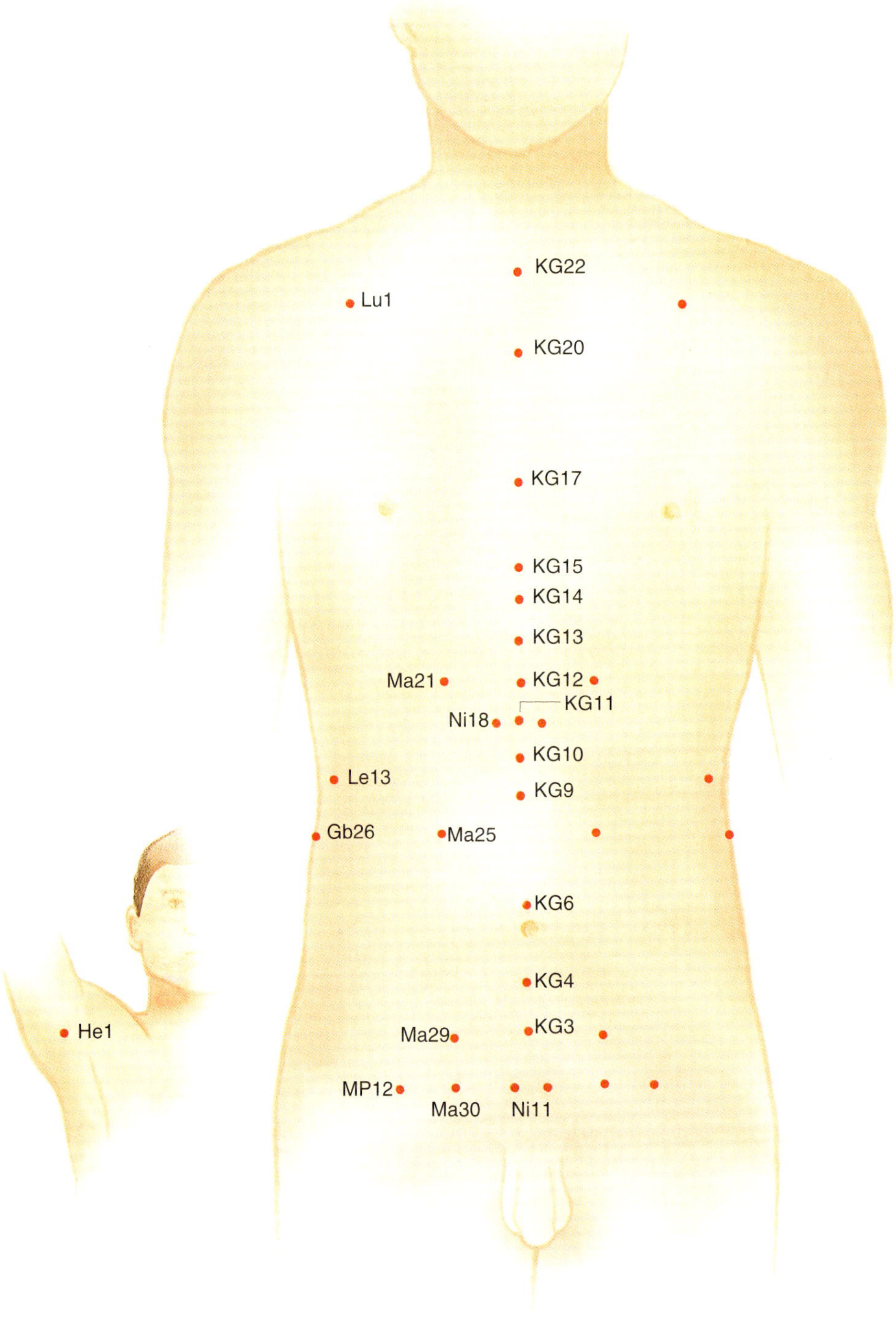
KG22
Lu1
KG20
KG17
KG15
KG14
KG13
Ma21
KG12
KG11
Ni18
KG10
Le13
KG9
Gb26
Ma25
KG6
KG4
He1
Ma29
KG3
MP12
Ma30
Ni11

AKUPUNKTE IM BRUST- UND BAUCHBEREICH

KG22 – Tiantu
Lage: In der Vertiefung 0,5 Cun über dem Brustbein in der Brustmitte.
Indikation: Erbrechen, Asthma, Bronchitis und Laryngitis.

KG20 – Huagai
Lage: 3 Cun unterhalb des oberen Brustbeinrands auf der Mittelinie der Brust.
Indikation: Asthma, Husten und Schmerzen in der Brust.

Lu1 – Zhongfu
Lage: 1 Cun unter dem Schlüsselbein in Höhe der Schulter und je 6 Cun von der Brustmitte.
Indikation: Asthma, Bronchitis, Lungenentzündung und Lungentuberkulose.

KG17 – Tanzhong
Lage: Auf dem Brustbein in der Mitte zwischen den Brustwarzen.
Indikation: Koronare Herzerkrankungen, Schmerzen in der Brust, Interkostalneuralgie, Asthma und Erbrechen.

KG15 – Jiuwei
Lage: 0,5 Cun unterhalb des Brustbeinrands auf der Bauchmittellinie, 7 Cun über dem Nabel.
Indikation: Herzschmerzen, Magenschmerzen und Erbrechen.

KG14 – Juque
Lage: 6 Cun über dem Nabel auf der Bauchmittellinie.
Indikation: Herzklopfen, Magenschmerzen und Erbrechen, psychische Störungen.

KG13 – Shangwan
Lage: 5 Cun über dem Nabel auf der Bauchmittellinie.
Indikation: Probleme mit dem Verdauungssystem, wie Magenschleimhautentzündung, peptisches Geschwür, Erbrechen und aufgeblähter Bauch.

KG12 – Zhongwan
Lage: 4 Cun über dem Nabel auf der Bauchmittellinie.
Indikation: Bluthochdruck, Neurose und Probleme mit dem Verdauungssystem, wie Magenschmerzen, Erbrechen, Verdauungsstörungen, Verstopfung und aufgeblähter Bauch.

Ma21 – Liangmen
Lage: 4 Cun über dem Nabel und je 2 Cun seitlich der Bauchmittellinie.
Indikation: Probleme mit dem Verdauungssystem, wie Magenschmerzen, Verdauungsstörungen und aufgeblähter Bauch.

KG11 – Jianli
Lage: 3 Cun über dem Nabel auf der Bauchmittellinie.
Indikation: Magenschmerzen, Erbrechen, Verdauungsstörungen und allgemeines Ödem.

Ni18 – Shiguan
Lage: 3 Cun über dem Nabel und je 0,5 Cun seitlich der Bauchmittellinie.
Indikation: Probleme mit dem Verdauungssystem, wie Magenschmerzen, Bauchschmerzen, Erbrechen und Verstopfung.

KG10 – Xiawan
Lage: 2 Cun über dem Nabel auf der Bauchmittellinie.
Indikation: Magenschmerzen, Verdauungsstörungen und Enteritis.

Le13 – Zhangmen
Lage: An dem Punkt, wo Ihre Ellenbogen den Körper berühren, wenn Sie mit herabhängenden Armen aufrecht dastehen.
Indikation: Erbrechen, aufgeblähter Bauch, Durchfall, Schmerzen im Rippenbereich und Lebererkrankungen.

KG9 – Shuifen
Lage: 1 Cun direkt über dem Nabel auf der Bauchmittellinie.
Indikation: Allgemeines Ödem, Durchfall und Bauchschmerzen.

Ma25 – Tianshu
Lage: Jeweils 2 Cun rechts und links vom Nabel.
Indikation: Magen-Darm-Erkrankungen, Bauchschmerzen, aufgeblähter Bauch, Verstopfung, Menstruationsstörungen und schmerzhafte Perioden.

Gb26 – Daimai
Lage: Rechts und links vom Bauch unter den Achselhöhlen auf Höhe des Nabels.
Indikation: Enteritis, Ruhr, Interkostalneuralgie, Harnblasenentzündung, Frauenleiden, Menstruationsstörungen und schmerzhafte Perioden.

KG6 – Qihai
Lage: 1,5 Cun unter dem Nabel auf der Bauchmittellinie.
Indikation: Bauchschmerzen, aufgeblähter Bauch, Verdauungsstörungen, Ausfluß, Harninkontinenz, Menstruationsstörungen, schmerzhafte Perioden und Neurose, Erschöpfungszustände.

KG4 – Guanyuan
Lage: 3 Cun unter dem Nabel auf der Bauchmittellinie.
Indikation: Bauchschmerzen, Durchfall, Ruhr, Menstruationsstörungen, schmerzhafte Perioden, Ausfluß, Harninkontinenz, Impotenz und Harnwegsinfekte.

KG3 – Zhongji
Lage: 4 Cun unter dem Nabel auf der Bauchmittellinie.
Indikation: Erkrankungen des Urogenitaltrakts.

Ma29 – Guilai
Lage: 4 Cun unter dem Nabel und jeweils 2 Cun rechts und links der Bauchmittellinie.
Indikation: Hodenentzündung (Orchitis), Entzündung der weiblichen Fortpflanzungsorgane und Menstruationsstörungen, Verstopfung und Durchfall.

Ni11 – Henggu
Lage: 5 Cun unter dem Nabel und jeweils 0,5 Cun rechts und links von der Bauchmittellinie.
Indikation: Hernie, Ausfluß und Impotenz.

Ma30 – Qichong
Lage: 5 Cun unter dem Nabel und jeweils 2 Cun von der Bauchmittellinie entfernt.
Indikation: Hernie, Prostatitis (Entzündung der Vorsteherdrüse) und Menstruationsstörungen.

MP12 – Chongmen
Lage: 3,5 Cun seitlich der Bauchmittellinie auf Höhe des oberen Schambeinrands.
Indikation: Bauchschmerzen, aufgeblähter Bauch, Rückenschmerzen und Schmerzen in den Beinen.

He1 – Jiquan
Lage: Genau in der Mitte der Achselhöhle.
Indikation: Schmerzen im Wirbelsäulen-, Schulter- und Armbereich, Lähmungserscheinungen und Taubheitsgefühl im Arm.

AKUPUNKTE IM RÜCKENBEREICH

Gb21 – Jianjing
Lage: Oben auf der Schulter am Nacken, genau zwischen dem 7. Halswirbel und dem äußeren Rand des Schulterblatts.
Indikation: Neurose, Bluthochdruck, steifer Hals, Schmerzen im Schulter- und Rückenbereich, sowie halbseitige Lähmung.

LG14 – Dazhui
Lage: Im Nacken zwischen dem 7. Hals- und dem 1. Brustwirbel.
Indikation: Normale Erkältung, Fieber, Hitzschlag, Bronchitis, Asthma, steifer Hals, Schmerzen im Schulter- und Rückenbereich, Lähmungserscheinungen, Epilepsie und Psychose.

Dü15 – Jianzhongshu
Lage: 2 Cun von der Wirbelsäule entfernt auf Höhe des 7. Hals- und 1. Brustwirbels.
Indikation: Schmerzen im Schulter- und Rückenbereich, steifer Hals, Bronchitis und Asthma.

Bl12 – Fengmen
Lage: Je 1,5 Cun rechts und links von der Wirbelsäule auf Höhe des 2. Brustwirbels.
Indikation: Normale Erkältung, Fieber, Kopfschmerzen, Husten, steifer Hals und Rückenschmerzen.

Bl13 – Feishu
Lage: Je 1,5 Cun rechts und links von der Wirbelsäule auf Höhe des 3. Brustwirbels.
Indikation: Bronchitis, Lungenentzündung, Lungentuberkulose und normale Erkältung.

Dü11 – Tianzong
Lage: Genau in der Mitte des Schulterblattes.
Indikation: Schmerzen in den Schultern und im Bereich der Schulterblätter und Taubheitsgefühl im Arm.

Bl15 – Xinshu
Lage: Je 1,5 Cun rechts und links von der Wirbelsäule auf Höhe des 5. Brustwirbels.
Indikation: Herzklopfen, Herzrhythmusstörungen, Angina pectoris, Neurose, Hysterie, Interkostalneuralgie und Rückenschmerzen.

LG9 – Zhiyang
Lage: Zwischen dem 7. und 8. Brustwirbel auf der Wirbelsäule.
Indikation: Hepatitis, Gallenblasenentzündung (Cholezystitis), Magenschmerzen, Angina pectoris, Interkostalneuralgie und Rückenschmerzen.

Bl18 – Ganshu
Lage: Auf Höhe des 9. Brustwirbels jeweils 1,5 Cun rechts und links von der Wirbelsäule.
Indikation: Augen- und Leberkrankheiten, Magenleiden, Neurose, Interkostalneuralgie und Schlaflosigkeit.

Bl19 – Danshu
Lage: Auf Höhe des 10. Brustwirbels jeweils 1,5 Cun rechts und links von der Wirbelsäule.
Indikation: Gallenblasenentzündung (Cholezystitis), Hepatitis, Rückenschmerzen, Ischias und Interkostalneuralgie.

Bl20 – Pishu
Lage: Auf Höhe des 11. Brustwirbels jeweils 1,5 Cun rechts und links von der Wirbelsäule.
Indikation: Magenschleimhautentzündung, Enteritis, peptisches Geschwür, Verdauungsstörungen, Hepatitis, allgemeines Ödem, Ischias und Rückenschmerzen.

Bl21 – Weishu
Lage: Auf Höhe des 12. Brustwirbels jeweils 1,5 Cun rechts und links von der Wirbelsäule.
Indikation: Magenschleimhautentzündung, Enteritis, peptisches Geschwür, Verdauungsstörungen und Hepatitis.

LG4 – Mingmen
Lage: Zwischen dem 2. und 3. Lendenwirbel auf der Wirbelsäule.
Indikation: Kopfschmerzen, Ohrensausen, Hexenschuß, Frauenleiden, wie etwa Menstruationsstörungen, sowie Probleme der männlichen Fortpflanzungsorgane, wie etwa Impotenz, Ausfluß und Harninkontinenz.

Bl23 – Shenshu
Lage: Auf Höhe des 2. Lendenwirbels etwa 1,5 Cun rechts und links von der Wirbelsäule.
Indikation: Nephrose, Ausfluß, Harninkontinenz, Menstruationsstörungen, Hexenschuß, Ohrensausen, Schlaflosigkeit und allgemeines Ödem.

LG3 – Yaoyangguan
Lage: Zwischen dem 4. und 5. Lendenwirbel auf der Wirbelsäule.
Indikation: Rückenschmerzen im Lendenbereich, Beinlähmungen, Menstruationsstörungen, Ausfluß, Impotenz und Enteritis.

Bl25 – Dachangshu
Lage: Auf Höhe des 4. Lendenwirbels jeweils 1,5 Cun von der Wirbelsäule entfernt.
Indikation: Enteritis, Ruhr, Verstopfung, Ischias, Hexenschuß, Muskelverzerrungen im Lendenbereich, Lähmungserscheinungen und Schmerzen im Sakroiliakalgelenk.

Yaoyan (PaM)
Lage: Auf Höhe des 4. Lendenwirbels, jeweils etwa 4 Cun rechts und links von der Wirbelsäule.
Indikation: Hexenschuß, Ischias und Probleme mit den weiblichen Fortpflanzungsorganen.

Bl27 – Xiaochangshu
Lage: Auf der Höhe des 1. Kreuzbeinlochs, jeweils 1,5 Cun rechts und links von der Wirbelsäule.
Indikation: Harninkontinenz, Ausfluß, Verstopfung, Enteritis, Beckenentzündung, Ischias, Hexenschuß, Schmerzen im Sakroiliakalgelenk.

Bl31-34 – Baliao
Lage: Diese 4 Akupunktpaare befinden sich auf dem Kreuzbein.
Indikation: Hexenschuß, Rückenschmerzen im Lendenbereich, Ischias, Lähmungserscheinungen, allgemeines Ödem, Menstruationsstörungen und Erkrankungen des Urogenitaltrakts.

LG1 – Changqiang
Lage: Genau in der Mitte zwischen dem Steißbein und dem Anus.
Indikation: Rückenschmerzen im Lendenbereich, Hexenschuß, Harninkontinenz, Ausfluß, Rektumprolaps und Hämorrhoiden.

Huatuojiaji (PaM)
Lage: Diese 23 Akupunktpaare liegen jeweils 0,5 Cun rechts und links von der Wirbelsäule vom unteren Rand des 1. Halswirbels bis zum unteren Rand des 5. Lendenwirbels.
Indikation: Lungentuberkulose, Asthma, Magen-Darm-Erkrankungen, Erkrankungen des Urogenitaltrakt, Neurose, Lähmungen und Rückenschmerzen.

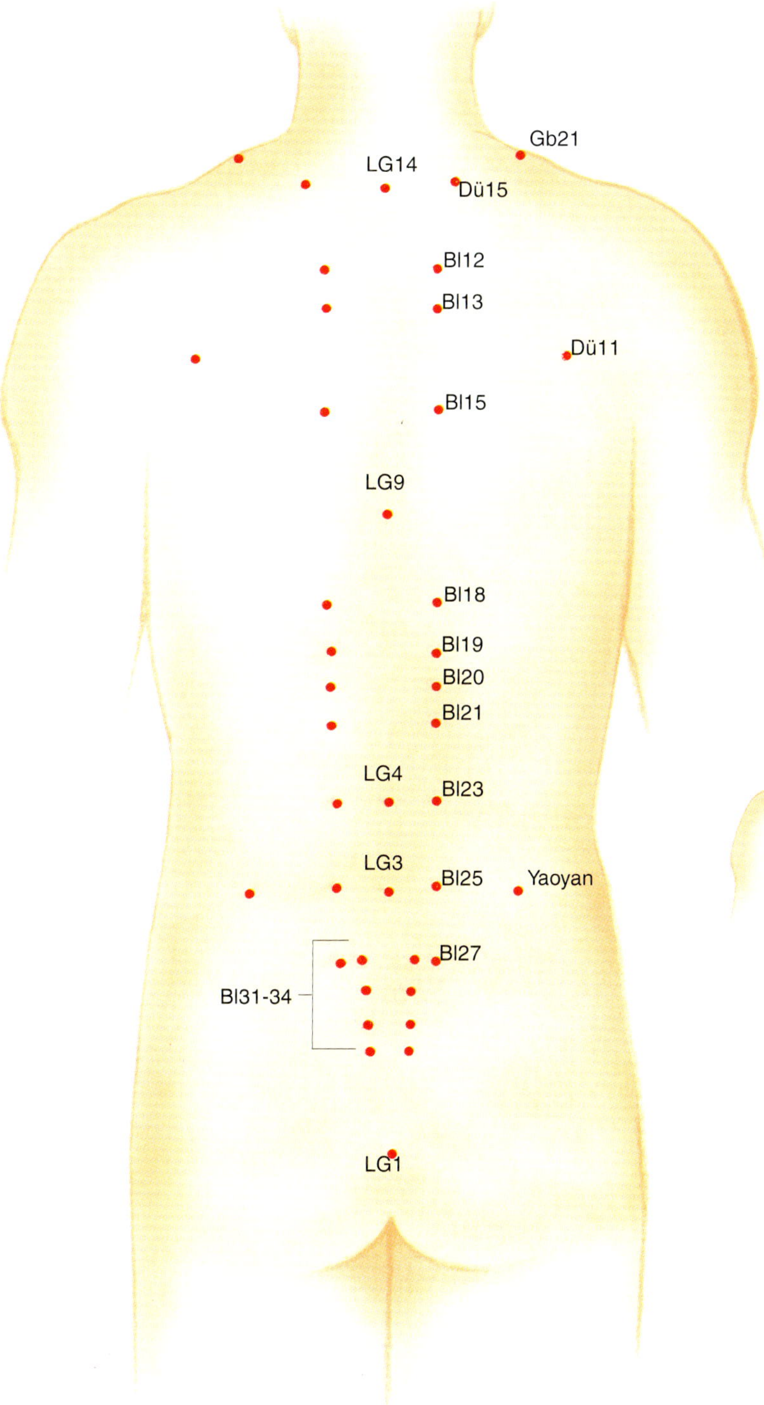
Gb21
LG14
Dü15
Bl12
Bl13
Dü11
Bl15
LG9
Bl18
Bl19
Bl20
Bl21
LG4
Bl23
LG3
Bl25
Yaoyan
Bl27
Bl31-34
LG1

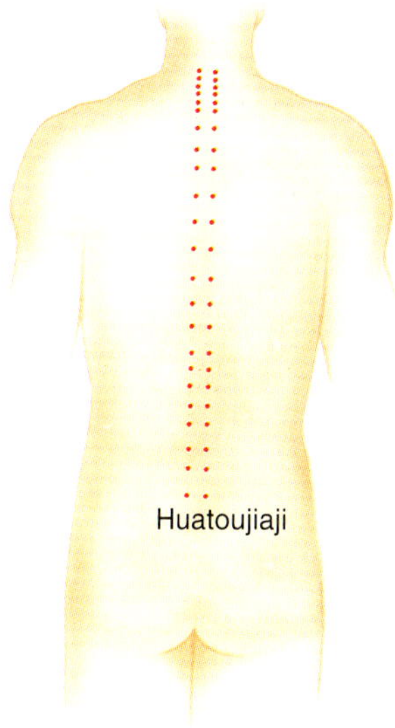
Huatoujiaji

AKUPUNKTE IM ARMBEREICH

Di15 – Jianyu
Lage: In dem Grübchen 2 Cun unter der Schulterkante, das sich bildet, wenn man den Arm seitlich hebt.
Indikation: Schmerzen im Nacken-, Schulter- und Armbereich; Taubheitsgefühl im Arm.

Lu5 – Chize
Lage: Bei angewinkeltem Arm in der Ellenbeuge, an der Außenseite der Bizepssehne.
Indikation: Asthma, Husten, Bluthusten, Halsschmerzen, Schmerzen im Arm und im Ellenbogengelenk, Hauterkrankungen.

Pe3 – Quze
Lage: Bei angewinkeltem Arm in der Beugefalte des Ellenbogens, an der Innenseite der Bizepssehne.
Indikation: Asthma, Husten, Bluthusten, Halsschmerzen, Schmerzen im Arm und im Ellenbogengelenk.
Achtung: Pe3 ist der wichtigste Akupunkt für die Behandlung von Ischias.

He3 – Shaohai
Lage: An der Innenseite der Ellenbeuge.
Indikation: Schmerzen des Ellennervs und Interkostalneuralgie.

Pe6 – Neiguan
Lage: 2 Cun oberhalb des Handgelenks, in der Mitte der Innenseite des Unterarms.
Indikation: Herzerkrankungen, Schmerzen im Brustbereich, Bluthochdruck, Bauchschmerzen, Erbrechen, Kopfschmerzen, Schwindelgefühl, Hysterie, Epilepsie, Schlaflosigkeit, Schock, Schmerzen im Wirbelsäulenbereich und Taubheitsgefühl im Arm.

Lu7 – Lieque
Lage: 1,5 Cun über der Beugefalte des Handgelenks auf der Daumenseite, direkt über dem Griffelfortsatz der Speiche. Bei verschränkten Daumen an der Spitze des Zeigefingers der anderen Hand.
Indikation: Kopfschmerzen, steifer Hals, Gesichtslähmungen, Husten, Asthma, Schmerzen im Arm und im Handgelenk.

Lu9 – Taiyuan
Lage: In der Vertiefung auf der Daumenseite der Handgelenksfalte.
Indikation: Husten, Asthma, Schmerzen in der Brust, im Arm und im Handgelenk.

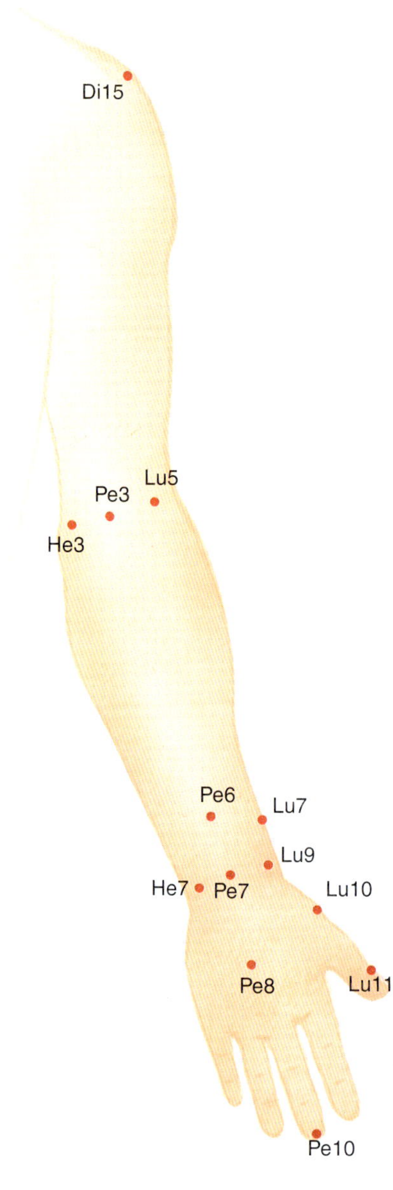

Pe7 – Daling
Lage: In der Mitte der Handgelenksfalte auf der Innenseite des Unterarms.
Indikation: Herzerkrankungen, Magenschmerzen, Schmerzen in der Brust, Interkostalneuralgie, Schmerzen im Handgelenk und Schlaflosigkeit.

He7 – Shenmen
Lage: Am Ellenansatz (unterhalb des kleinen Fingers) des Handgelenks.
Indikation: Schlaflosigkeit, Weggetretenheit, Hysterie und Herzklopfen.

Lu10 – Yuji
Lage: 1,5 Cun über dem Handgelenk am Daumen, in der Mitte des 1. Mittelhandknochens.
Indikation: Husten, Asthma, Fieber und Schmerzen in der Hand.

Pe8 – Laogong
Lage: In der Mitte der Handfläche zwischen dem 3. und 4. Mittelhandknochen.
Indikation: Schmerzen im Brust- und Rippenbereich, Kopfschmerzen, Schwindelgefühl, Hitzschlag und Hysterie.

Lu11 – Shaoshang
Lage: 0,1 Cun von der Außenkante (Speichenseite) des Daumennagelbetts.
Indikation: Husten und Halsschmerzen.

Pe9 – Zhongchong
Lage: An der Spitze des Mittelfingers.
Indikation: Kopfschmerzen, Ohrensausen und Angina pectoris.

3E14 – Jianliao
Lage: In dem Grübchen unter der Schulterkante auf der Rückseite des Körpers, etwa 1 Cun hinter Di15 (*Jianyu*).
Indikation: Schmerzen im Wirbelsäulen-, Nacken-, Schulter- und Armbereich, sowie Lähmungserscheinungen im Arm.

Dü9 – Jianzhen
Lage: 1 Cun über dem Ende der Achselhöhlenfalte auf dem Rücken.
Indikation: Schulterschmerzen, Lähmungserscheinungen im Arm, Ohrensausen und Hörstörungen.

Di14 – Binao
Lage: Am unteren Ansatz des Deltamuskels auf der Außenseite des Arms, den man spürt, wenn man den Arm hebt.
Indikation: Schmerzen im Nacken- und Schulterbereich und im Arm, sowie Lähmungserscheinungen und Taubheitsgefühl im Arm.

Di12 – Zhouliao
Lage: 1 Cun diagonal über dem oberen Speichenansatz (Daumenseite) der Ellenbeuge auf der Außenseite des Arms. Man spürt den Punkt beim Anwinkeln des Arms.
Indikation: Steifer Hals, Schmerzen im Arm und im Ellenbogen, sowie Arthritis.

Di11 – Quchi
Lage: Am oberen Speichenansatz (Daumenseite) der Ellenbeuge. Man kann den Punkt beim Anwinkeln des Arms spüren.
Indikation: Schmerzen und Lähmungserscheinungen im Arm, Muskelatrophie des Arms, Bluthochdruck, Kopfschmerzen, Schwindelgefühl und Nackenschmerzen.

Dü8 – Xiaohai
Lage: In der Vertiefung hinter dem Ellenbogen, die man beim Anwickeln des Arms spürt.
Indikation: Steifer Hals, Schmerzen im Schulter- und Rückenbereich.

Di10 – Shousanli
Lage: 2 Cun unterhalb des Endes der Beugefalte des Ellenbogens auf der Speichenseite (Daumenseite).
Indikation: Schmerzen und Lähmungserscheinungen im Arm, Bauchschmerzen, Durchfall, Kopf- und Zahnschmerzen.

3E6 – Zhigou
Lage: 3 Cun über der Mitte des Handgelenks auf der Außenseite des Unternarms.
Indikation: Schmerzen im Schulter- und Armbereich sowie Verstopfung.

3E5 – Waiguan
Lage: 2 Cun über der Mitte des Handgelenks auf der Außenseite des Unternarms.
Indikation: Schmerzen und Lähmungserscheinungen im Arm, Ohrensausen, Hörstörungen, steifer Hals, halbseitige Lähmung.

3E4 – Yangchi
Lage: Das Grübchen in der Mitte des Handgelenks auf dem Handrücken.
Indikation: Schmerzen im Handgelenk und Arm, Kopfschmerzen, Erkältung und Fieber.

Di5 – Yangxi
Lage: Die Vertiefung auf dem Handgelenk direkt oberhalb des Daumenansatzes, die zu spüren ist, wenn der Daumen nach oben zeigt.
Indikation: Schmerzen im Handgelenk, Kopfschmerzen, Ohrensausen und Zahnschmerzen.

Di4 – Hegu
Lage: Auf dem Handrücken in der „Schwimmhaut" zwischen Daumen und Zeigefinger.
Indikation: Kopf- und Zahnschmerzen, Halsschmerzen, Hörstörungen, Augenkrankheiten, Rhinits, Gesichtslähmungen, Schmerzen und Lähmungserscheinungen im Arm, Neurose, normale Erkältung und Fieber.
Achtung: Di4 ist der wichtigste Akupunkt zur Behandlung von Kopf- und Zahnschmerzen.

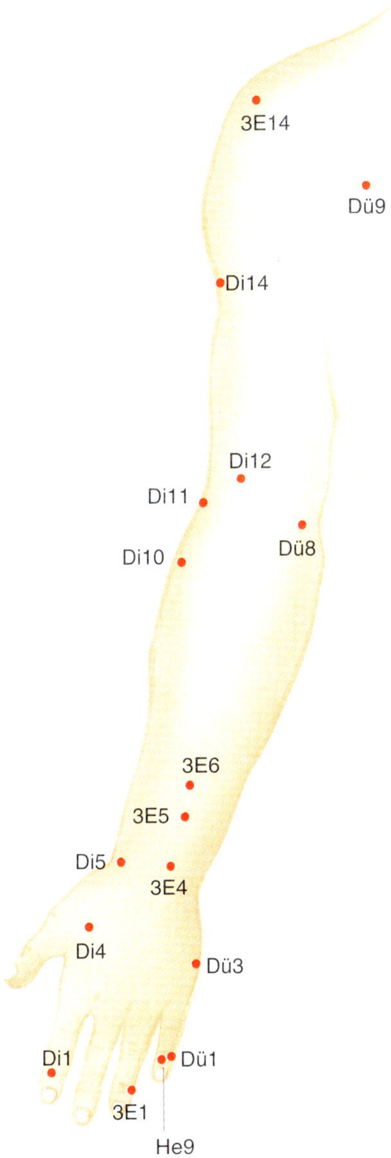

Dü3 – Houxi
Lage: Am Ende der Handflächefalte auf der Speichenseite der Hand, die man spürt, wenn die Hand leicht geballt ist.
Indikation: Kopfschmerzen im Scheitelbereich in der Kopfmitte und am Hinterkopf, steifer Hals, Schmerzen im Schulter- und Rückenbereich und Interkostalneuralgie.

Di1 – Shangyang
Lage: 0,1 Cun über der Biegung des Zeigefingernagels auf der Speichenseite (Daumenseite).
Indikation: Zahnschmerzen, Halsschmerzen, Schmerzen in der Schulter und Taubheitsgefühl im Arm.

3E1 – Guanchong
Lage: 0,1 Cun über der Ecke des Ringfingernagels auf der Ellenseite.
Indikation: Kopfschmerzen, Halsschmerzen und Schmerzen im Arm.

He9 – Shaochong
Lage: 0,1 Cun über der Nagelecke des kleinen Fingers auf der Speichenseite (Daumenseite).
Indikation: Herzklopfen, Schmerzen in der Brust und Gehirnschlag.

Dü1 – Shaoze
Lage: 0,1 Cun über der Nagelecke des kleinen Fingers auf der Ellenseite.
Indikation: Kopfschmerzen, Augenleiden.

Baxie (PaM)
Lage: Zwischen den Handknöcheln auf dem Handrücken gibt es 4 Akupunkte, die bei geballter Faust leicht zu erspüren sind.
Indikation: Schmerzen in der Hand und in den Fingergelenken, Kopf- und Zahnschmerzen, sowie Hals- und Nackenschmerzen.

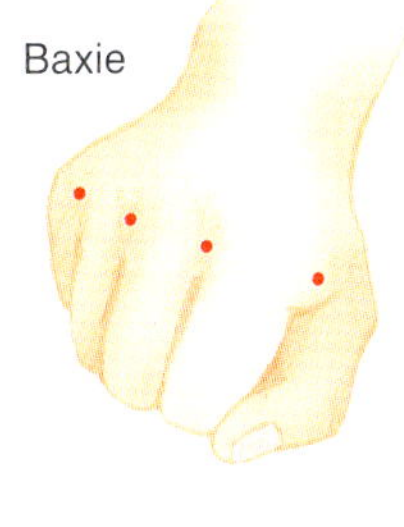

AKUPUNKTE IM BEINBEREICH

Ma31 – Biguan
Lage: Auf der Verbindungslinie zwischen Kniescheibe und Schambein in Höhe der Geschlechtsorgane.
Indikation: Schmerzen in der Hüfte und im Bein, Lähmungserscheinungen und Taubheitsgefühl im Bein, sowie Bandscheibenvorfall im Lendenbereich.

Ma32 – Futu
Lage: 6 Cun über dem oberen Rand der Kniescheibe auf einer Linie mit deren Außenkante.
Indikation. Lähmungserscheinungen im Bein und Neuritis des seitlich in der Haut verlaufenden Oberschenkelnervs.

Ma34 – Lingqiu
Lage: 2 Cun über dem oberen Rand der Kniescheibe auf einer Linie mit deren Außenkante bei Kniebeugung.
Indikation: Magenschmerzen, Durchfall, Mastitis und Schmerzen im Knie.

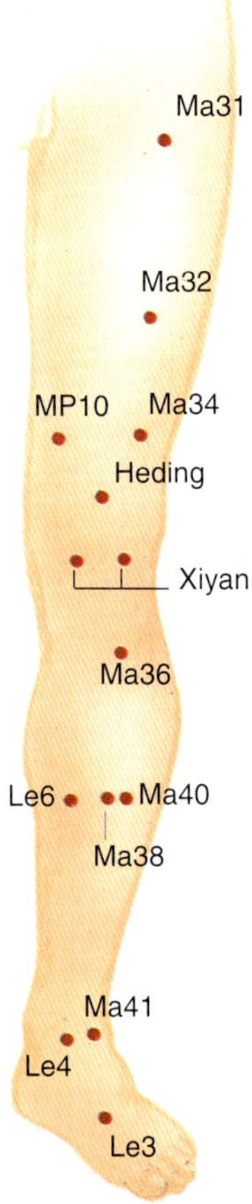

MP10 – Xuehai
Lage: 2 Cun über der Kniescheibe bei gebeugtem Knie, auf einer Linie mit deren Innenkante.
Indikation: Menstruationsstörungen, funkionsstörungsbedingte Gebärmutterblutungen und Urtikaria.

Heding (PaM)
Lage: In der Vertiefung am oberen Rand der Kniescheibe, die beim Anwinkeln des Knies entsteht.
Indikation: Schmerzen im Knie und im Bein.

Xiyan (PaM)
Lage: Diese beiden Akupunkte befinden sich in den Vertiefungen des Kniegelenks, direkt unter der Kniescheibe, die beim Anwinkeln des Knies entstehen. Der Akupunkt auf der Innenseite des Beins heißt innerer *Xiyan* und der auf der Außenseite des Beins äußerer *Xiyan* oder Ma35.
Indikation: Schmerzen im Knie und im Unterschenkel.

Ma36 – Zusanli
Lage: 3 Cun unter der Kniescheibe auf der Außenseite des Beins.
Indikation: Erkrankungen des Verdauungstrakts, Neurose, Bluthochdruck, Hexenschuß, Schmerzen im Bein, Lähmungserscheinungen und Taubheitsgefühl im Bein, sowie halbseitige Lähmung.
Achtung: Ma36 ist äußerst wirkungsvoll zur Linderung von Bauchschmerzen.

Ma40 – Fenglong
Lage: 8 Cun über dem Außenknöchel.
Indikation: Kopfschmerzen, Schwindelgefühl, Hals- und Magenschmerzen, Durchfall, Beinödeme und halbseitige Lähmung.

Ma38 – Tiaokou
Lage: Auf der Außenseite des Beins genau zwischen Kniescheibe und Knöchel.
Indikation: Arthritis im Knie, Lähmungserscheinungen im Bein und Schmerzen in der Schulter. Achtung: Ma38 ist der wichtigste Akupunkt zur Linderung von Schmerzen im Schulterbereich.

Le6 – Zhongdu
Lage: 7 Cun über dem Innenknöchel.
Indikation: Schmerzen in den Beingelenken.

Ma41 – Jiexi
Lage: Genau zwischen Innen- und Außenknöchel in der Vertiefung zwischen den Sehnen auf dem Fußrücken.
Indikation: Kopfschmerzen, verstauchter Knöchel und Spitzfuß.

Le4 – Zhongfeng
Lage: In der Vertiefung 1 Cun vor dem Innenknöchel zwischen Knöchel und Sehne.
Indikation: Schmerzen im Unterleib und im Penis sowie Ausfluß.

Le3 – Taichong
Lage: Auf dem Fußrücken in der Furche zwischen Großzehe und 2. Zehe, an der Stelle, wo die Knochen zusammenlaufen.
Indikation: Kopfschmerzen, Schwindelgefühl, Bluthochdruck, Schlaf- und Menstruationsstörungen, schmerzhafte Perioden, Ischias, Lähmungserscheinungen und Schmerzen im Fuß.

Bl36 – Chengfu
Lage: Hinten in der Mitte des Beins direkt unter der Pobackenfalte.
Indikation: Hexenschuß, Ischias, Schmerzen und Taubheitsgefühl im Bein, Lähmungserscheinungen, Verstopfung und Hämorrhoiden.

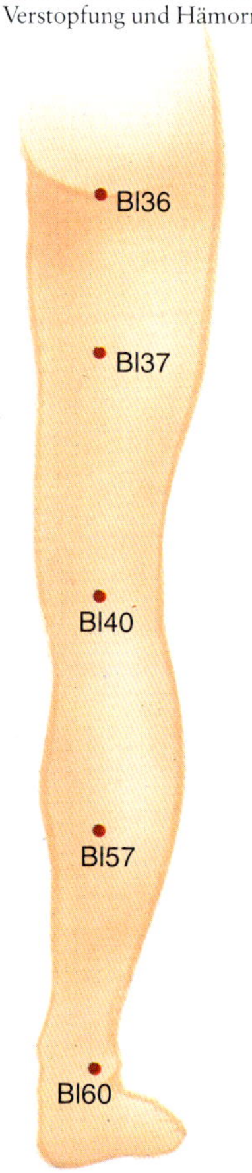

Bl37 – Yinmen
Lage: 6 Cun unter der Pobackenfalte in der Mitte des Beins.
Indikation: Hexenschuß, Ischias, Schmerzen, Taubheitsgefühl und Lähmungserscheinungen im Bein, Verstopfung und Hämorrhoiden.

Bl40 – Weizhong
Lage: Genau in der Mitte der Kniekehle hinten am Bein.
Indikation: Hexenschuß, Bandscheibenvorfall im Lendenwirbelbereich, Ischias, Taubheitsgefühl und Lähmungserscheinungen im Bein, halbseitige Lähmung und Arthritis im Knie.
Achtung: Bl40 ist äußerst wirkungsvoll zur Linderung von Rückenschmerzen im Lendenbereich.

Bl57 – Chengshan
Lage: In der Mitte der Wade auf halber Strecke zwischen Kniekehle und Ferse.
Indikation: Hexenschuß, Bandscheibenvorfall im Lendenwirbelbereich, Ischias, Lähmungserscheinungen, Taubheitsgefühl im Bein, Wadenkrämpfe und Hämorrhoiden.

Bl60 – Kunlun
Lage: Direkt hinter dem Außenknöchel auf halber Strecke zwischen Knöchel und Achillessehne.
Indikation: Kopfschmerzen, steifer Hals und Rückenverspannungen, Rückenschmerzen, Hexenschuß, Ischias, Lähmungen, verstauchter Knöchel und Schmerzen in der Ferse.

Gb30 – Huantiao
Lage: An der Außenseite des Pos nach 2/3 der Strecke zwischen Kreuzbein und oberem Ende des Femur.
Indikation: Hexenschuß, Schmerzen in der Hüfte und im Bein, sowie Lähmungserscheinungen im Bein.

Gb31 – Fengshi
Lage: An dem Punkt an der Außenseite des Schenkels, den die Spitze Ihres Mittelfingers berührt, wenn Sie mit herabhängenden Armen aufrecht dastehen.
Indikation: Schmerzen und Lähmungserscheinungen im Bein, sowie Ischias.

Gb34 – Yanglingquan
Lage: Auf der Außenseite des Unterschenkels in der Vertiefung direkt vor und leicht unterhalb des Fibulaköpfchens.
Indikation: Leberkrankheiten, Gallenblasenbeschwerden, Bluthochdruck, Interkostalneuralgie, Schmerzen in der Schulter, Hexenschuß, Taubheitsgefühl oder Lähmungserscheinungen im Bein, sowie Schmerzen im Knie.

Dannangdian (PaM)
Lage: Etwa 1 Cun unter Gb34 (*Yanglingquan*).
Indikation: Gallenblasenbeschwerden.

Gb39 – Xuanzhong
Lage: 3 Cun über dem Außenknöchel vor dem Wadenbein.
Indikation: Schmerzen im Knie oder Knöchel, Schmerzen in der Brust, steifer Hals und halbseitige Lähmung.

Gb40 – Qiuxu
Lage: In der Vertiefung schräg vor und unter dem Außenknöchel.
Indikation: Schmerzen in der Brust, sowie im Knöchel, Ischias und Gallenblasenentzündung.

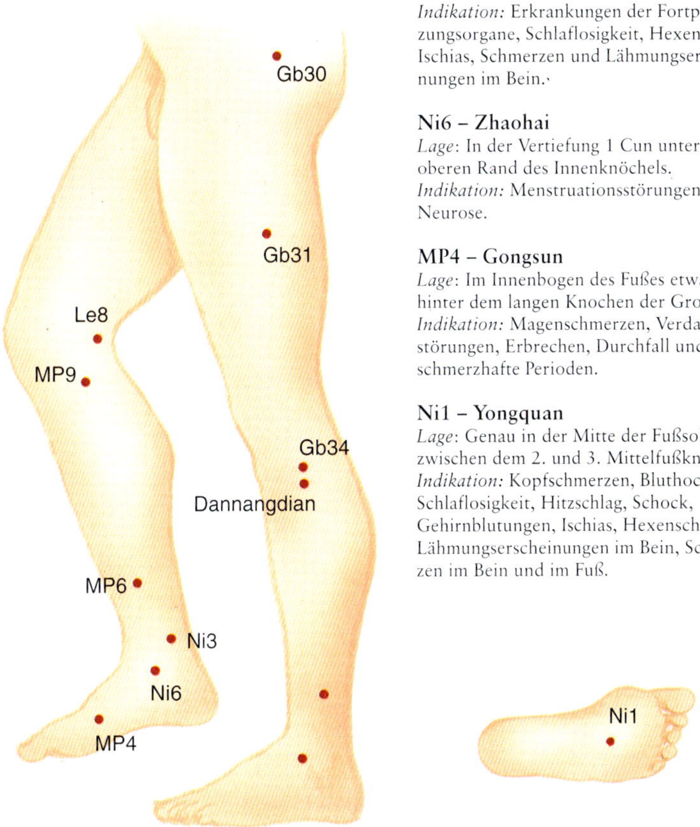

Le8 – Ququan
Lage: Genau an der Innenseite der Kniekehle.
Indikation: Bauchschmerzen, Durchfall, Erkrankungen der Fortpflanzungsorgane, Schmerzen im Rücken, in den Beinen und im Knie.

MP9 – Yinlingquan
Lage: Auf der Innenseite des Unterschenkels unter dem Kniegelenk in der Mulde zwischen Schienbein und Wadenmuskel.
Indikation: Erkrankungen des Urogenitaltrakts, Bauchschmerzen, allgemeines Ödem, Hexenschuß, sowie Lähmungserscheinungen oder Taubheitsgefühl im Bein.

MP6 – Sanyinjiao
Lage: 3 Cun über dem Innenknöchel direkt hinter dem Schienbein.
Indikation: Erkrankungen der Fortpflanzungsorgane, Bauchschmerzen, Durchfall, allgemeines Ödem, Ischias, Hexenschuß, Schmerzen und Lähmungserscheinungen im Bein.

Ni3 – Taixi
Lage: Auf halber Strecke zwischen Innenknöchel und Achillessehne.
Indikation: Erkrankungen der Fortpflanzungsorgane, Schlaflosigkeit, Hexenschuß, Ischias, Schmerzen und Lähmungserscheinungen im Bein.

Ni6 – Zhaohai
Lage: In der Vertiefung 1 Cun unter dem oberen Rand des Innenknöchels.
Indikation: Menstruationsstörungen und Neurose.

MP4 – Gongsun
Lage: Im Innenbogen des Fußes etwa 1 Cun hinter dem langen Knochen der Großzehe.
Indikation: Magenschmerzen, Verdauungsstörungen, Erbrechen, Durchfall und schmerzhafte Perioden.

Ni1 – Yongquan
Lage: Genau in der Mitte der Fußsohle zwischen dem 2. und 3. Mittelfußknochen.
Indikation: Kopfschmerzen, Bluthochdruck, Schlaflosigkeit, Hitzschlag, Schock, Gehirnblutungen, Ischias, Hexenschuß, Lähmungserscheinungen im Bein, Schmerzen im Bein und im Fuß.

DIE SCHMERZLINDERUNGSPUNKTE

DIE WICHTIGSTE FUNKTION DER SCHMERZLINDERUNGSPUNKTE BESTEHT, WIE DER NAME SCHON SAGT, IN DER LINDERUNG VON SCHMERZEN UND IN DER BEHANDLUNG VON FUNKTIONSSTÖRUNGEN IN BESTIMMTEN ORGANEN UND KÖRPERBEREICHEN (SIEHE S. 12). ÜBEN SIE AUF DIESE PUNKTE BEI DER BEHANDLUNG EINEN FESTEN UND BESTIMMTEN DRUCK AUS.

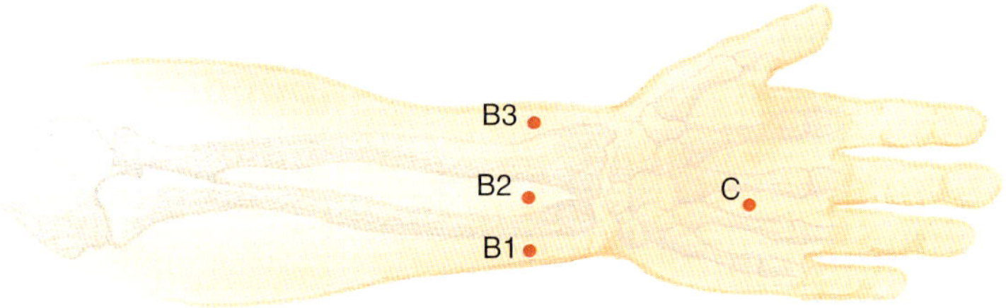

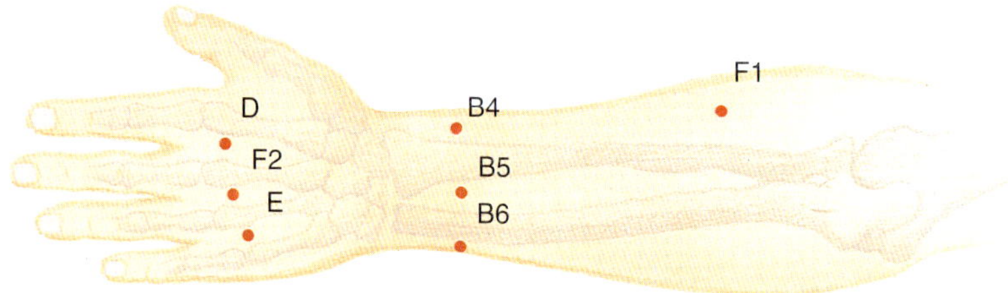

Punkt B1
Lage: 2 Cun über der Handgelenksfalte auf der Ellenseite des inneren Unterarms.
Indikation: Kopfschmerzen im Stirnbereich, Augenschmerzen, Zahnschmerzen im Vorderzahnbereich, Hals- und Magenschmerzen.

Punkt B2
Lage: 2 Cun über der Handgelenksfalte in der Mitte des inneren Unterarms. An derselben Stelle wie Pe3 (*Neiguan*).
Indikation: Zahnschmerzen und Schmerzen in der Brust.

Punkt B3
Lage: 2 Cun über der Handgelenksfalte auf der Speichenseite des inneren Unterarms.
Indikation: Schmerzen in der Brust und Bluthochdruck.

Punkt B4
Lage: 2 Cun über der Handgelenksfalte auf der Ellenseite der Armrückseite.
Indikation: Kopfschmerzen (im Bereich des Schädeldachs), Kiefer- und Schulterschmerzen sowie Seitenstechen.

Punkt B5
Lage: 2 Cun über der Mitte des Handgelenks auf der Außenseite des Unterarms. An derselben Stelle wie 3E5 (*Waiguan*).
Indikation: Schmerzen im Nacken, in den Schultern, im oberen Rückenbereich, im Arm, Ellenbogen, Handgelenk und in den Fingern.

Punkt B6
Lage: 2 Cun über dem Handgelenk auf der Ellenseite des äußeren Unterarms.
Indikation: Kopfschmerzen im Bereich des Hinterhauptbeins (am Hinterkopf), sowie Schmerzen in den Hals- und Brustwirbeln.

Punkt C
Lage: Zwischen dem 3. und 4. Mittelhandknochen in der Handfläche, fast an derselben Stelle wie Pe8 (*Laogong*).
Indikation: Zahnschmerzen.

Punkt D
Lage: Zwischen dem 2. und 3. Mittelhand-Finger-Gelenk auf dem Handrücken.
Indikation: Halswirbelsäulen-Syndrom und steifer Hals.

Punkt E
Lage: Zwischen dem 4. und 5. Mittelhand-Finger-Gelenk auf dem Handrücken.
Indikation: Ischias und Schmerzen in der Hüfte.

Punkt F1
Lage: Zwischen Di11 (*Quchi*) und 3E4 (*Yangchi*) etwa nach 1/4 der Strecke in Richtung Di11.
Indikation: Schmerzen im unteren Rückenbereich und Verrenkungen im Lendenwirbelbereich.

Punkt F2
Lage: Zwischen dem 3. und 4. Mittelhand-Finger-Gelenk auf dem Handrücken.
Indikation: Schmerzen im unteren Rückenbereich und Verrenkungen im Lendenwirbelbereich.

Darüber hinaus gibt es 12 Schmerzlinderungspunkte, die mit A bezeichnet werden, auf der Speichenseite des 2. Mittelhandknochens. Jeder wird für eine ganz bestimmte Indikation eingesetzt.

Punkt A1
Lindert schmerzhafte Beschwerden im Kopf, in den Augen, Ohren, in Mund und Nase.

Punkt A2
Lindert Nacken- und Halsschmerzen.

Punkt A3
Lindert Schmerzen im Schulter-, Ellenbogen-, Handgelenks-, Hand- und Armbereich.

Punkt A4
Hilft bei der Behandlung von Funktionsstörungen von Herz und Lunge, sowie Beschwerden in der Brust, im oberen Rückenbereich und in der Luftröhre.

Punkt A5
Günstige Wirkung auf Leber und Gallenblase.

Punkt A6
Unterstützt die Behandlung von Magen- und Milzbeschwerden.

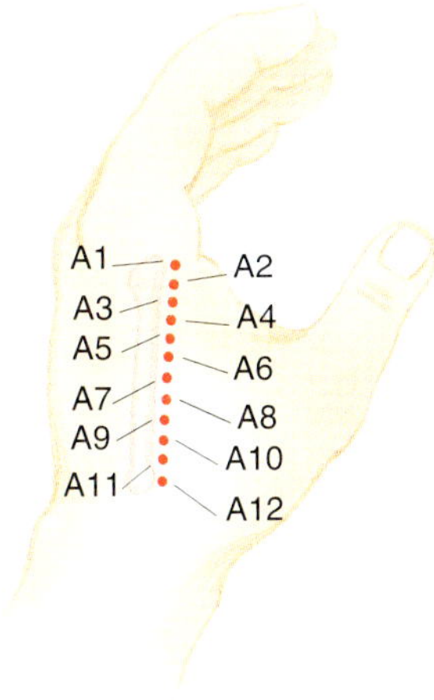

Punkt A7
Günstige Beeinflussung von Zwölffingerdarm- und Dünndarmbeschwerden.

Punkt A8
Günstige Auswirkungen auf Nierenleiden, sowie auf Dünn- und Dickdarmbeschwerden.

Punkt A9
Günstige Beeinflussung von Beschwerden im unteren Rücken- und Bauchbereich, sowie im Dick- und Dünndarm.

Punkt A10
Günstige Behandlungseffekte bei Beschwerden im Unterleib, Rektum, Blinddarm und Urogentialtrakt, sowie in der Gebärmutter und Blase.

Punkt A11
Günstige Wirkung auf Bein und Knie.

Punkt A12
Hilft bei der Behandlung von Schmerzen im Fuß und Knöchel.

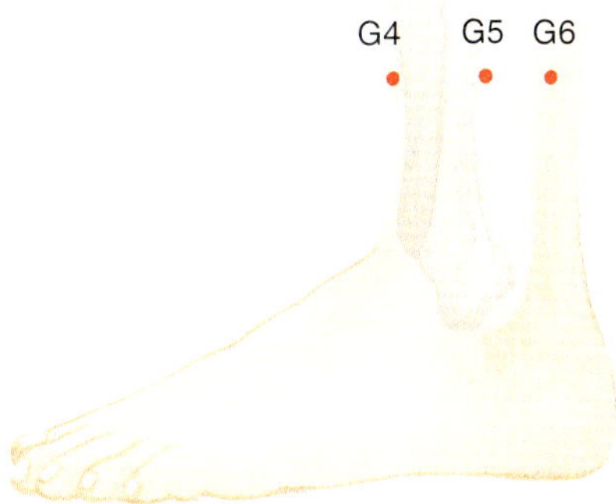

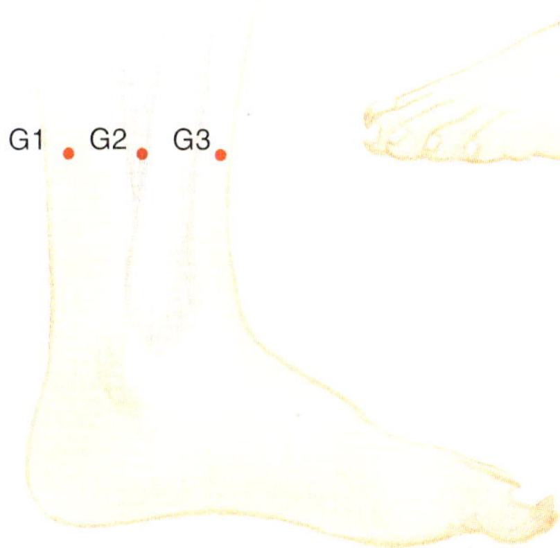

Punkt G1
Lage: 2,5 Cun über dem Innenknöchel am Rand der Achillessehne.
Indikation: Bauchschmerzen, aufgeblähter Bauch, schmerzhafte Perioden und Schmerzen in der Ferse.

Punkt G2
Lage: 2,5 Cun direkt über dem Innenknöchel.
Indikation: Seitenstechen.

Punkt G3
Lage: 2,5 Cun über dem Innenknöchel an der Vorderseite des Schienbeins.
Indikation: Schmerzen im Knie.

Punkt G4
Lage: 2,5 Cun über dem Außenknöchel an der Vorderseite des Wadenbeins.
Indikation: Schmerzen in den Beinmuskeln, Schmerzen im Knie und Fuß.

Punkt G5
Lage: 2,5 Cun über dem äußeren Knöchelgelenk an der Hinterkante des Wadenbeins.
Indikation: Schmerzen in der unteren Rumpfseite, Schmerzen in der Hüfte und im Knöchel.

Punkt G6
Lage: 2,5 Cun über dem Außenknöchel am vorderen Rand der Achillessehne.
Indikation: Schmerzen im unteren Rückenbereich, Ischias, Krämpfe in den Beinmuskeln und Schmerzen im Fuß.

ANATOMISCHE ORIENTIERUNGSHILFEN

Bedienen Sie sich der folgenden Abbildungen, um eine bessere Vorstellung von den wichtigsten Knochen und anatomischen Bezugspunkten zu bekommen, die als charakteristische Merkmale eines bestimmten Körperteils zur Lokalisierung der Akupunkte benutzt werden (siehe auch S. 32-33).

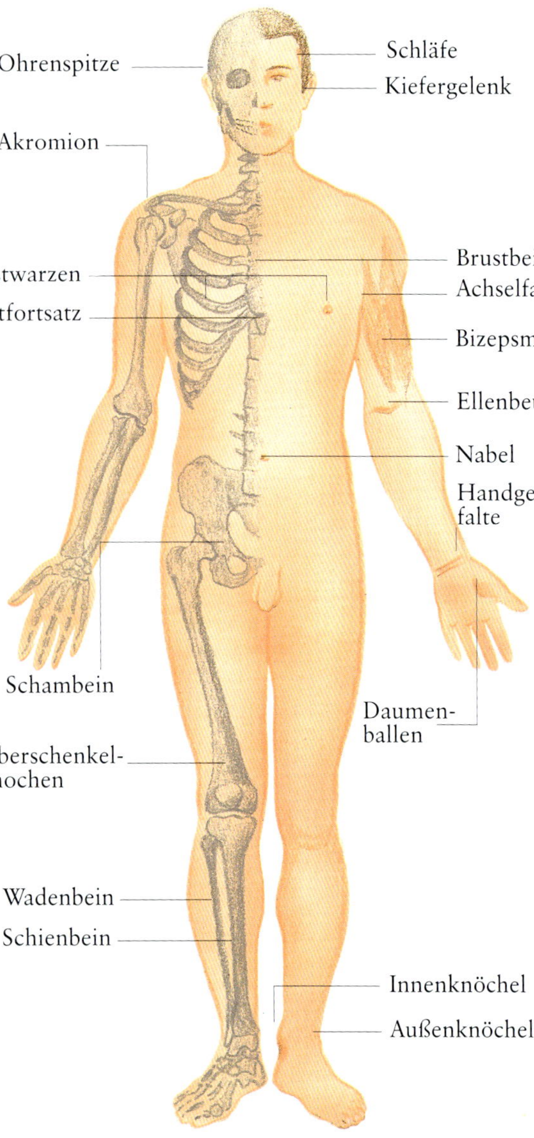

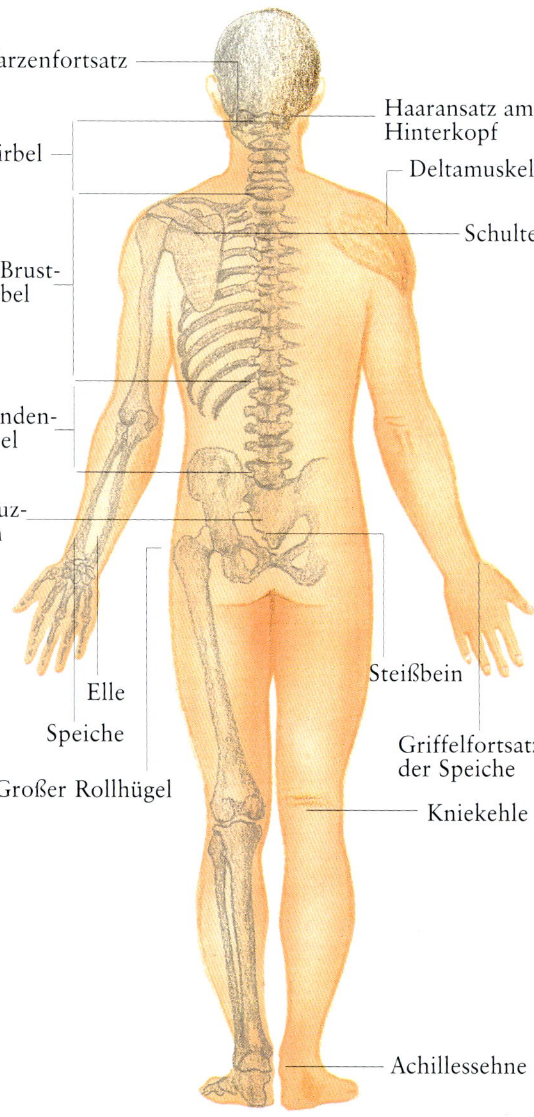

BEGRIFFSLEXIKON

Die Sprache der chinesischen Heilkunde kann nicht einfach übersetzt werden. Begriffe wie Qi, Yin und Yang finden auch in der westlichen Welt zunehmend Verwendung, und Sie werden noch mehr solche Begriffe in diesem Buch kennenlernen. Die hier verwendeten Schlüsselbegriffe erklärt dieses Begriffslexikon. Ausführlichere Erläuterungen zur Theorie der chinesischen Heilkunde enthält die Einführung (siehe S. 8-13).

Akupunkt
Hunderte von Akupunkten, die als normale Akupunkte bezeichnet werden, liegen auf den Meridianen und helfen bei der Weiterleitung von Qi und Blut durch die Meridiane. Sie haben einen Kurznamen und einen chinesischen Namen (siehe S. 13).
Andere Akupunkte liegen nicht auf einem Meridian und werden als Punkte außerhalb eines Meridians (PaM) bezeichnet. Sie haben keinen Kurznamen, sondern werden mit dem chinesischen Namen bezeichnet, z. B. *Taiyang*.

Akut
Adjektiv für eine Krankheit oder für Beschwerden, die plötzlich einsetzen und ernste Symptome aufweisen.

Blut
Dieser Begriff ist in der chinesischen Heilkunde weiter gefaßt als in der westlichen Medizin. Es fließt nicht nur durch die Blutgefäße, sondern auch durch die Meridiane. Das Blut unterstützt die Erzeugung von Qi und strömt normalerweise gemeinsam mit dem Qi durch die Meridiane (siehe S. 8-9).

Chronisch
Adjektiv, das eine andauernde oder wiederholt auftretende Krankheit beschreibt. Manche Beschwerden setzen akut ein und können chronisch werden, wenn sie unbehandelt bleiben.

Cun
Dieses in der chinesischen Heilkunde verwendete Maß entspricht der Daumenbreite des Patienten und wird zur Lokalisierung der Akupunkte auf der Körperoberfläche verwendet (siehe S. 32-33).

Hauptpunkte
Akupunkte, denen besondere Bedeutung bei der Öffnung der Meridiane zukommt. Sie werden je nach Krankheit, die behandelt werden soll, ausgewählt. Die Hauptpunkte sollten etwas öfter akupressiert werden als die übrigen Akupunkte einer Massagefolge.

Innere Organe
Der Begriff Organ wird in der chinesischen Heilkunde nicht nur für das Organ selbst verwendet, sondern bezeichnet ebenso den zugehörigen Meridian und alle damit in Zusammenhang stehenden Strukturen und deren Funktion.

Lateral
Adjektiv, das die Lage seitlich außen beschreibt; der laterale Knöchel z.B. ist der Knochenvorsprung an der Außenseite des oberen Sprunggelenks.

Medial
Adjektiv, das die Innenseite bezeichnet; der mediale Knöchel z. B. ist der Knochenvorsprung an der Innenseite des oberen Sprunggelenks.

Meridiane
Die Meridiane sind die unsichtbaren Transportwege für Qi und Blut im Körper (siehe S. 10-11). Sie stehen miteinander in Verbindung und bilden ein Netzwerk, das die inneren Organe und alle Körperteile sowie die Innen- und Außenseite des Körpers – also innere Organe und Körperoberfläche – miteinander verbindet. Es gibt 12 reguläre Meridiane, 8 Spezialmeridiane und verschiedene Seitenäste.

Meridian-Blockade
siehe Qi-Blut-Hemmung

Meridian-Störungen
treten auf, wenn der Qi-Blut-Fluß beeinträchtigt ist. Ausgelöst werden sie von äußeren oder inneren Faktoren. Äußere pathogene Faktoren sind die „sechs Übel". Zu den inneren Faktoren zählen unvernünftige Lebensweise, Erschöpfung und ein Übermaß der „sieben extremen Gefühle" - Übererregtheit, Angst, Wut, Trauer, Furcht und Schock. Jede Meridian-Störung führt zu einer Qi-Blut-Hemmung.

Mittellinie
Gedachte senkrechte Linie genau durch die Körpermitte.

Qi
(Aussprache: Tschi) Grundsubstanz für die Erhaltung des Lebens, im engeren Sinne die Lebenskraft. Das Qi ernährt den Körper und schützt ihn vor Schäden von außen (siehe S. 8-9).

Qi-Blut-Fluß
Der Kreislauf von Qi und Blut in den Meridianen. Qi und Blut unterstützen und ergänzen sich gegenseitig: das Blut braucht das Qi, um fließen zu können, und das Qi braucht das Blut, um erzeugt zu werden. Ist der Mensch gesund, durchströmen Qi und Blut ungehindert die Meridiane.

Qi-Blut-Hemmung
Eine Störung im Meridian führt dazu, daß sich das Qi und das Blut stauen und den Meridian blockieren, was als Meridian-Blockade oder Qi-Blut-Hemmung bezeichnet wird. Symptome einer Qi-Blut-Hemmung können in bestimmten Körperbereichen auftreten.

PaM
siehe Akupunkt

Reguläre Meridiane
Jeder der 12 regulären Meridiane ist mit einem inneren Organ verbunden, durchzieht den Arm oder das Bein, ist Ying oder Yang zugeordnet (siehe S. 10-11) und verläuft spiegelbildlich auf beiden Körperhälften.

Schmerzdruckpunkt
Zentraler Punkt in einem schmerzenden Bereich, der als eine Art Schmerzlinderungspunkt betrachtet wird.

Schmerzlinderungspunkt
Für die Schmerzlinderung in einem bestimmten Körperbereich spezifisch wirksamer Punkt. Für die Einwirkung auf einen solchen Punkt ist in der Regel kräftiger, tiefwirkender Druck erforderlich.

Sechs Übel
Darunter fallen Kälte, Feuchtigkeit, Trokkenheit, Feuer, Sommerhitze und Wind. Sie sind die äußeren krankheitsauslösenden Faktoren, die den Qi-Blut-Fluß in den Meridianen stören können, wenn zu viel bzw. zu wenig von einem oder mehreren dieser Faktoren auf den Menschen einwirkt.

Spezialmeridian
Im Gegensatz zu den regulären Meridianen werden die 8 Spezialmeridiane (z.B. der Lenkergefäß- und der Dienergefäß-Meridian) nicht mit einem Organ in Zusammenhang gebracht.
Am häufigsten behandelt werden der Lenkergefäß-Meridian (*Du*) und der Konzeptionsgefäß-Meridian (*Ren*).

Symptome
Symptome und Krankheitsanzeichen, wie z. B. Schmerzen, können als Bestandteile eines Gesamtmusters interpretiert werden, das eine Qi-Blut-Hemmung in bestimmten Meridianen anzeigt. Sie weisen entweder auf ein Problem im dazugehörigen Organ oder auf eine Störung an einem der Meridiane hin.

Yin und Yang
Yin und Yang sind die Grundlage allen Lebens, die entgegengesetzten Aspekte der Materie und Naturerscheinungen, ergänzen sich jedoch und sind voneinander abhängig. Damit der Mensch vollkommen gesund ist und sich wohlfühlt, müssen beide Kräfte im Körper im Gleichgewicht sein (siehe S. 8).

STICHWORTREGISTER

Fett gedruckte Seitenzahlen verweisen auf Haupteinträge, *kursiv* gedruckte Seitenzahlen auf Akupunkte und auf den Verlauf der Meridiane.